영재학급, 영재교육원,

경시대회 준비를 위한

창의사고력

초등수학

팩토

KB132467

연산 · 공간 · 논리추론

머리말

"

서로 다른 펜토미노 조각 퍼즐을 맞추어
직사각형 모양을 만들어 본 경험이 있는지요?

한참을 고민하여 스스로 완성한 후 느끼는 행복은 꼭 말로 표현하지 않아도 알겠지요. 퍼즐 놀이를 했을 뿐인데, 여러분은 펜토미노 12조각을 어느 사이에 모두 외워버리게 된답니다. 또 보도블록을 보면서 조각 맞추기를 하고, 화장실 바닥과 벽면의 조각들을 보면서 멋진 퍼즐을 스스로 만들기도 한답니다.
이 과정에서 공간에 대한 감각과 또 다른 퍼즐 문제, 도형 맞추기, 도형 나누기에 대한 자신감도 생기게 되지요. 완성했다는 행복감보다 더 큰 자신감과 수학에 대한 흥미가 생기게 되는 것입니다.

팩토가 만드는 창의사고력 수학은 바로 이런 것입니다.

수학 문제를 한 문제 풀었을 뿐인데, 그 결과는 기대 이상으로 여러분을 행복하게 해줍니다. 학교에서도 친구들과 다른 멋진 방법으로 문제를 해결할 수 있고, 중학생이 되어서는 더 큰 꿈을 이루는 밑거름이 되어 줄 것입니다.
물론 고민하고, 시행착오를 반복하는 것은 퍼즐을 맞추는 것과 같이 여러분들의 몫입니다. 팩토는 여러분에게 생각할 수 있는 기회를 주고, 그 과정에서 포기하지 않도록 여러분들을 도와주는 친구가 되어줄 것입니다.
자 그럼 시작해 볼까요?

"

Contents

Ⅰ 연산

Ⅱ 공간

Ⅲ 논리추론

구성과 특징

팩토를 공부하기 前 » 진단평가

1. 매스티안 홈페이지 www.mathtian.com의 교재 자료실에서 해당 학년의 진단평가 시험지와 정답지를 다운로드 하여 출력한 후 정해진 시간 안에 풀어 봅니다.
2. 학부모님 또는 선생님이 정답지를 참고하여 채점하고 채점한 결과를 홈페이지에 입력한 후 팩토 교재 추천을 받습니다.

팩토를 공부하는 방법

① 대표 유형 익히기

각종 경시대회, 영재교육원 기출 유형을 대표 문제로 소개하며 사고의 흐름을 단계별로 전개하였습니다.

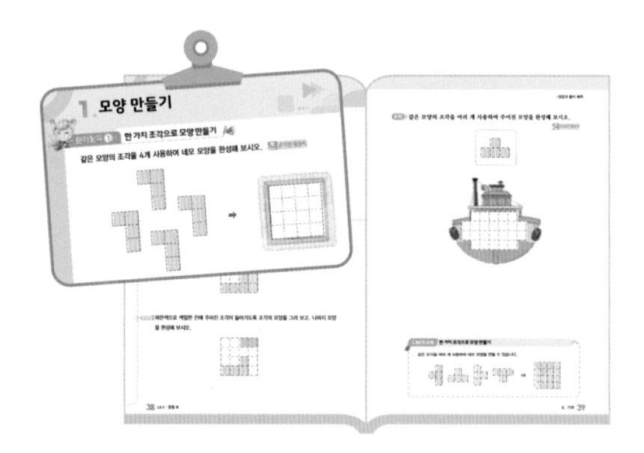

② 유형 익히기

대표 유형의 핵심 원리를 제시하였고, 확인 학습을 통해 유형을 익히고 다지도록 하였습니다.

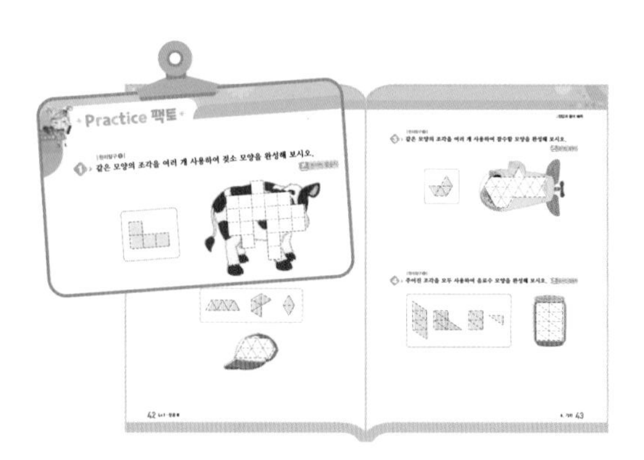

③ 실력 키우기

다양한 통합형 문제를 빠짐없이 수록하여 내실있는 마무리 학습을 제공합니다.

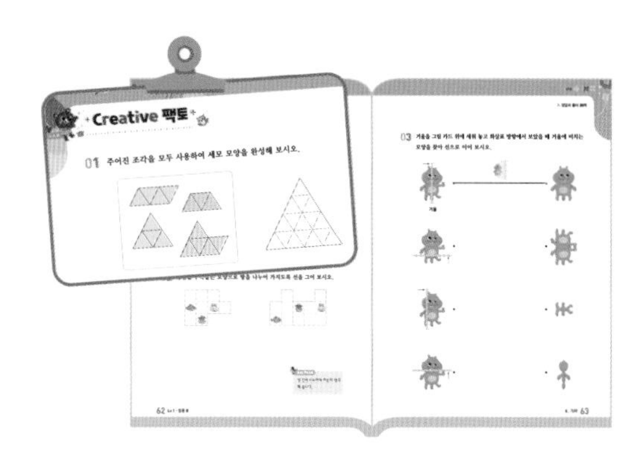

④ 영재교육원 다가서기

경시대회는 물론 새로워진 영재교육원 선발 문제인 영재성 검사를 경험할 수 있는 개방형, 다답형 문제를 담았습니다.

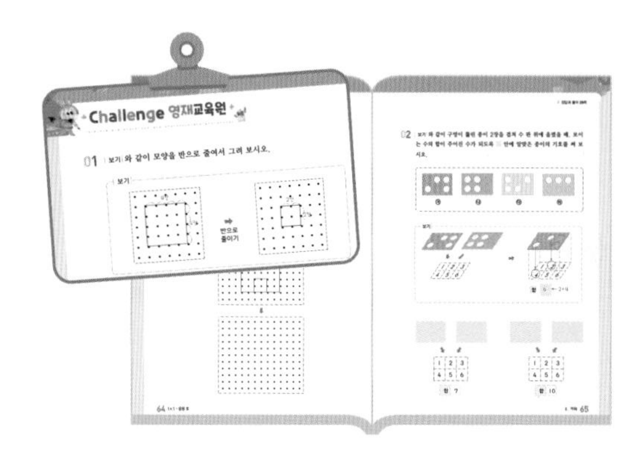

⑤ 명확한 정답 & 친절한 풀이

채점하기 편하게 직관적으로 정답을 구성하였고, 틀린 문제를 이해하거나 다양한 접근을 할 수 있도록 친절하게 풀이를 담았습니다.

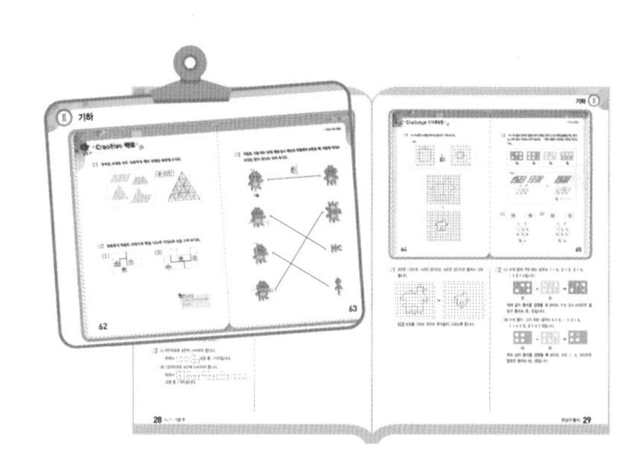

팩토를 공부하고 난 後 » 형성평가·총괄평가

1. 팩토 교재의 부록으로 제공된 형성평가와 총괄평가를 정해진 시간 안에 풀어 봅니다.
2. 학부모님 또는 선생님이 정답지를 참고하여 채점하고 채점한 결과를 매스티안 홈페이지 www.mathtian.com에 입력한 후 학습 성취도와 다음에 공부할 팩토 교재 추천을 받습니다.

I

연산

계획한 대로 공부한 날은 😀에, 공부하지 못한 날은 🙁에 ○표 하세요.

공부할 내용	공부할 날짜	확 인
1 합과 차	월 일	😀 | 🙁
2 연산 퍼즐	월 일	😀 | 🙁
3 식 만들기	월 일	😀 | 🙁
4 마방진	월 일	😀 | 🙁
Creative 팩토	월 일	😀 | 🙁
Challenge 영재교육원	월 일	😀 | 🙁

1. 합과 차

원리탐구 ① 합이 같은 세 수 찾기

다음 조각으로 덮은 세 수의 합이 12가 되는 곳을 모두 찾아 또는 으로 묶어 보시오. (단, 조각을 돌려도 됩니다.)

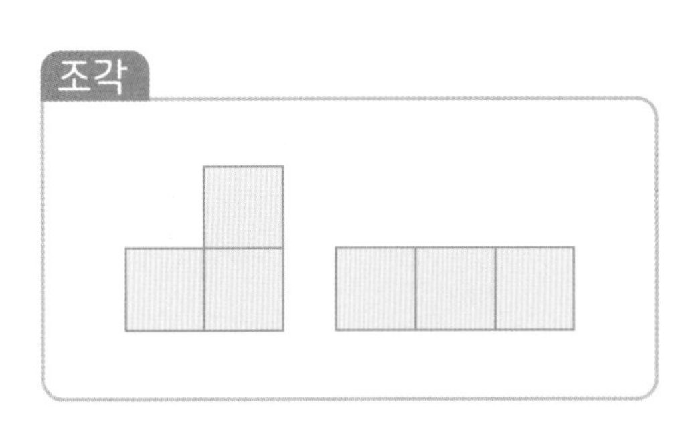

세 수의 합	12		
1	4	5	7
7	2	3	1
5	4	4	4
2	3	3	2

STEP 1 조각으로 덮은 세 수의 합이 12가 되는 3곳을 찾아 으로 묶어 보시오.

1	4	5	7
7	2	3	1
5	4	4	4
2	3	3	2

STEP 2 조각으로 덮은 세 수의 합이 12가 되는 4곳을 찾아 으로 묶어 보시오.

1	4	5	7
7	2	3	1
5	4	4	4
2	3	3	2

유제 두 수 또는 세 수의 합이 10이 되는 4곳을 찾아 ┘ 또는 ▭으로 묶어 보시오.

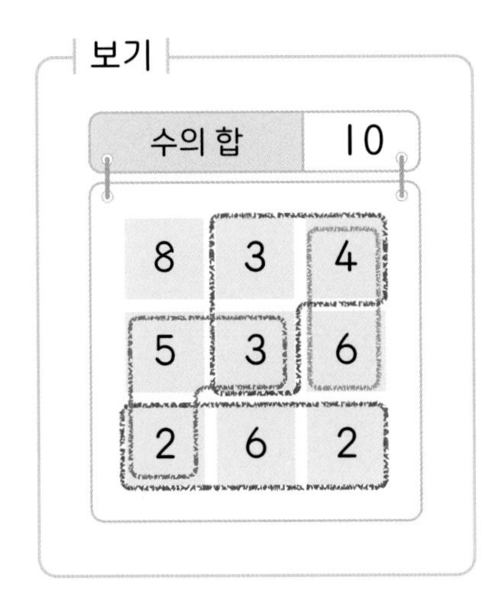

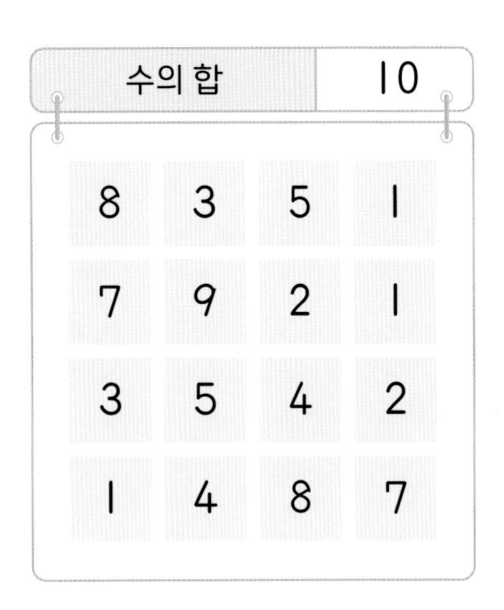

수의 합
10
8
3
5
1
7
9
2
1
3
5
4
2
1
4
8
7

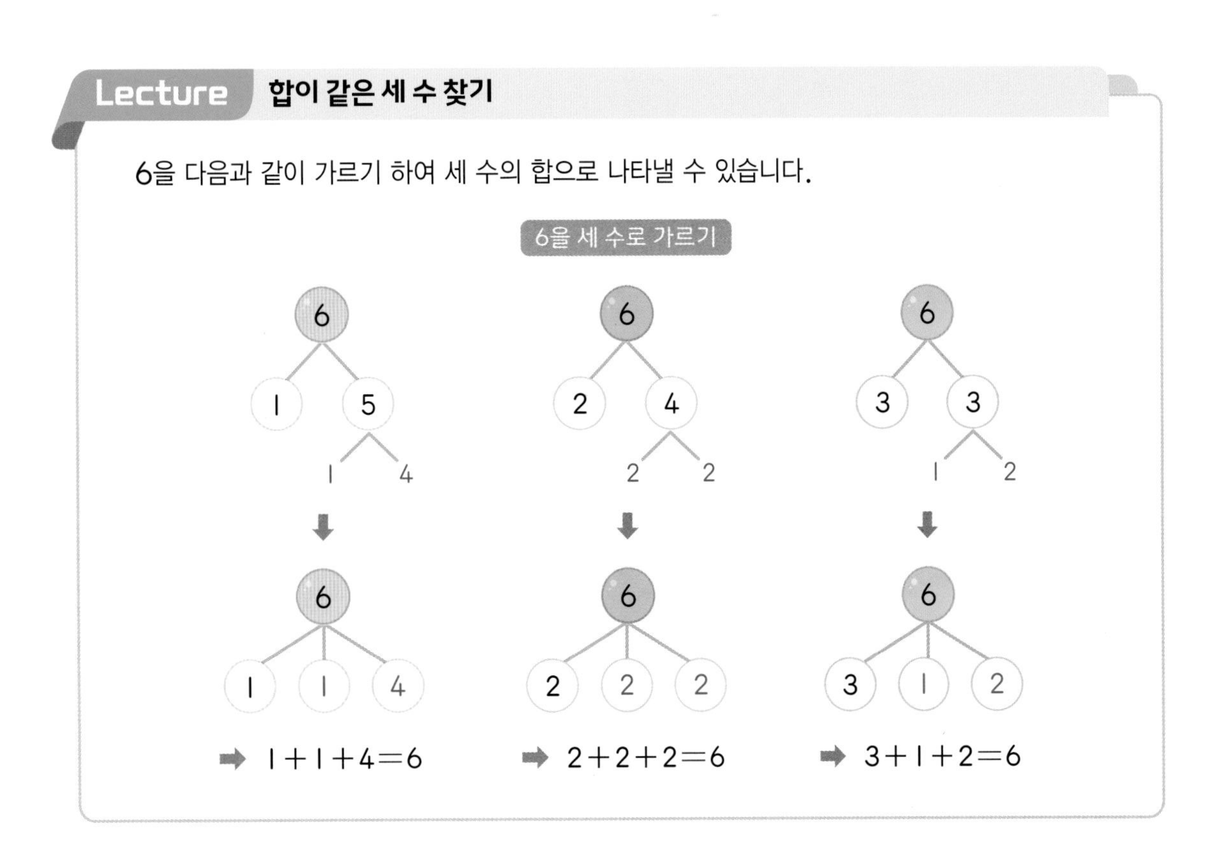

Lecture 합이 같은 세 수 찾기
6을 다음과 같이 가르기 하여 세 수의 합으로 나타낼 수 있습니다.
6을 세 수로 가르기
➡ 1+1+4=6
➡ 2+2+2=6
➡ 3+1+2=6

원리탐구 ② 차가 같은 두 수 찾기

두 수의 차가 4가 되는 곳을 모두 찾아 ⬡⬡ 또는 ⬡⬡ 으로 묶어 보시오.

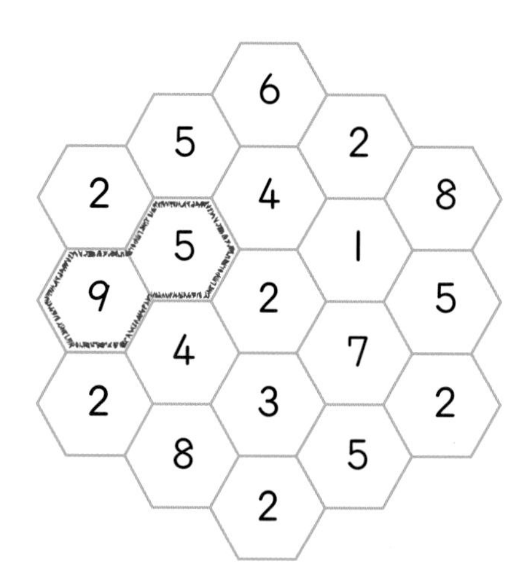

STEP 1 1부터 9까지의 수 중에서 두 수의 차가 4가 되는 경우를 모두 찾아보시오.

9	−	5	=4	8	−		=4
	−		=4		−		=4
	−		=4				

STEP 2 두 수의 차가 4가 되는 곳을 4곳 더 찾아 ⬡⬡ 또는 ⬡⬡ 으로 묶어 보시오.

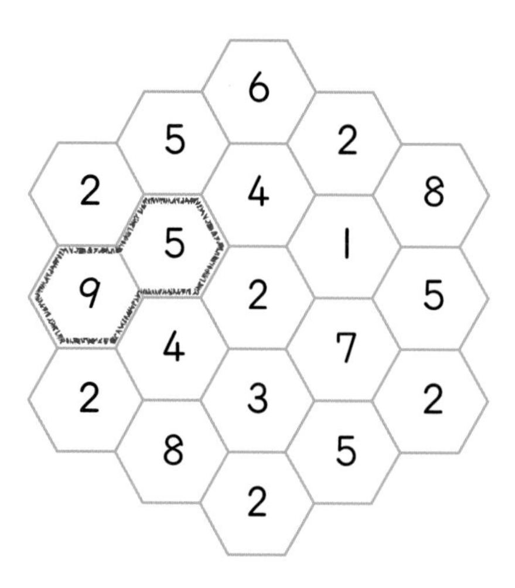

유제 두 수의 차가 6이 되는 곳을 모두 찾아 ▱ 또는 ◇으로 묶으려고 합니다. ▱ 또는 ◇모양은 모두 몇 개인지 구하시오.

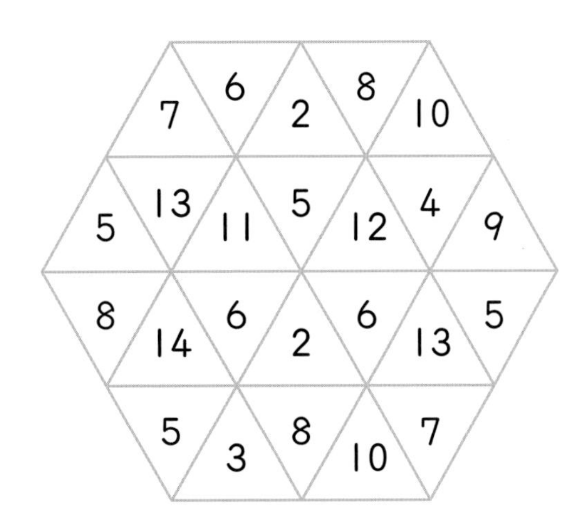

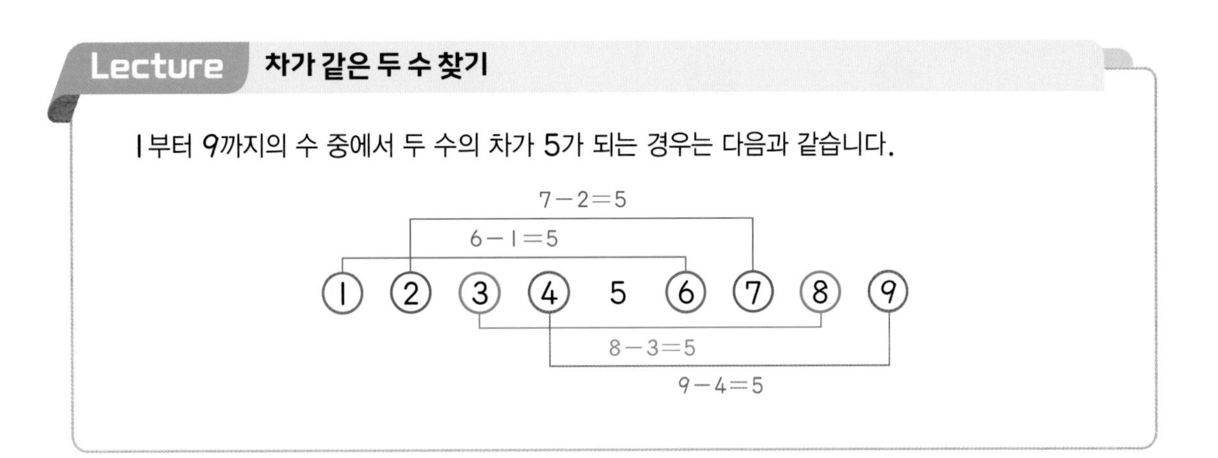

Lecture
차가 같은 두 수 찾기
1부터 9까지의 수 중에서 두 수의 차가 5가 되는 경우는 다음과 같습니다.
7−2=5
6−1=5
1 2 3 4 5 6 7 8 9
8−3=5
9−4=5

|원리탐구❶|

1 |보기|와 같이 수를 두 부분으로 나누어 각 부분의 수의 합이 ○ 안의 수가 되도록 만들어 보시오.

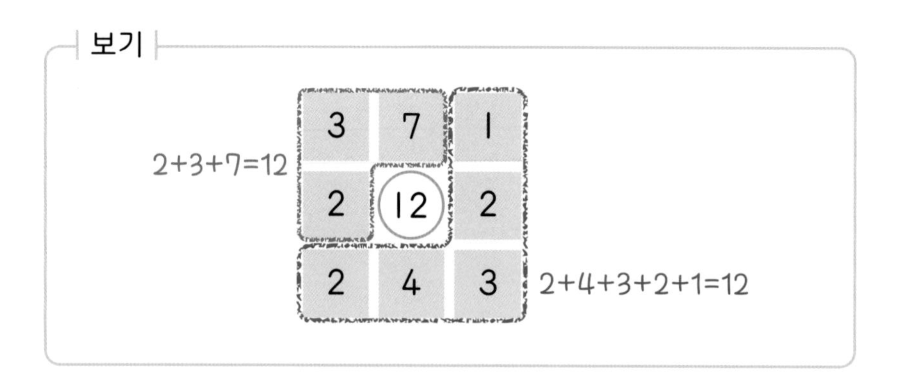

1	2	4
5	(15)	6
9	2	1

4	8	1
3	(13)	2
2	5	1

|원리탐구❷|

2 구슬 6개를 2개씩 묶어, 구슬에 쓰인 두 수의 차가 모두 같도록 만들어 보시오.

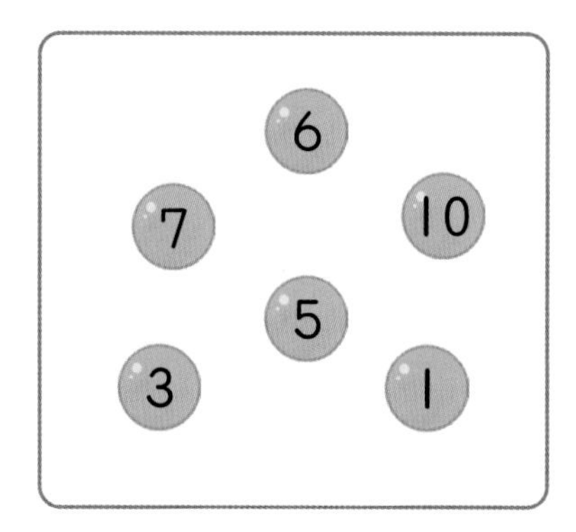

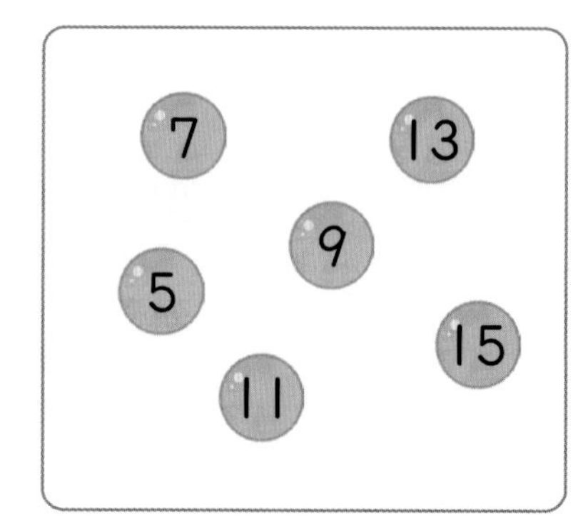

정답과 풀이 04쪽

| 원리탐구 ❶ |

3 다음 조각으로 덮은 네 수의 합이 주어진 수가 되는 5곳을 찾아 □ 또는 ▭으로 묶어 보시오.

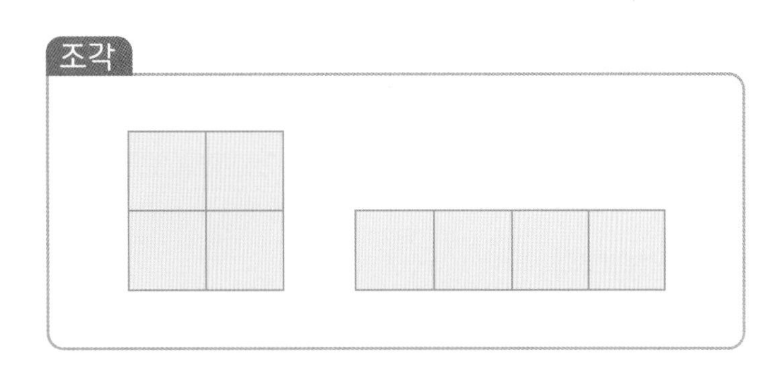

네 수의 합: 10

3	2	3	4	2
6	1	3	2	1
2	5	1	3	3
4	3	7	2	4
2	3	2	3	1

네 수의 합: 16

5	4	2	1	3
1	9	8	5	8
2	5	3	1	7
3	7	5	6	2
4	2	9	4	8

2. 연산 퍼즐

| 규칙 |에 따라 사다리타기를 하면서 덧셈을 할 때, 빈 곳에 알맞은 수를 써넣으시오.

| 규칙 |

- 위에서 아래로 내려가면서 가로선을 만나면 반드시 꺾어야 합니다.
- 위로는 갈 수 없습니다.

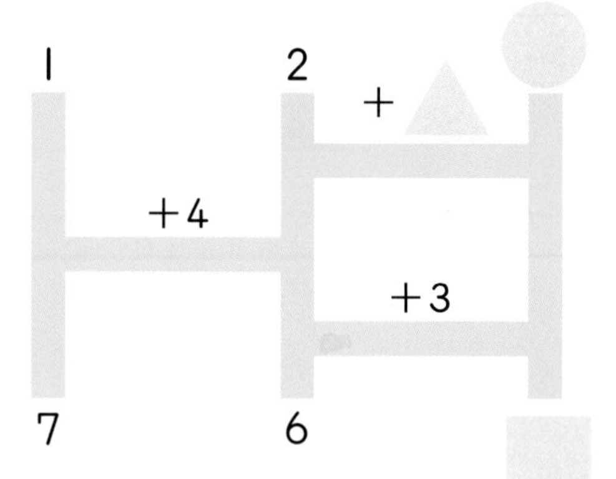

STEP 1 주어진 수에서 출발하여 선을 따라 사다리타기를 해 보시오.

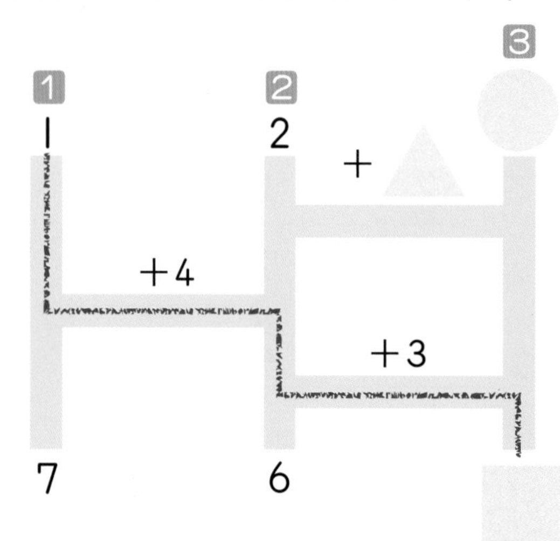

STEP 2 STEP 1 에서 사다리타기를 해서 나오는 식을 써 보시오.

1 출발 ➡ 식 1+4+3=

2 출발 ➡ 식

3 출발 ➡ 식

STEP 3 빈 곳에 알맞은 수를 써넣으시오.

유제 | 조건 |에 맞게 미로를 통과할 때, ▢ 안에 알맞은 수를 써넣으시오.

| 조건 |
- 가장 짧은 거리로 통과합니다.
- 길에 쓰인 식을 차례로 계산합니다.

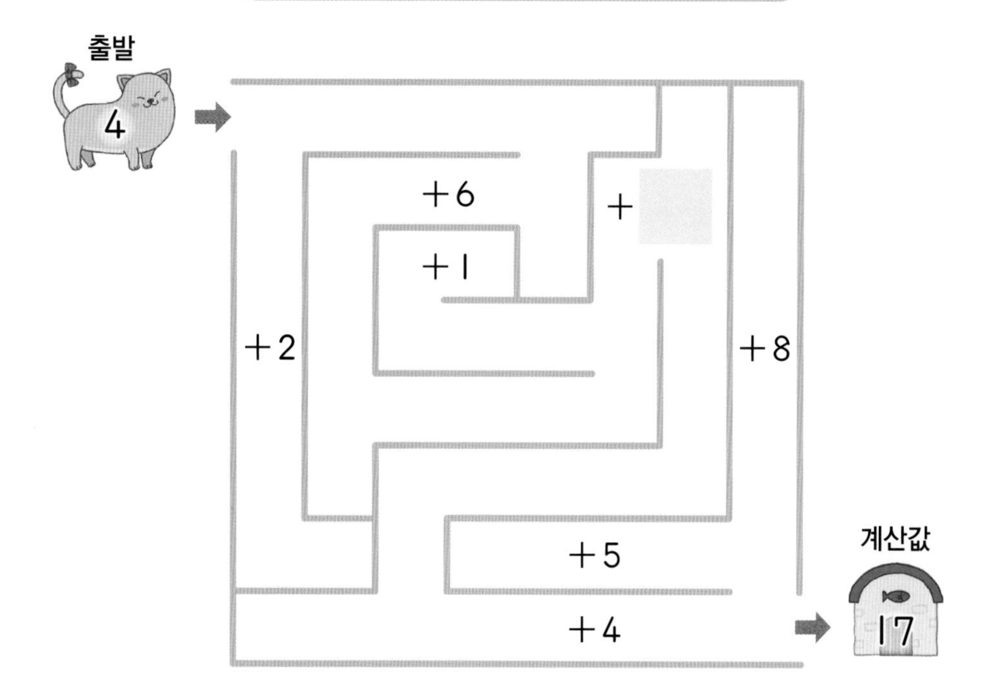

Lecture **사다리타기 연산**

사다리타기의 규칙은 위에서 아래로 내려가면서 가로선을 만나면 반드시 꺾어야 하고, 위로는 갈 수 없습니다.

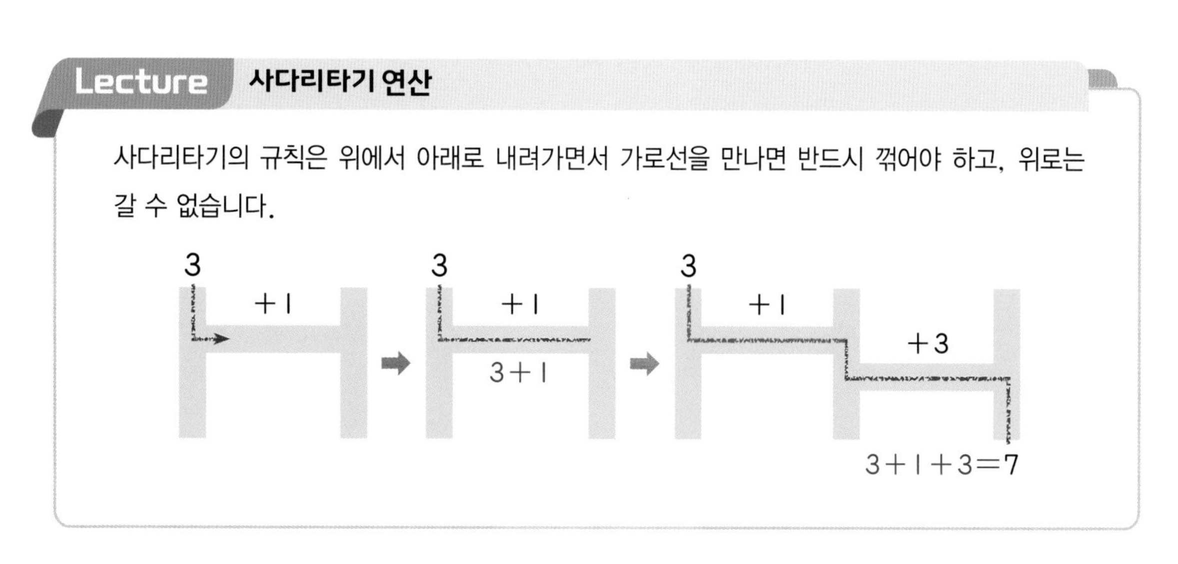

주어진 수 카드를 모두 사용하여 퍼즐을 완성해 보시오.

□	+	□	=	9
+				−
□				5
=				=
5	−	□	=	□

STEP 1 □ 칸에 놓을 알맞은 수 카드를 찾아 써넣으시오.

STEP 2 STEP 1 에서 사용하고 남은 수 카드를 빈칸에 알맞게 써넣으시오.

□	+	□	=	9
+				−
□				5
=				=
5	−	□	=	□

정답과 풀이 06쪽

유제 빈칸에 알맞은 수를 써넣어 퍼즐을 완성해 보시오.

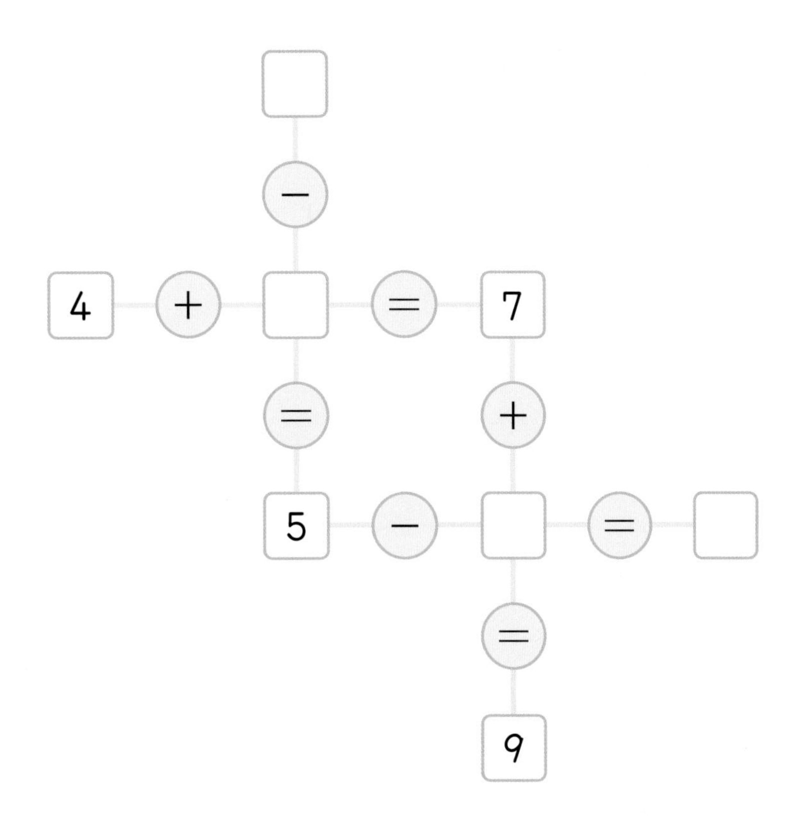

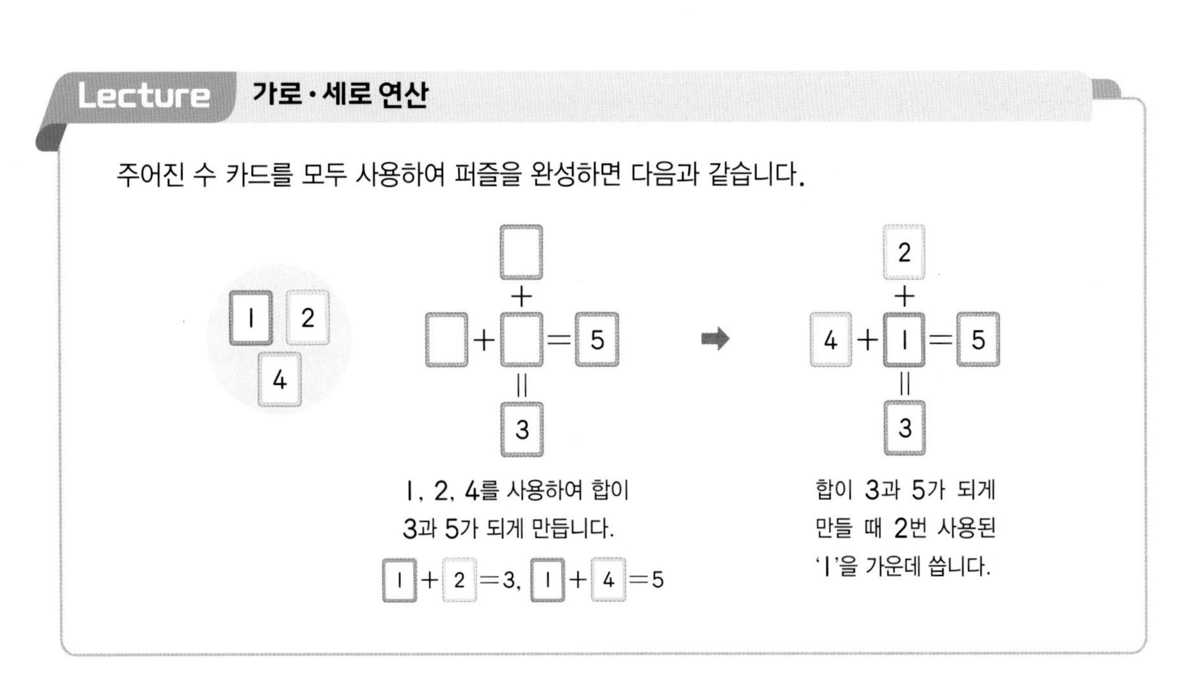

* Practice 팩토 *

|원리탐구 ❶|

1 사다리타기를 하면서 계산하여 ▢ 안에 알맞은 수를 써넣으시오.

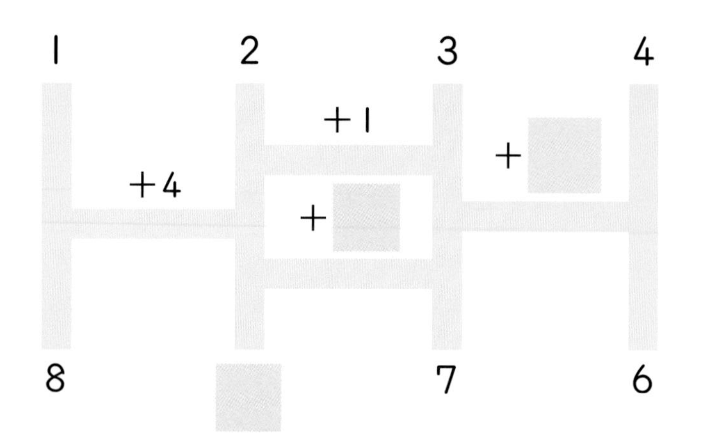

|원리탐구 ❶|

2 가장 짧은 거리로 미로를 통과하면서 계산한 값이 9입니다. ▢ 안에 알맞은 수를 써넣으시오.

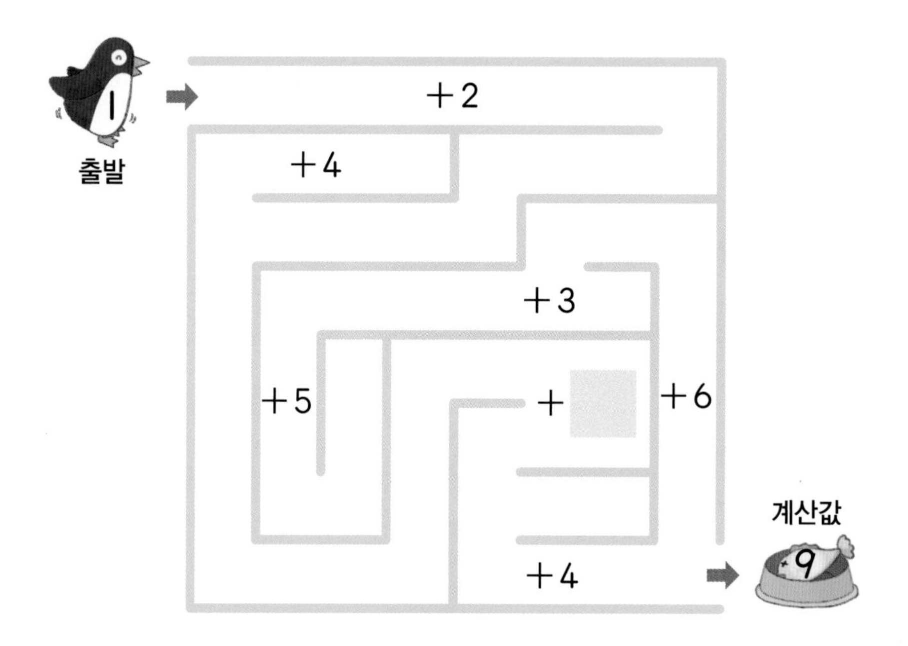

정답과 풀이 07쪽

| 원리탐구 ❷ |

빈 곳에 1부터 5까지의 수를 모두 써넣어 퍼즐을 완성해 보시오.

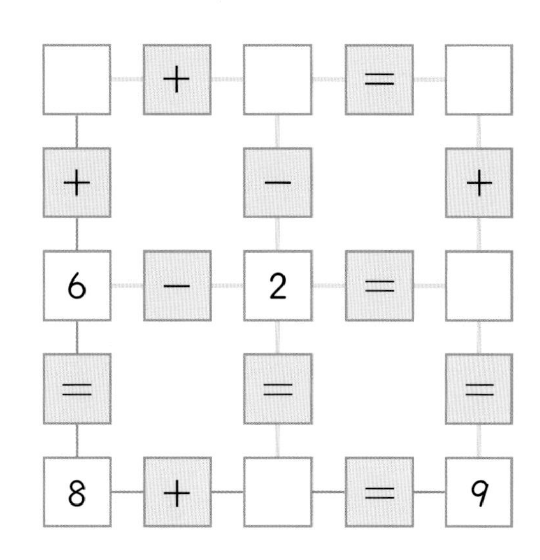

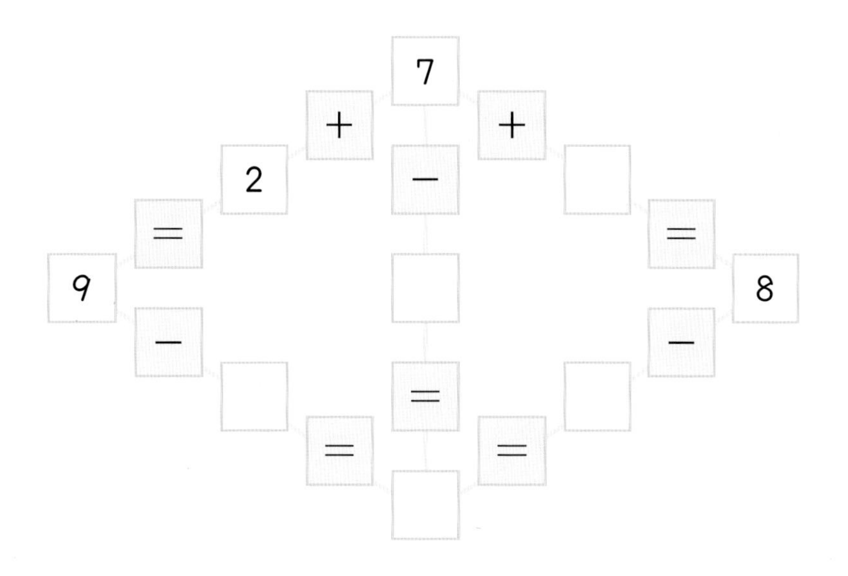

3. 식 만들기

1부터 6까지의 수를 ☐ 안에 모두 써넣어 올바른 식이 되도록 2가지 방법으로 만들어 보시오.

방법1 ☐ − ☐ = ☐ − ☐ = ☐ − ☐

방법2 ☐ − ☐ = ☐ − ☐ = ☐ − ☐

STEP 1 1부터 6까지의 수를 모두 사용하여 두 수의 차가 같은 경우를 3가지씩 찾아 선으로 이어 보시오.

두 수의 차: 1 　 1 　 2 　 3 　 4 　 5 　 6

2−1=1

두 수의 차: 3 　 1 　 2 　 3 　 4 　 5 　 6

STEP 2 STEP1 을 이용하여 방법1, 방법2 를 완성해 보시오.

방법1 2 − 1 = ☐ − ☐ = ☐ − ☐

방법2 ☐ − ☐ = ☐ − ☐ = ☐ − ☐

유제 주어진 수 카드 6장을 모두 사용하여 두 식이 올바른 식이 되도록 만들어 보시오. (단, 1+2=3, 2+1=3과 같이 같은 수로 만든 덧셈식은 같은 것으로 봅니다.)

2　3　4　5　6　8

□+□=□

□+□=□

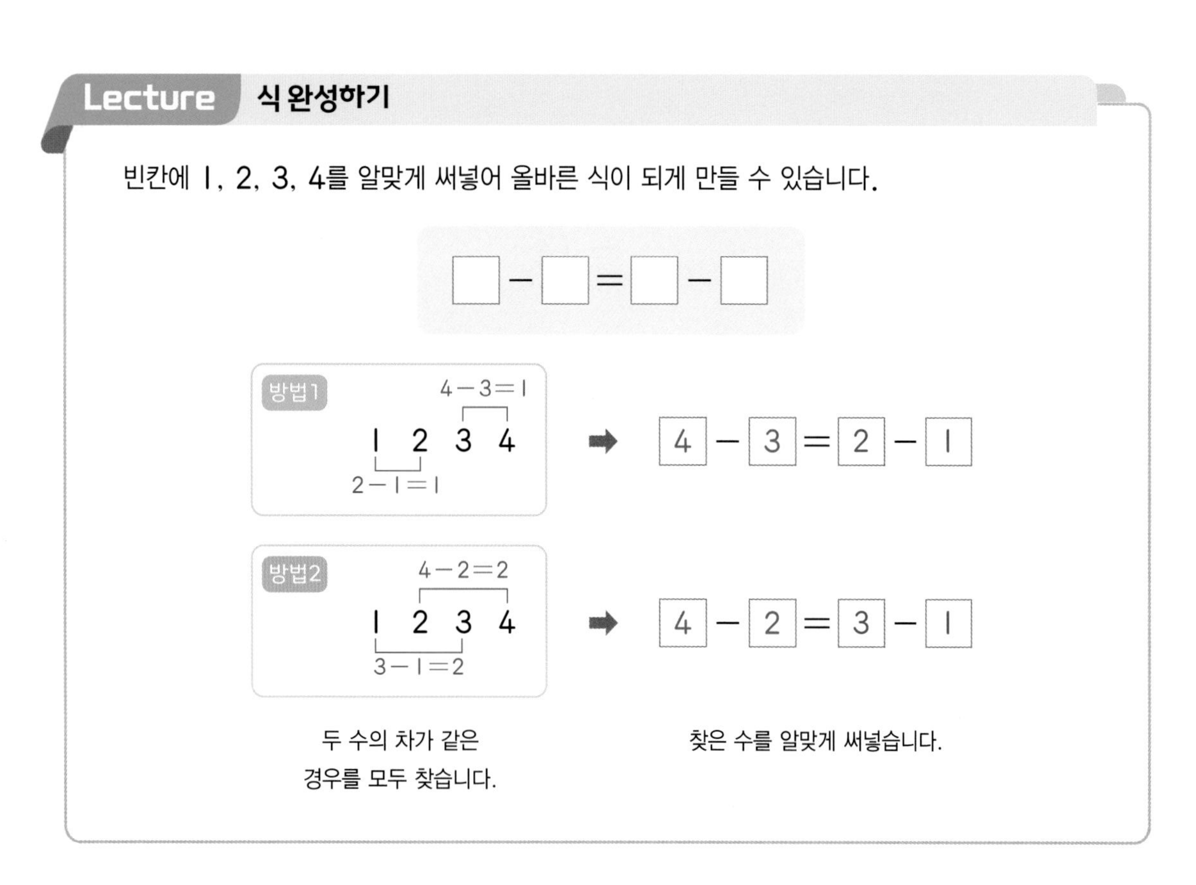

Lecture 식 완성하기
빈칸에 1, 2, 3, 4를 알맞게 써넣어 올바른 식이 되게 만들 수 있습니다.
□-□=□-□
방법1
4-3=1
1 2 3 4
2-1=1
4-3=2-1
방법2
4-2=2
1 2 3 4
3-1=2
4-2=3-1
두 수의 차가 같은 경우를 모두 찾습니다.
찾은 수를 알맞게 써넣습니다.

원리탐구 ② 여러 가지 식 만들기

주어진 수를 한 번씩만 사용하여 계산한 값이 목표수 14가 되도록 여러 가지 식을 만들어 보시오. (단, 1＋2＝3, 2＋1＝3과 같이 같은 수로 만든 덧셈식은 같은 것으로 봅니다.)

STEP 1 주어진 수를 사용하여 목표수 14가 되도록 덧셈식을 완성해 보시오.

6 ＋ 8 ＝ 14　　　□ ＋ □ ＋ □ ＝ 14

□ ＋ □ ＋ □ ＋ □ ＝ 14

STEP 2 주어진 수를 사용하여 목표수 14가 되도록 식을 완성해 보시오.

□ ＋ □ － □ ＝ 14

□ ＋ □ ＋ □ － □ ＝ 14

□ ＋ □ ＋ □ － □ ＝ 14

유제 주어진 구슬 중에서 3개를 골라 여러 가지 덧셈식과 뺄셈식을 만들어 보시오. (단, 1+2=3, 2+1=3과 같이 같은 수로 만든 덧셈식은 같은 것으로 봅니다.)

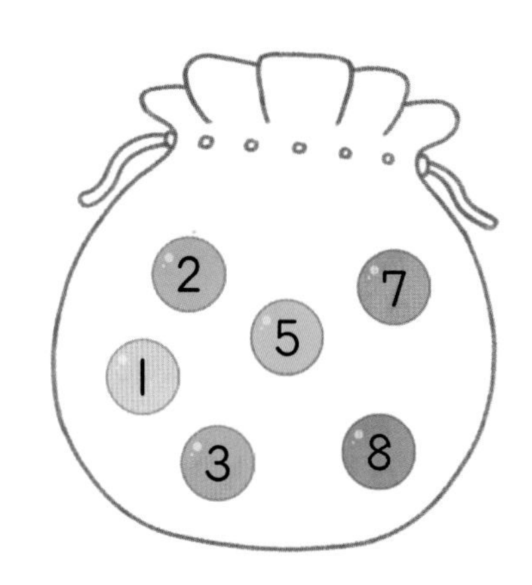

덧셈식 만들기

방법1 1 + 2 = 3

방법2 ( ) + ( ) = ( )

방법3 ( ) + ( ) = ( )

뺄셈식 만들기

방법1 ( ) − ( ) = ( )

방법2 ( ) − ( ) = ( )

방법3 ( ) − ( ) = ( )

Lecture 여러 가지 식 만들기

1, 2, 5, 8을 사용하여 목표수 7을 만들어 봅니다.

방법1 덧셈식으로 만들기	방법2 뺄셈식으로 만들기
1+2=3	2−1=1
1+5=6	5−1=4
1+8=9	5−2=3
2+5=7	8−1=7
2+8=10	8−2=6
5+8=13	8−5=3

Practice 팩토

|원리탐구 ❶|

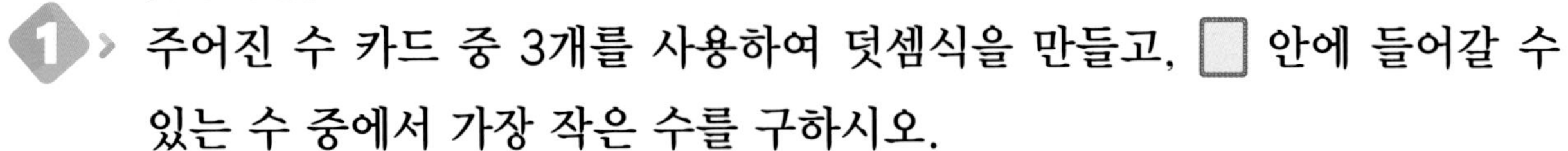

1 주어진 수 카드 중 3개를 사용하여 덧셈식을 만들고, □ 안에 들어갈 수 있는 수 중에서 가장 작은 수를 구하시오.

4 6 7 1 2 8 5

□ + □ = □

|원리탐구 ❶|

2 주어진 수 카드를 한 번씩만 사용하여 덧셈식을 5가지 만들어 보시오.
(단, 1+2=3, 2+1=3과 같이 같은 수로 만든 덧셈식은 같은 것으로 봅니다.)

1 2 8 3 5 9

덧셈식

1+2=3,

정답과 풀이 10쪽

| 원리탐구 ❷ |

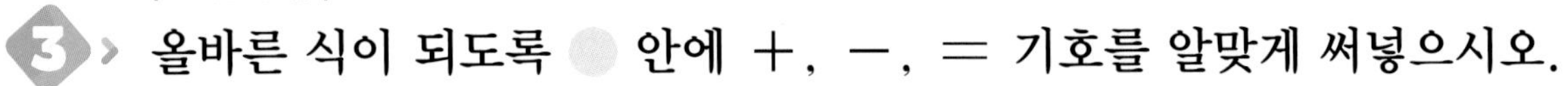

3 올바른 식이 되도록 ○ 안에 +, −, = 기호를 알맞게 써넣으시오.

보기

10 − 4 = 3 + 3

6 ○ 2 ○ 15 ○ 7

9 ○ 1 ○ 17 ○ 9

18 ○ 5 ○ 9 ○ 22

9 ○ 7 ○ 11 ○ 13

4. 마방진

원리탐구 ① 십자 마방진

주어진 수를 모두 사용하여 가로줄과 세로줄에 놓인 세 수의 합이 15가 되도록 만들어 보시오.

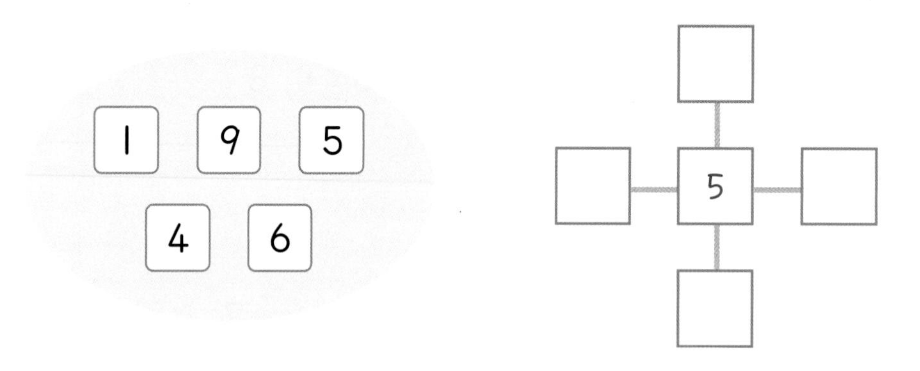

STEP 1 1, 4, 6, 9 중에서 더해서 10이 되는 2가지 경우를 찾아보시오.

$\square + \square = 10$

$\square + \square = 10$

STEP 2 세 수의 합이 15가 되도록 STEP 1 에서 찾은 수를 빈칸에 알맞게 써넣으시오.

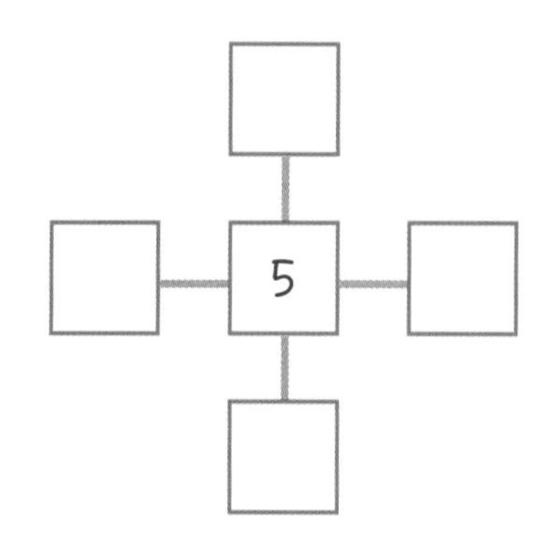

유제 주어진 수를 사용하여 가로줄과 세로줄에 놓인 두 수의 합이 ● 안의 수가 되도록 만들어 보시오.

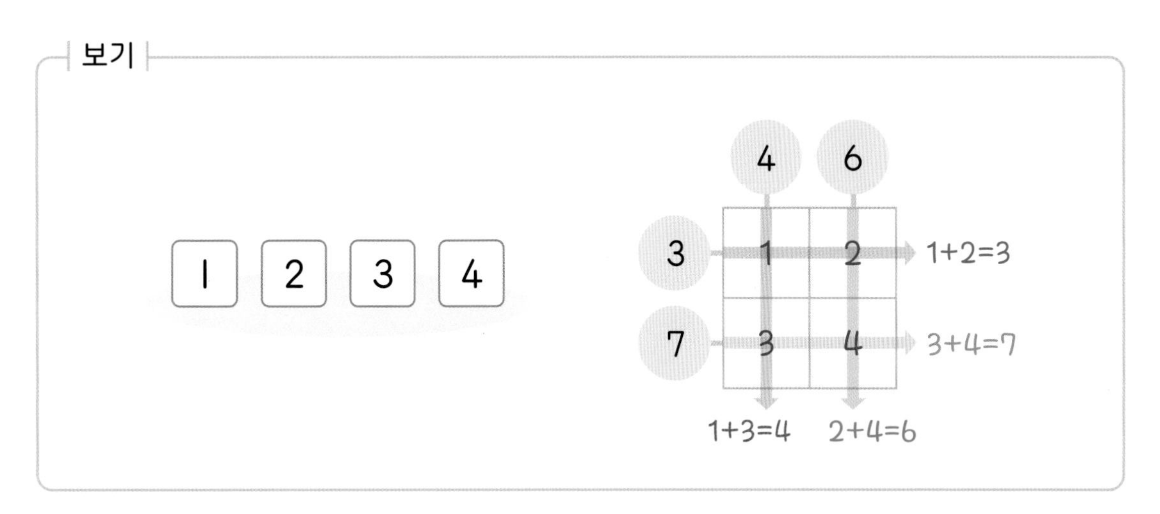

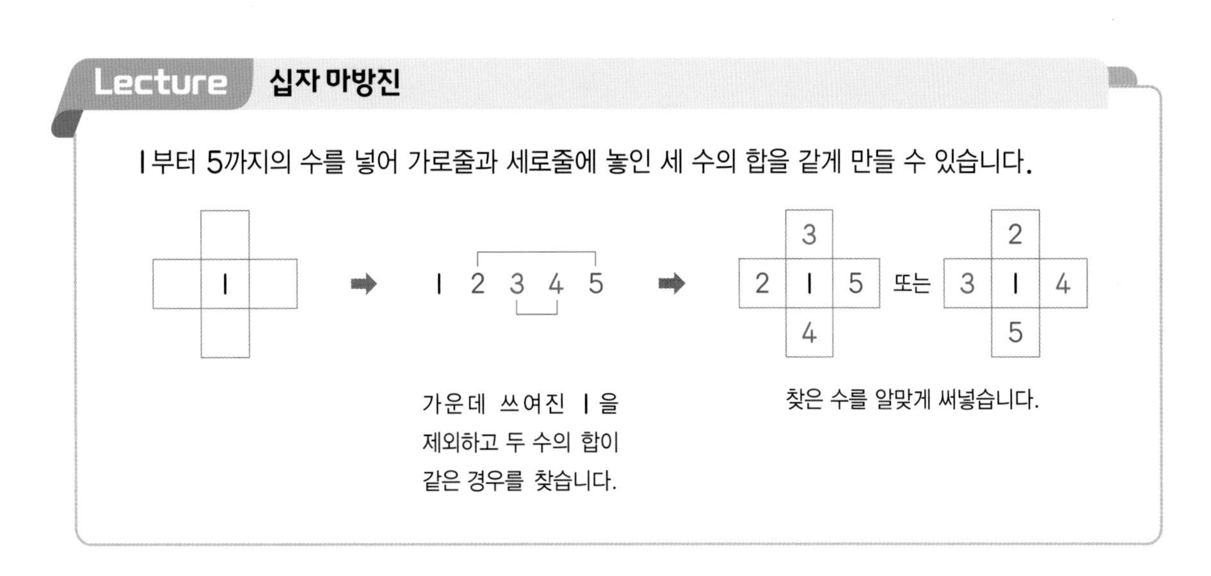

1부터 6까지의 수를 모두 사용하여 각각의 색칠한 △ 모양에 있는 세 수의 합이 9가 되도록 만들어 보시오.

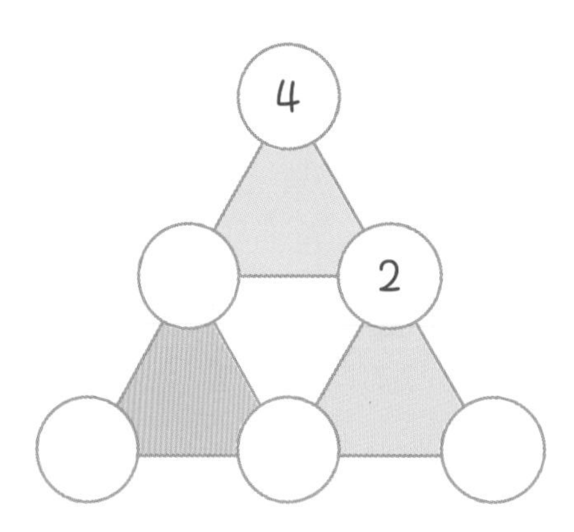

STEP 1 1부터 6까지의 수를 한번씩만 사용하여 합이 9가 되는 서로 다른 세 수를 찾아보시오.

4 + 2 + ☐ = 9

5 + ☐ + ☐ = 9

6 + ☐ + ☐ = 9

STEP 2 STEP 1 에서 찾은 세 수를 사용하여 빈 곳에 알맞은 수를 써넣으시오.

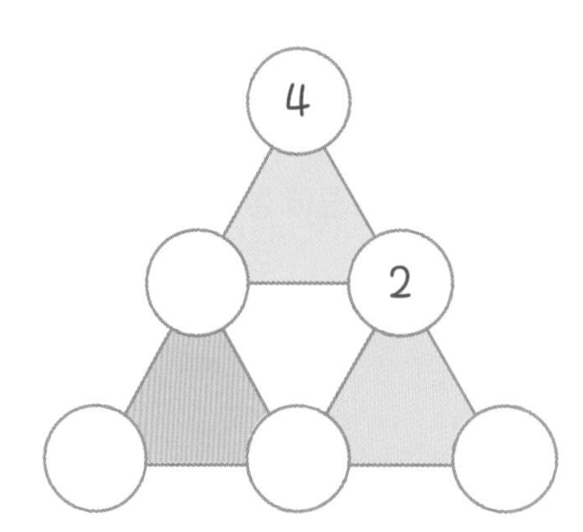

› 정답과 풀이 12쪽

유제 2부터 7까지의 수를 모두 사용하여 각 줄에 있는 세 수의 합이 12가 되도록 만들어 보시오.

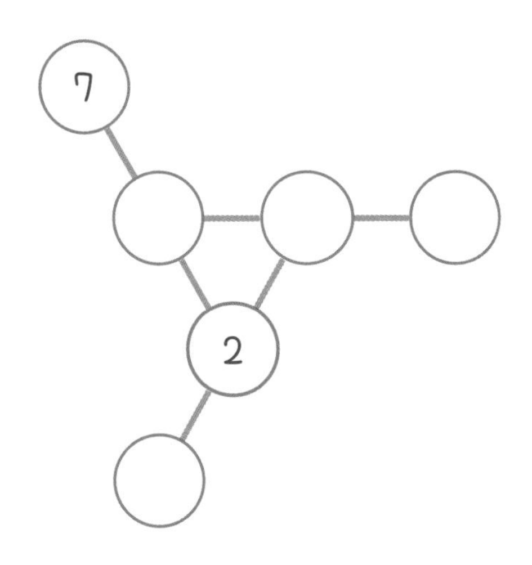

Lecture 삼각진

1부터 6까지의 수를 넣어 같은 줄에 있는 세 수의 합이 10이 되도록 만들 수 있습니다.

$1+3+6=10$
$1+4+5=10$
$2+3+5=10$

➡ ➡

더해서 10이 되는 서로 다른 세 수를 찾습니다.

두 번 나온 1, 3, 5를 먼저 색칠된 부분에 써넣습니다.

같은 줄의 세 수의 합이 10이 되도록 남은 2, 4, 6을 써넣습니다.

|원리탐구 ❶|

1 1부터 9까지의 수 중 5개의 수를 사용하여 가로줄과 세로줄에 있는 세 수의 합이 주어진 수가 되도록 만들어 보시오.

세 수의 합: 16

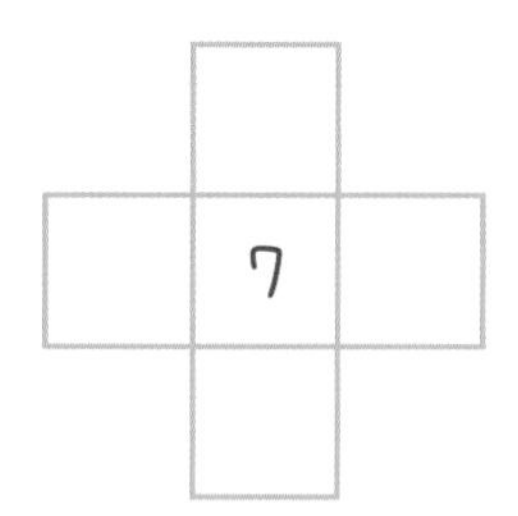

세 수의 합: 13

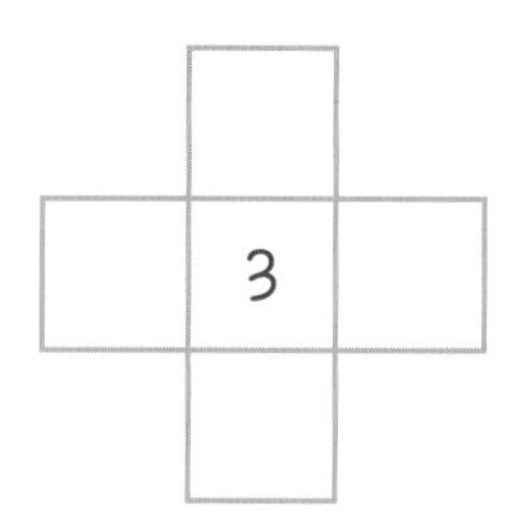

|원리탐구 ❷|

1부터 9까지의 수를 모두 사용하여 각 줄에 있는 세 수의 합이 16이 되도록 만들어 보시오.

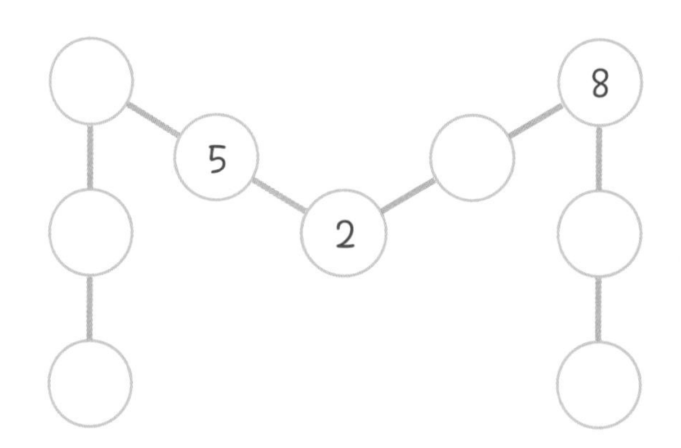

정답과 풀이 13쪽

| 원리탐구 ❶ |

3 2, 4, 6, 8, 10을 모두 사용하여 가로줄과 세로줄에 있는 세 수의 합이 같도록 3가지 방법으로 만들어 보시오. (단, 각각의 방법은 세 수의 합이 모두 달라야 합니다.)

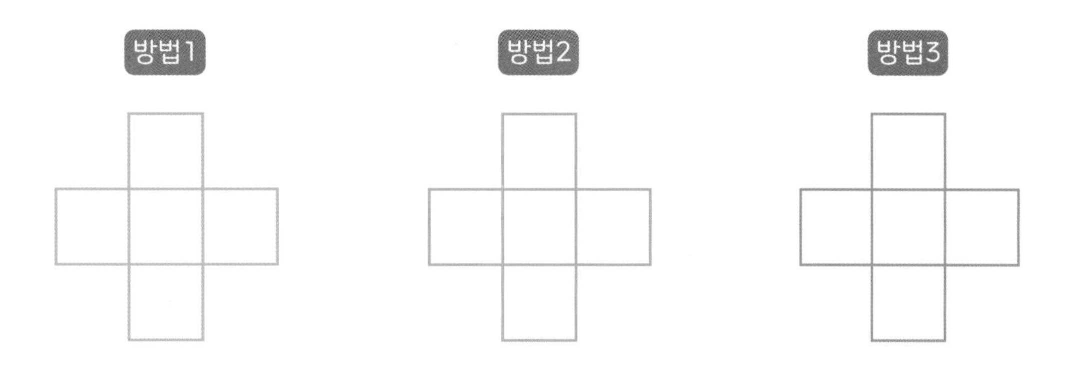

| 원리탐구 ❷ |

4 1부터 5까지의 수를 모두 사용하여 각각의 색칠한 △ 모양에 있는 세 수의 합이 주어진 수가 되도록 만들어 보시오.

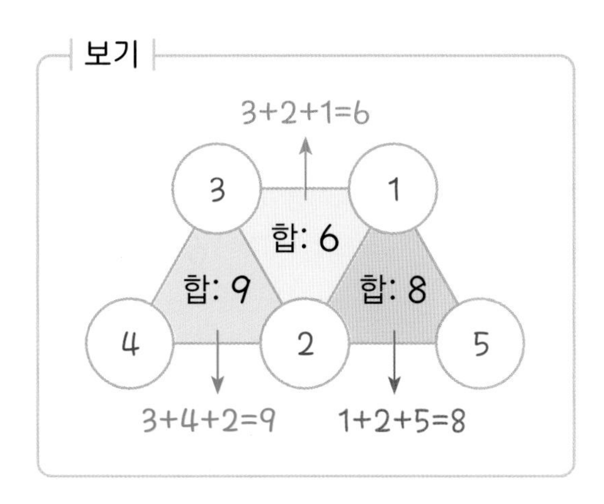

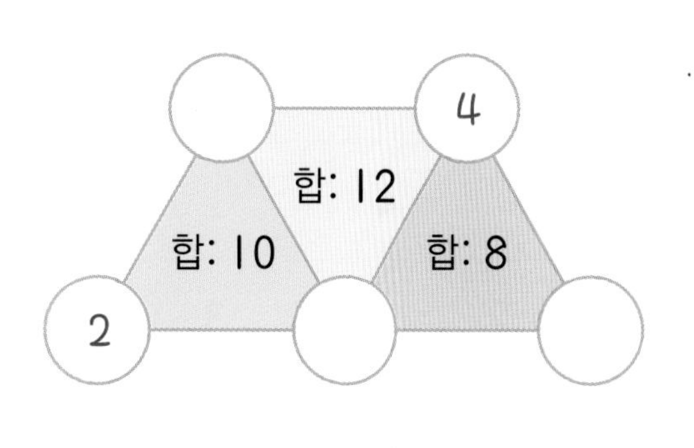

Creative 팩토

01 | 보기 |와 같이 각 줄에 있는 블록의 수의 합이 오른쪽과 아래쪽의 수가 되도록 □ 안에 알맞은 수를 써넣으시오.

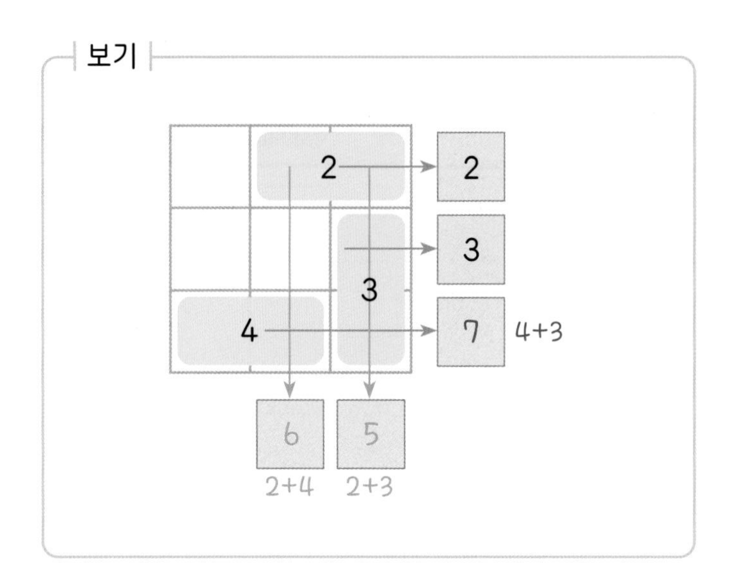

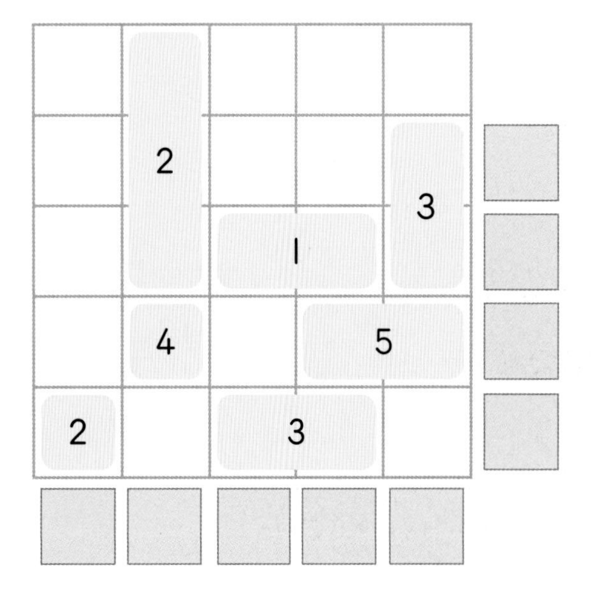

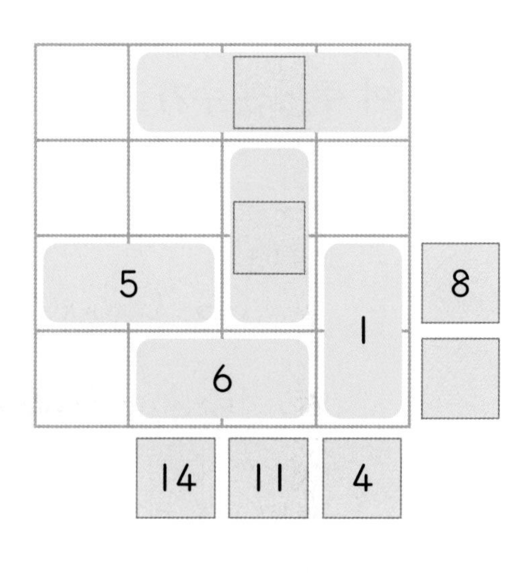

정답과 풀이 14쪽

02 주머니 안의 구슬을 사용하여 주어진 조건을 만족하는 여러 가지 식을 만들어 보시오. (단, 1＋2＝3, 2＋1＝3과 같이 같은 수로 만든 덧셈식은 같은 것으로 봅니다.)

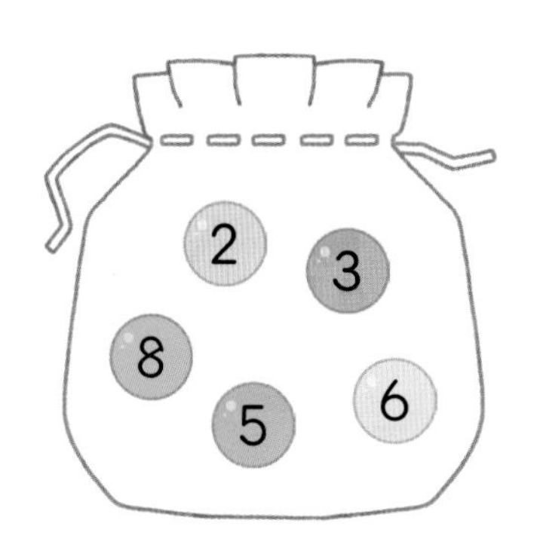

두 수의 차가 4보다 작은 뺄셈식

방법1 3 − 2 = 1

방법2 ______

방법3 ______

방법4 ______

방법5 ______

방법6 ______

방법7 ______

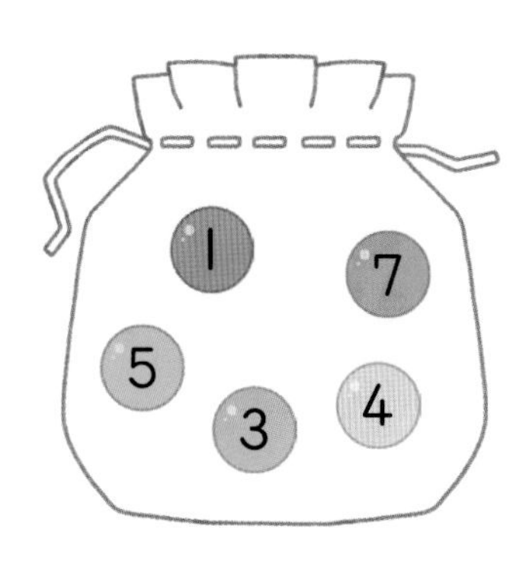

세 수의 합이 10보다 큰 덧셈식

방법1 1 + 3 + 7 = 11

방법2 ______

방법3 ______

방법4 ______

방법5 ______

방법6 ______

방법7 ______

Challenge 영재교육원

01 3개의 수로 덧셈식과 뺄셈식을 만들 수 있는 곳을 10곳보다 많이 찾아 ┘ 또는 ▭로 묶어 보시오.

10개

9	1	3	6	4	8	9
			−			
7	6	8	4	1	1	3
			=			
3	5	8	2	9	5	1
2 +	4	8	2	3	2	7
	=					
8	6	1	6	4	8	3
9	1	1	2	5	3	4
5	4	9	1	8	4	2
5	2	3	7	7	5	3

02 전광판에 다음과 같이 연산식을 만들었습니다. 전광판의 불을 하나만 움직여 올바른 식이 되도록 만들어 보시오.

보기

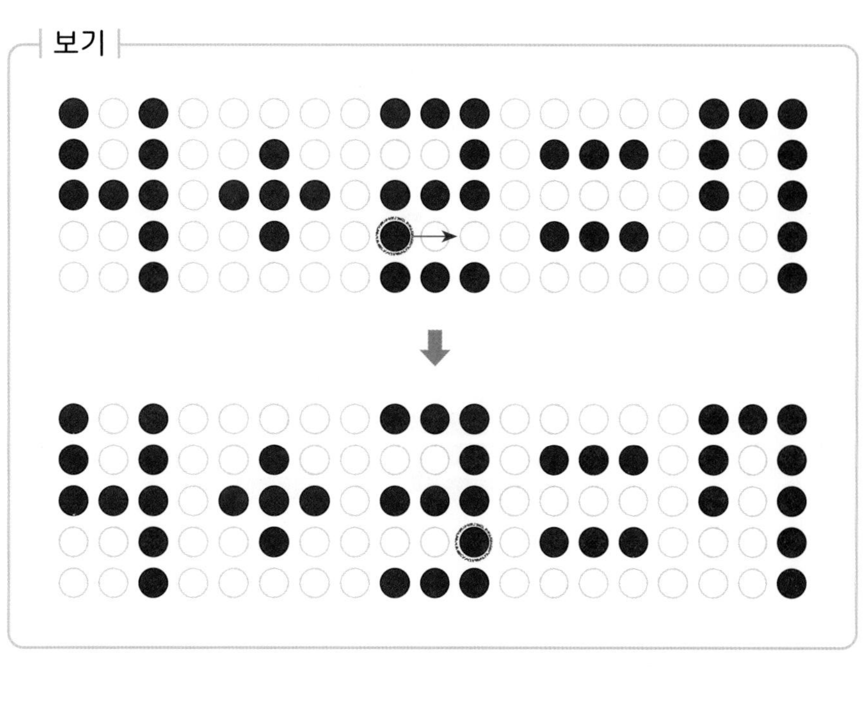

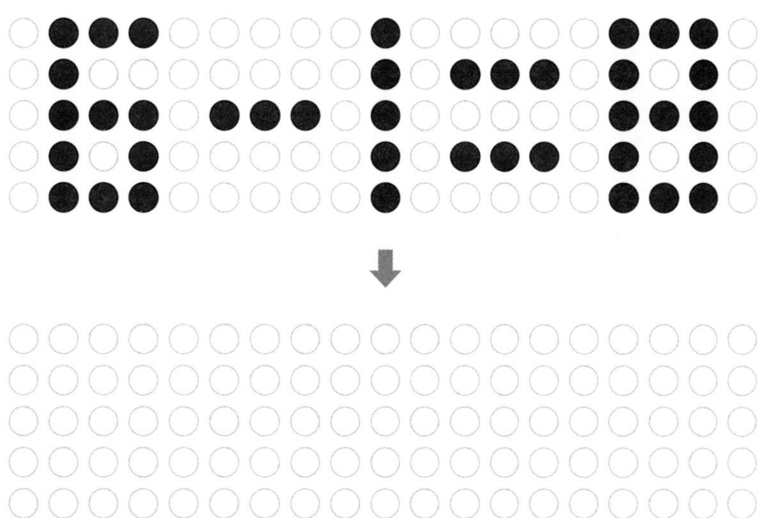

Ⅱ

공 간

계획한 대로 공부한 날은 😀 에, 공부하지 못한 날은 ☹ 에 ◯표 하세요.

공부할 내용	공부할 날짜	확 인
1 입체도형	월 일	😀 | ☹
2 블록의 개수	월 일	😀 | ☹
3 모양 만들기	월 일	😀 | ☹
4 색종이 겹치기와 자르기	월 일	😀 | ☹
Creative 팩토	월 일	😀 | ☹
Challenge 영재교육원	월 일	😀 | ☹

1. 입체도형

원리탐구 ① 여러 가지 모양

토끼와 거북이 설명하고 있는 모양을 찾아 기호를 써 보시오.

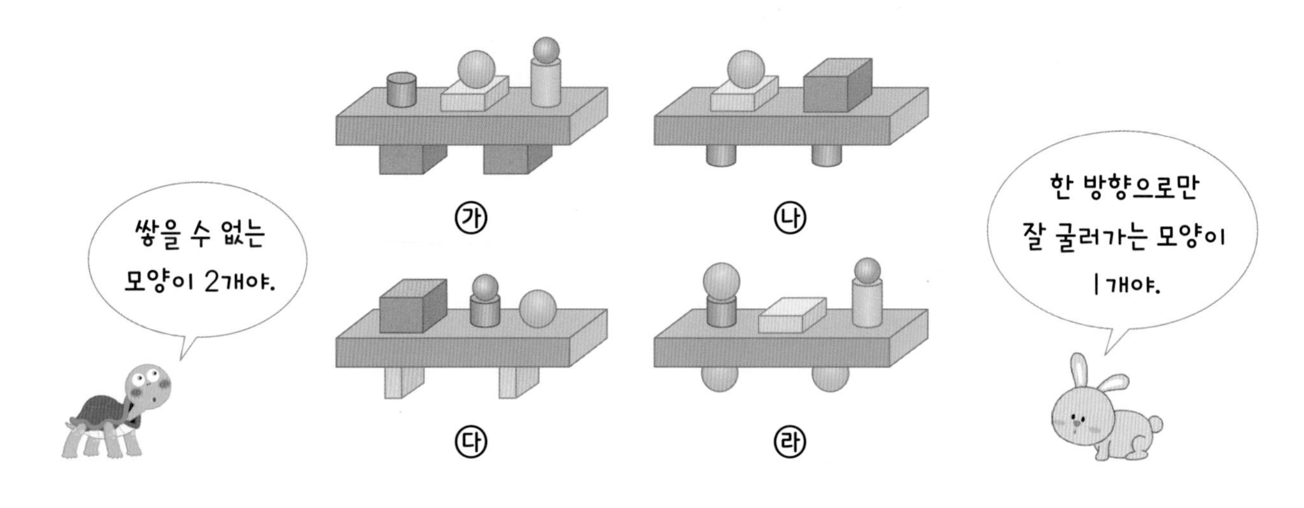

쌓을 수 없는 모양이 2개야.
㉮
㉯
㉰
㉱
한 방향으로만 잘 굴러가는 모양이 1개야.

STEP 1 쌓을 수 없는 모양을 모두 찾아 ○표 하시오.

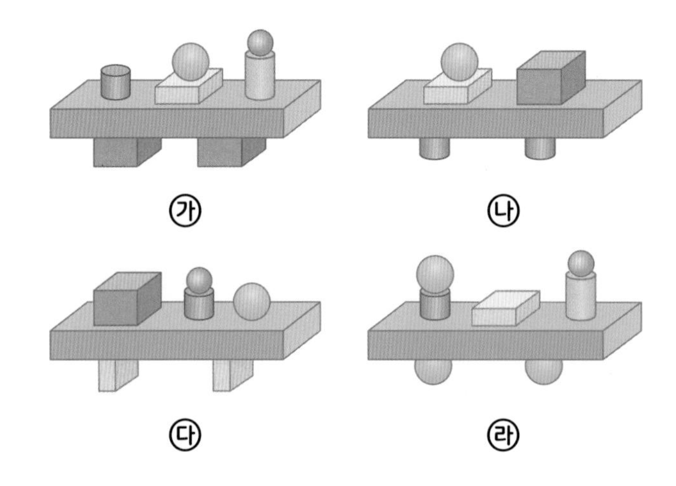

㉮
㉯
㉰
㉱

STEP 2 STEP 1에서 쌓을 수 없는 모양이 2개인 것을 모두 찾아 기호를 써 보시오.

STEP 3 STEP 2에서 찾은 모양 중 한 방향으로만 잘 굴러가는 모양이 1개인 것을 찾아 기호를 써 보시오.

정답과 풀이 16쪽

유제 꿀벌이 설명하는 모양에 ○표, 애벌레가 설명하는 모양에 △표 하시오.

전체가 둥근
모양은 3개야.
평평한 부분과
둥근 부분이 모두 있는
모양은 2개야.

Lecture 여러 가지 모양
상자 모양
모든 부분이 평평하고, 둥근 부분이 없습니다.
둥근 기둥 모양
평평한 부분과 둥근 부분이 모두 있습니다.
공 모양
전체가 둥글고, 평평한 부분이 없습니다.
• 평평한 부분이 있으면 쌓을 수 있습니다.
• 둥근 부분이 있으면 굴러갈 수 있습니다.

원리탐구 ② 블록의 위치 관계

다음 | 조건 |을 모두 만족하는 모양을 찾아 기호를 써 보시오.

| 조건 |

- 왼쪽에서 둘째에는 쌓을 수 있는 모양이 있습니다.
- 한 방향으로만 잘 굴러가는 모양은 공 모양 아래에 있습니다.

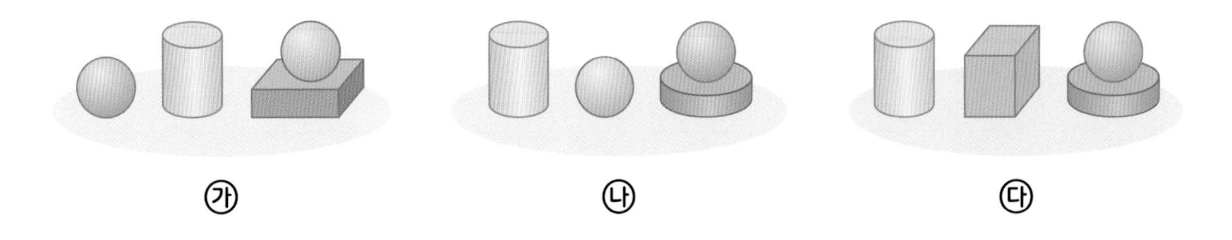

㉮ ㉯ ㉰

STEP 1 다음 중 쌓을 수 있는 모양을 모두 찾아 ○표 하시오.

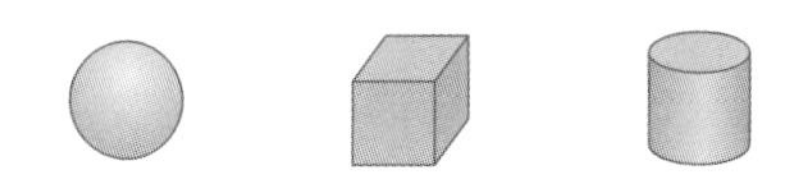

STEP 2 STEP1에서 찾은 모양이 왼쪽에서 둘째에 있는 것을 모두 찾아 기호를 써 보시오.

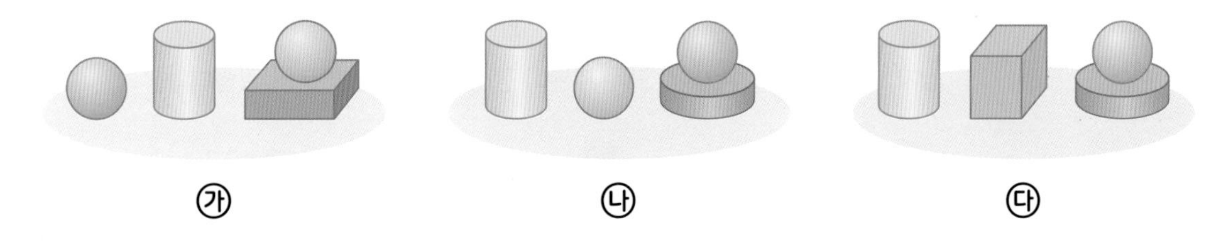

㉮ ㉯ ㉰

STEP 3 STEP2에서 찾은 모양 중에서 한 방향으로만 잘 굴러가는 모양이 공 모양 아래에 있는 것을 찾아 기호를 써 보시오.

> 정답과 풀이 17쪽

유제 다음 모양을 보고 설명한 내용이 맞으면 ○표, <u>틀리면</u> ×표 하시오.

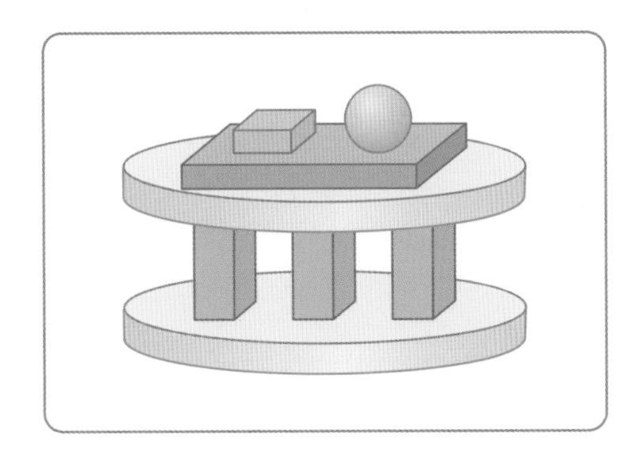

(1) 둥근 기둥 모양 사이에는 상자 모양이 3개 있습니다. ………………………… (　　　)

(2) 둥근 부분이 없는 모양 사이에 공 모양이 있습니다. ………………………… (　　　)

(3) 공 모양은 한 방향으로만 잘 굴러가는 모양보다 위에 있습니다. …… (　　　)

(4) 가장 위에 있는 상자 모양 왼쪽에는 공 모양이 있습니다. ……………… (　　　)

Lecture **블록의 위치 관계**

다양한 블록으로 만든 모양을 보고 각 블록의 위치 관계를 찾을 수 있습니다.

- 모양 아래에 모양이 있습니다.
- 모양 오른쪽에 모양이 있습니다.

| 원리탐구 ❶ |

1 둥근 기둥 모양의 특징이 맞으면 (예), 틀리면 (아니오)를 따라갈 때, 나오는 물건에 ○표 하시오. (단, 한 번 지나간 길은 다시 지나갈 수 없습니다.)

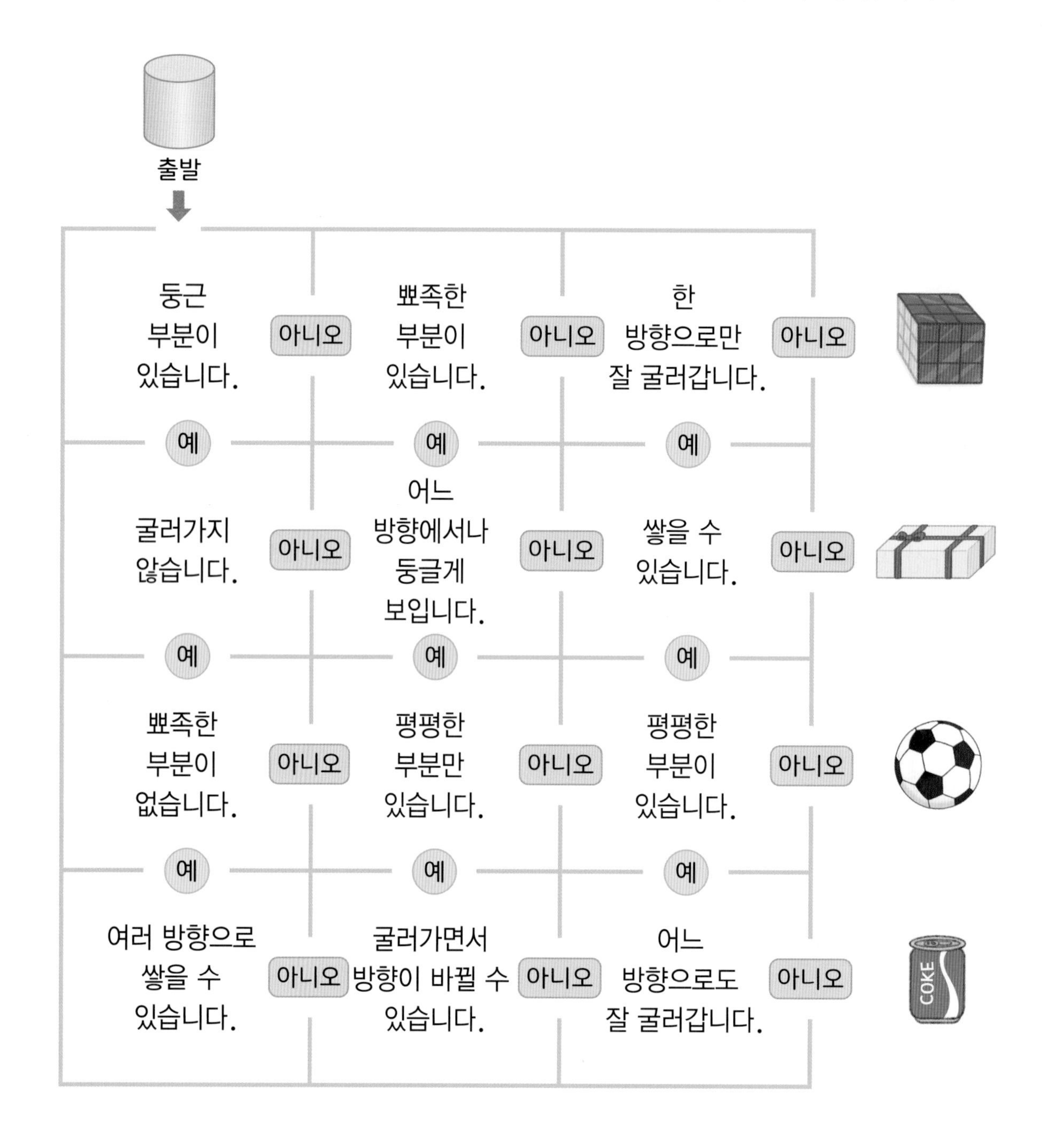

정답과 풀이 18쪽

| 원리탐구 ❷ |

2 다음 | 순서 | 대로 쌓은 모양을 찾아 기호를 써 보시오.

| 순서 |

① 길쭉한 둥근 기둥 모양 4개 위에 납작한 둥근 기둥 모양 1개를 올려놓습니다.

② 그 위에 상자 모양 1개와 공 모양 2개를 올려놓습니다.

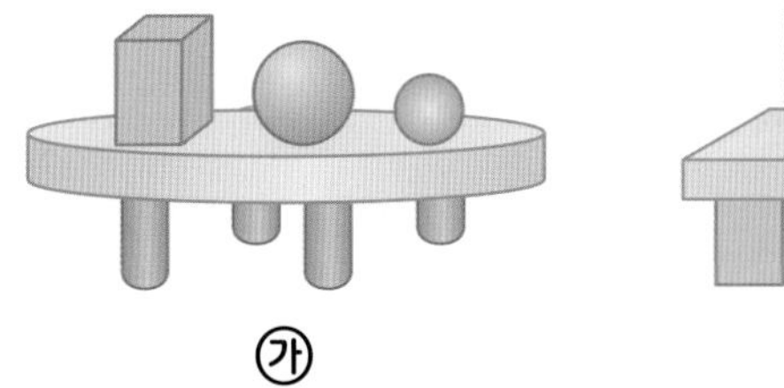

㉮

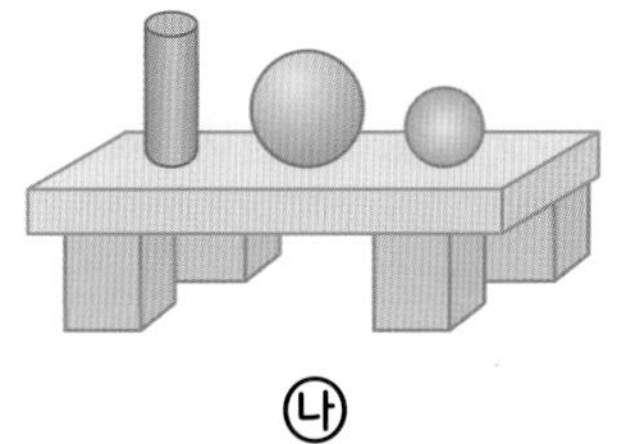

㉯

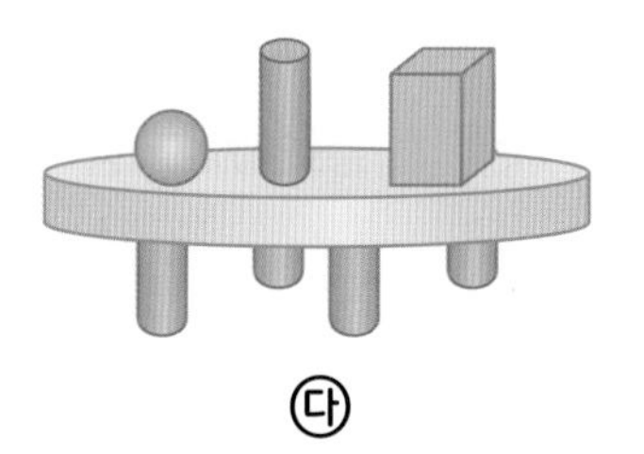

㉰

| 원리탐구 ❷ |

3 다음 모양을 보고 바르게 설명한 사람을 모두 찾아 이름을 써 보시오.

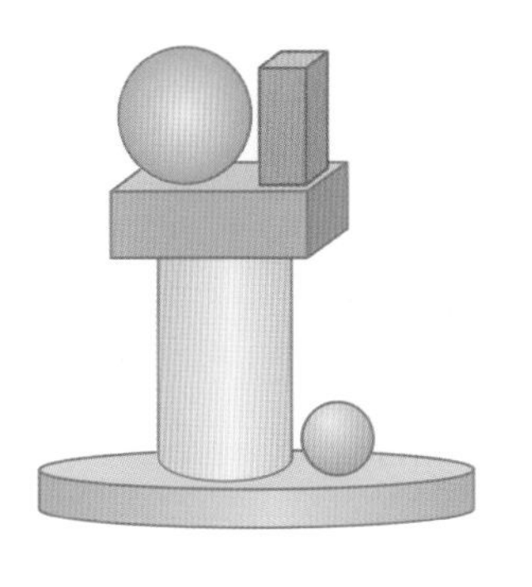

성빈 : 길쭉한 둥근 기둥 모양의 위와 옆에는 공 모양이 하나씩 있어.

지민 : 큰 상자 모양 위에는 둥근 기둥 모양이 있어.

유미 : 상자 모양 2개 모두 작은 공보다 높은 곳에 있어.

2. 블록의 개수

원리탐구 ① 쌓기나무의 개수

다음 모양과 같이 쌓기 위해 필요한 쌓기나무는 몇 개인지 구해 보시오.

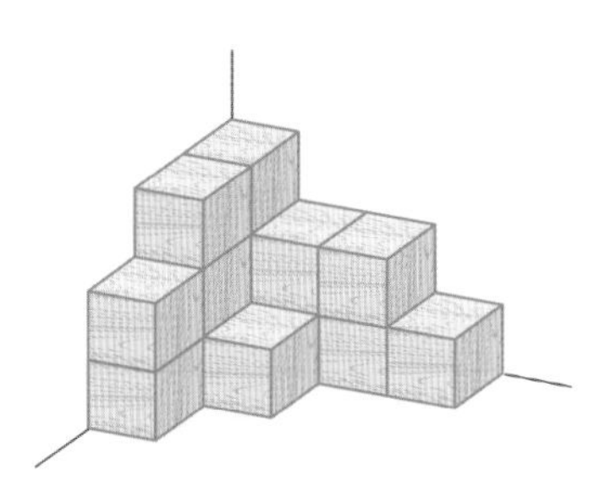

STEP 1 각 자리에 쌓여 있는 쌓기나무의 개수를 ☐ 안에 써넣으시오.

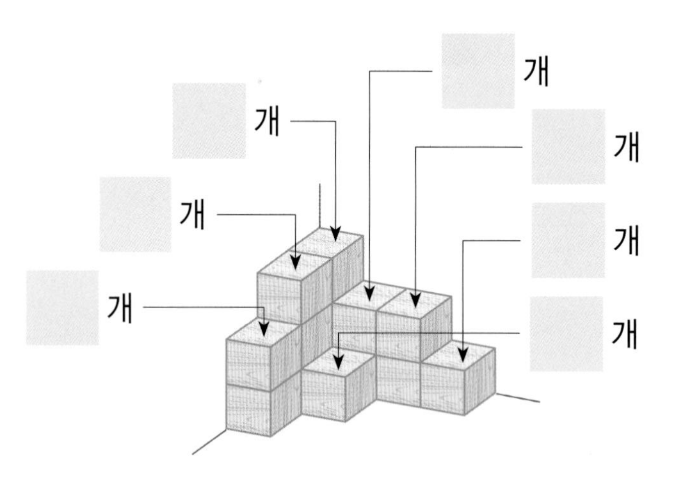

STEP 2 주어진 모양과 같이 쌓기 위해 필요한 쌓기나무는 몇 개입니까?

정답과 풀이 19쪽

유제 사용한 쌓기나무의 개수가 가장 많은 모양부터 차례로 기호를 써 보시오.

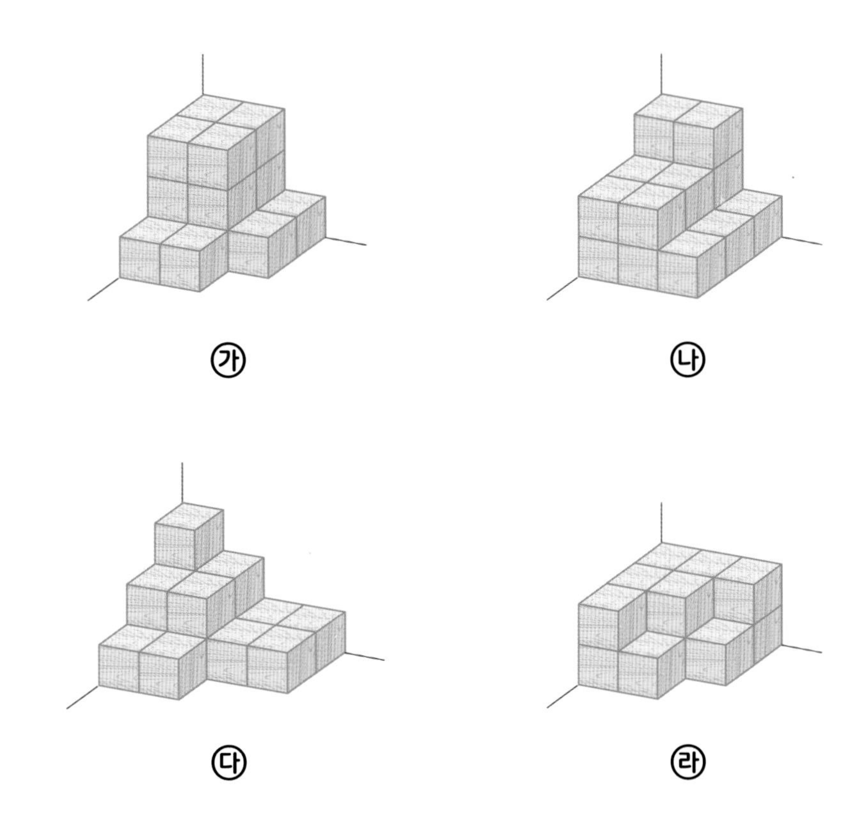

Lecture 쌓기나무의 개수

각 자리에 쌓여 있는 쌓기나무의 개수를 세어 모두 더하면 주어진 모양을 쌓기 위해 필요한 쌓기나무의 전체 개수를 알 수 있습니다.

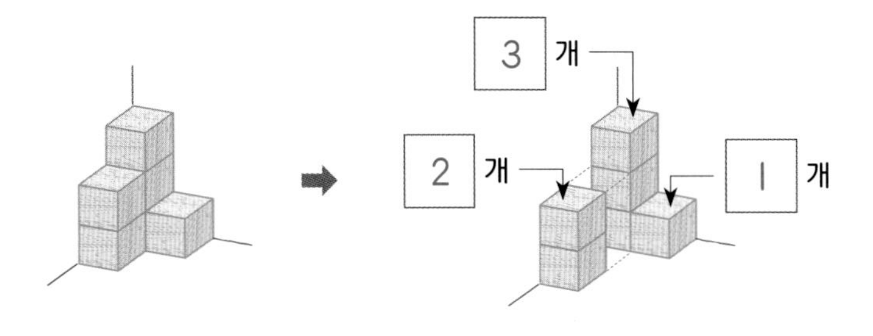

➡ 필요한 쌓기나무는 모두 3＋1＋2＝6(개)입니다.

원리탐구 ② 블록의 개수

다음 모양을 만들기 위해 필요한 블록은 몇 개인지 구해 보시오.

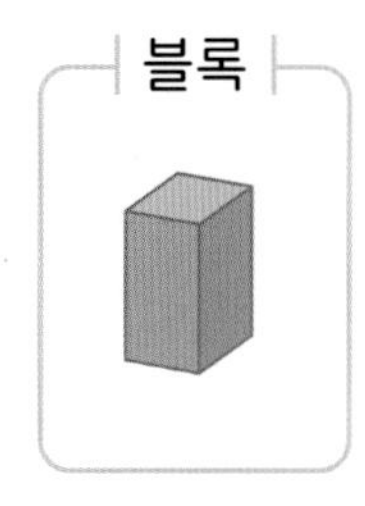

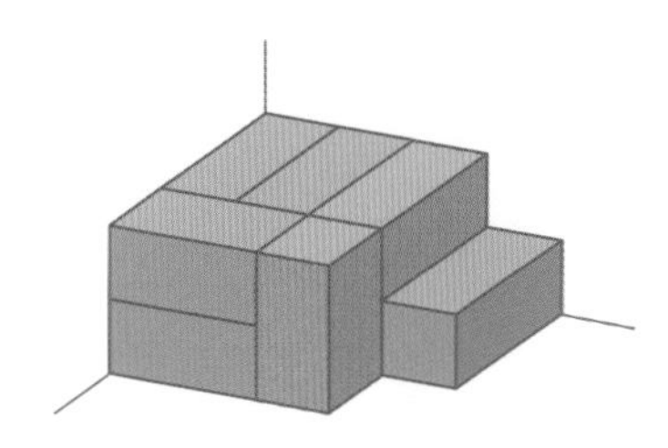

STEP 1 보이는 블록은 몇 개입니까?

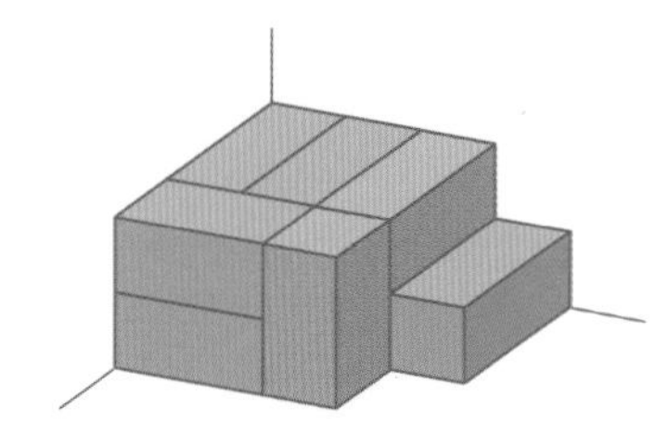

STEP 2 연두색 블록으로 가려져 있는 블록은 몇 개입니까?

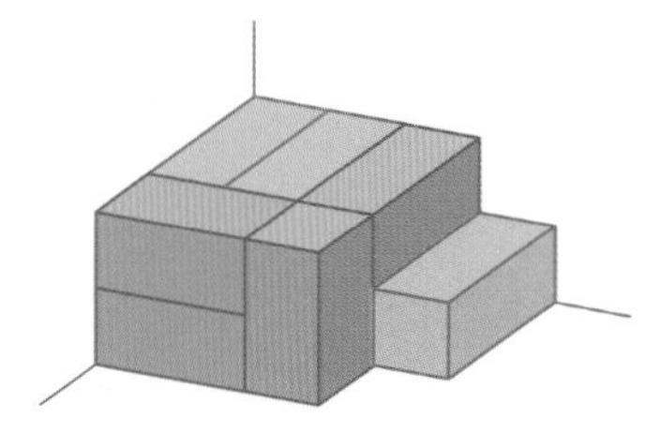

STEP 3 주어진 모양을 만들기 위해 필요한 블록은 몇 개입니까?

정답과 풀이 20쪽

유제 다음 모양을 만들기 위해 필요한 블록은 각각 몇 개인지 구해 보시오.

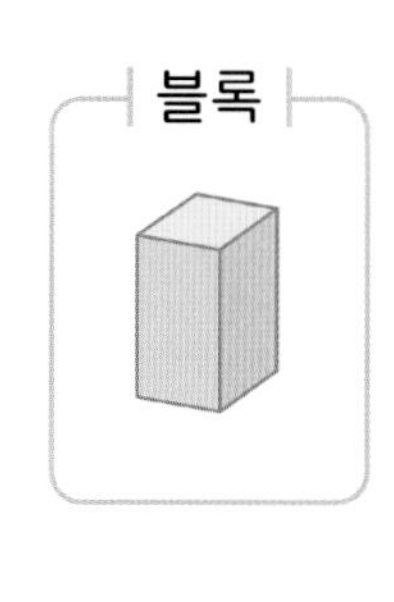

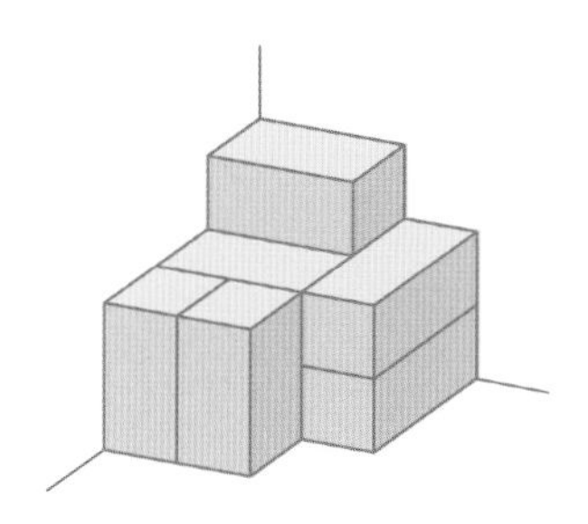

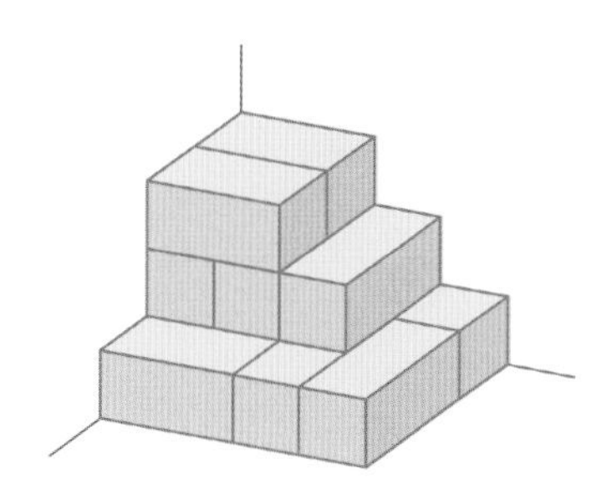

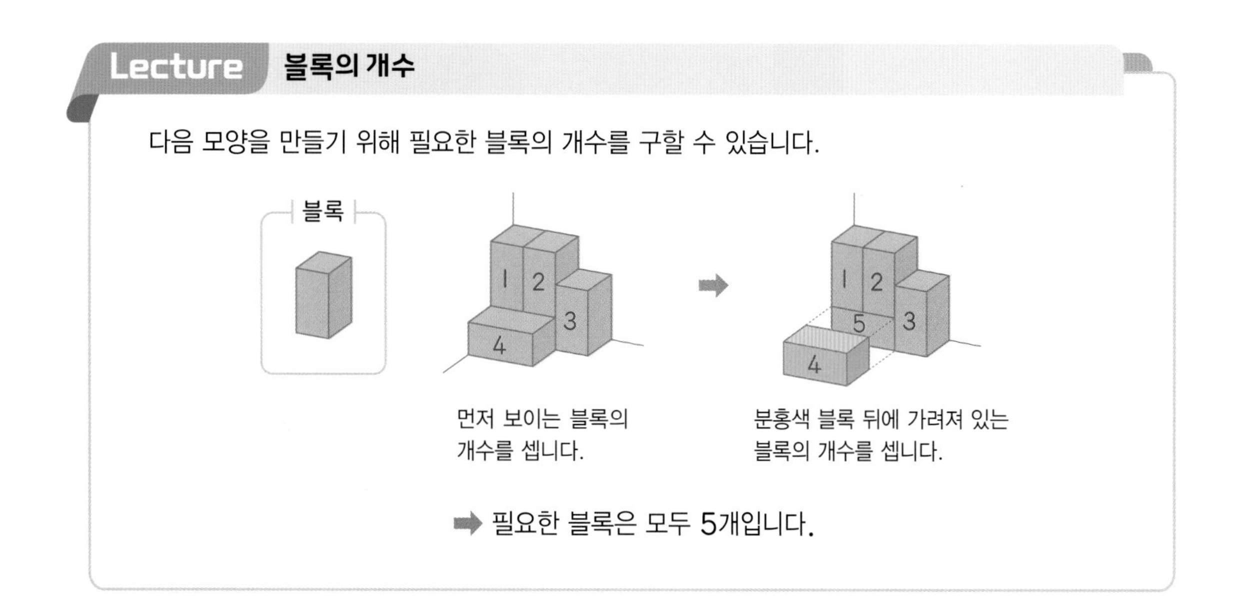

Lecture 블록의 개수

다음 모양을 만들기 위해 필요한 블록의 개수를 구할 수 있습니다.

먼저 보이는 블록의 개수를 셉니다.

분홍색 블록 뒤에 가려져 있는 블록의 개수를 셉니다.

➡ 필요한 블록은 모두 5개입니다.

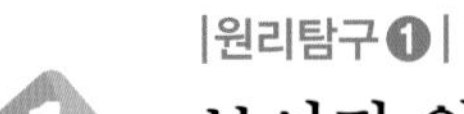

Practice 팩토

|원리탐구 ❶|

1 보이지 않는 쌓기나무의 개수가 가장 적은 모양부터 차례로 기호를 써 보시오.

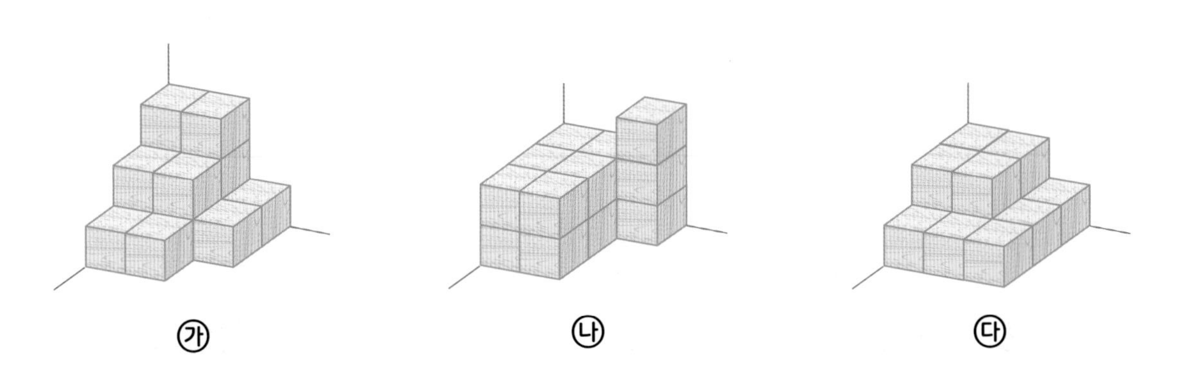

|원리탐구 ❷|

2 다음 모양을 만들기 위해 필요한 블록은 몇 개인지 구해 보시오.

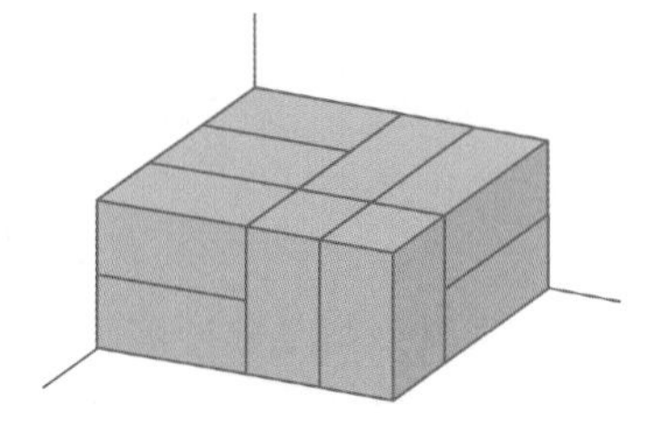

정답과 풀이 21쪽

|원리탐구 ❶|

사용한 쌓기나무의 개수가 같은 모양끼리 선으로 이어 보시오.

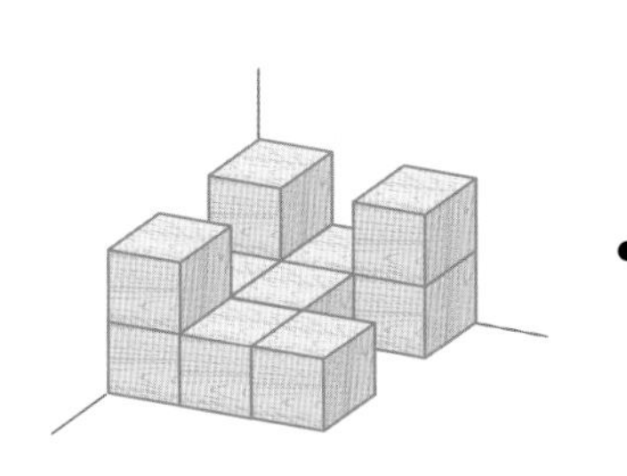

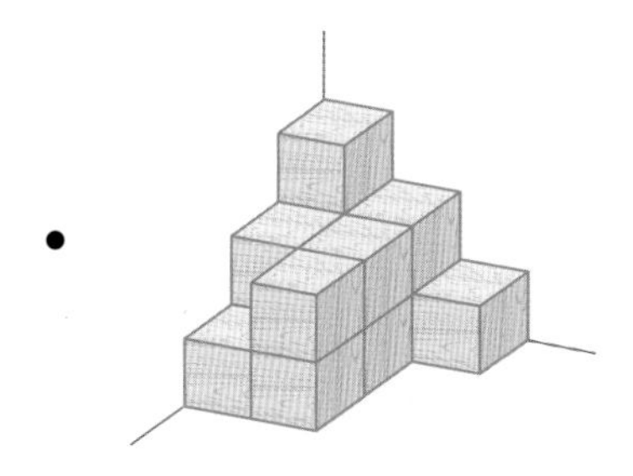

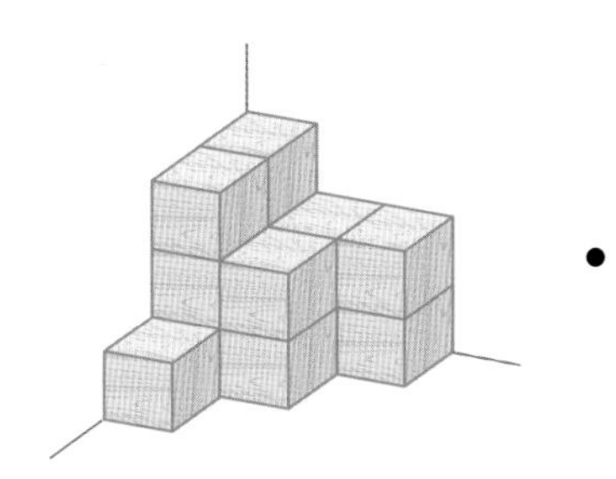

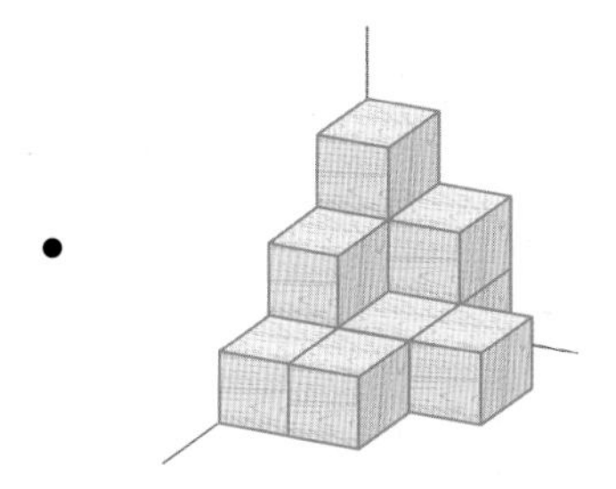

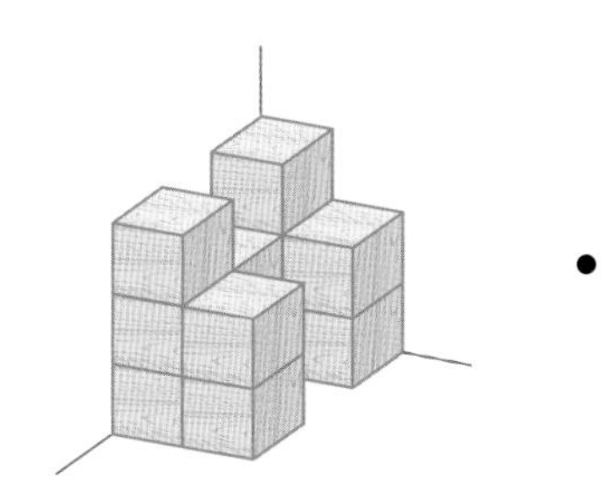

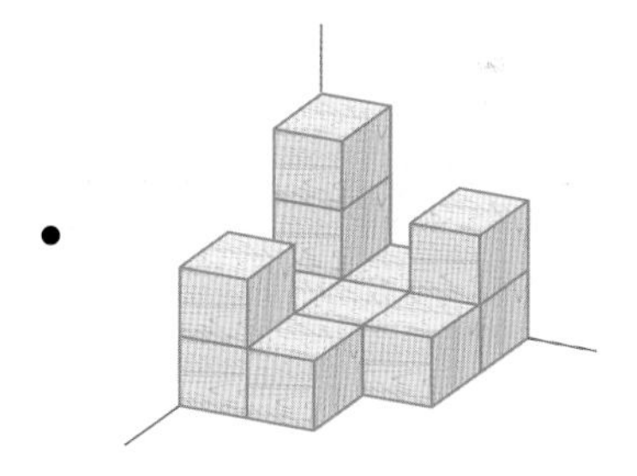

3. 모양 만들기

원리탐구 ❶ 쌓기나무 옮겨서 모양 만들기

쌓기나무 1개를 옮겨서 모양 1, 모양 2 를 전부 만들 수 있는 것을 모두 찾아 기호를 써 보시오. (단, 주어진 모양과 만든 모양은 방향도 같아야 합니다.)

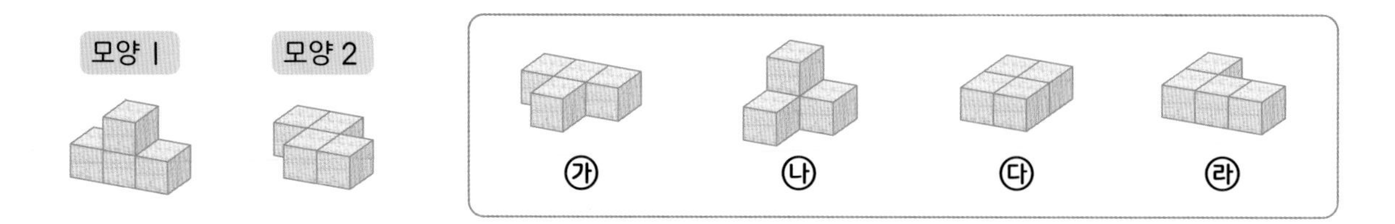

STEP 1 쌓기나무 1개를 옮겨서 오른쪽 모양을 만들 수 있는지 색칠해 보고 만들 수 있으면 ○표, 만들지 못하면 ×표 하시오.

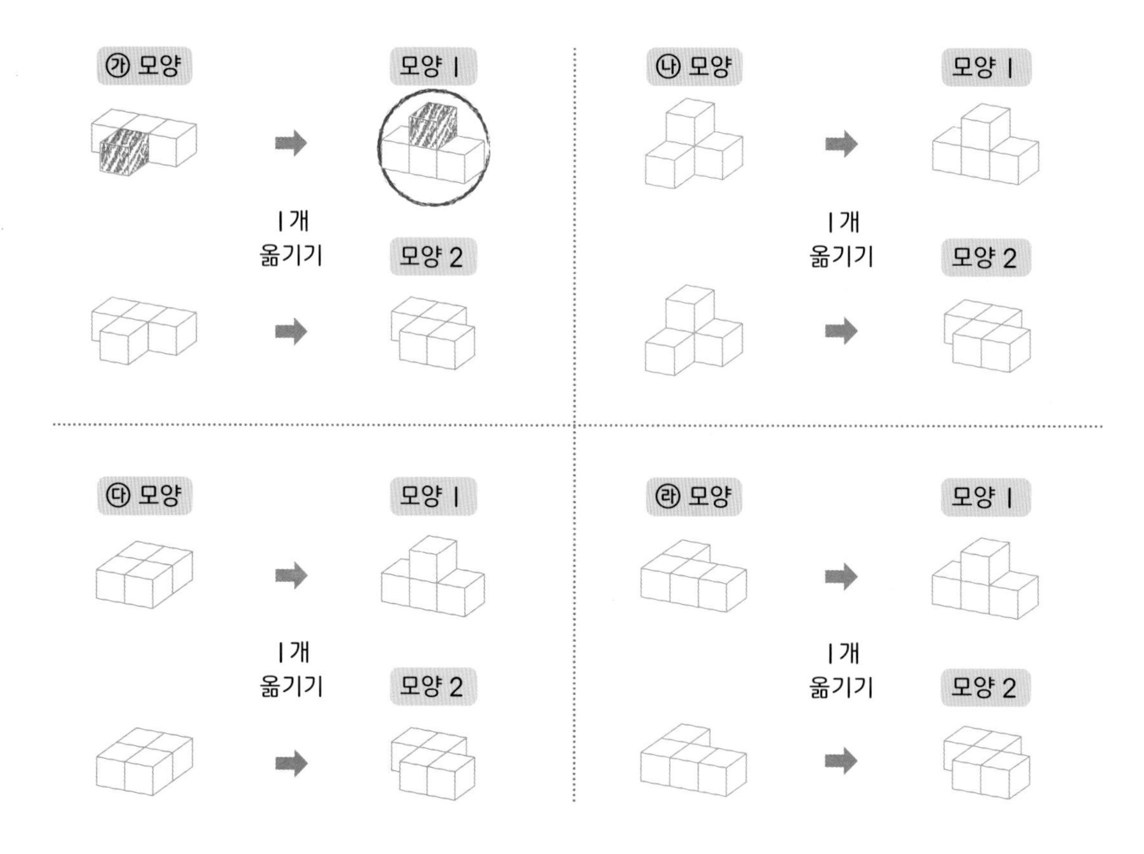

STEP 2 STEP 1에서 쌓기나무 1개를 옮겨서 모양 1, 모양 2 를 전부 만들 수 있는 것을 모두 찾아 기호를 써 보시오.

정답과 풀이 22쪽

유제 다음 모양에서 쌓기나무 1개를 옮겨 만들 수 있는 모양을 모두 찾아 기호를 써 보시오. (단, 주어진 모양과 만든 모양은 방향도 같아야 합니다.)

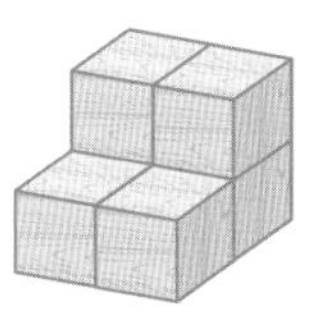

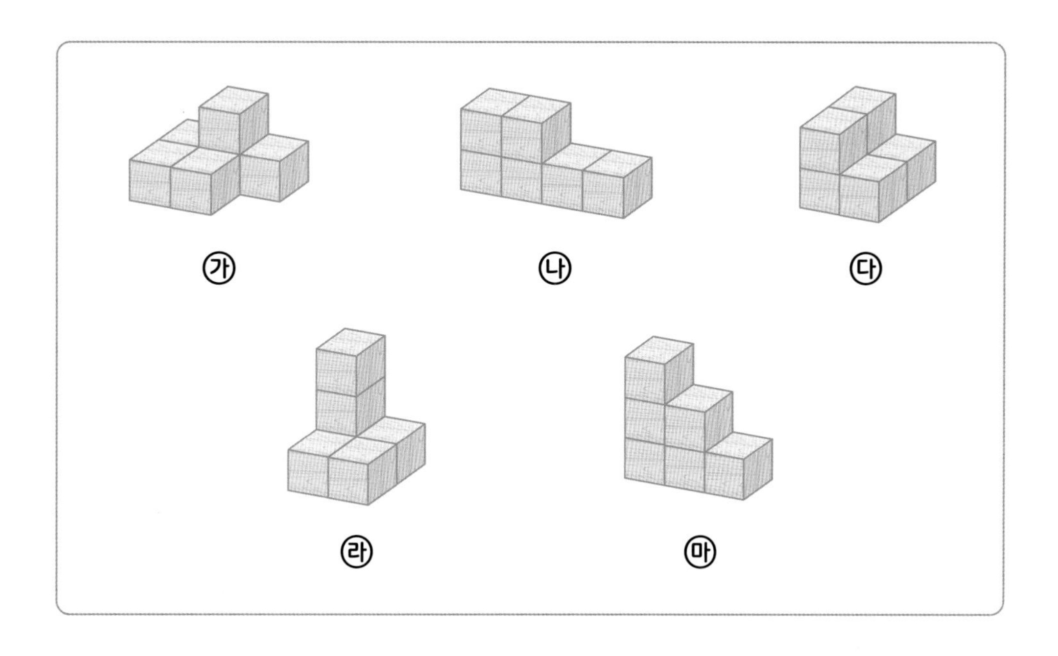
㉮
㉯
㉰
㉱
㉲

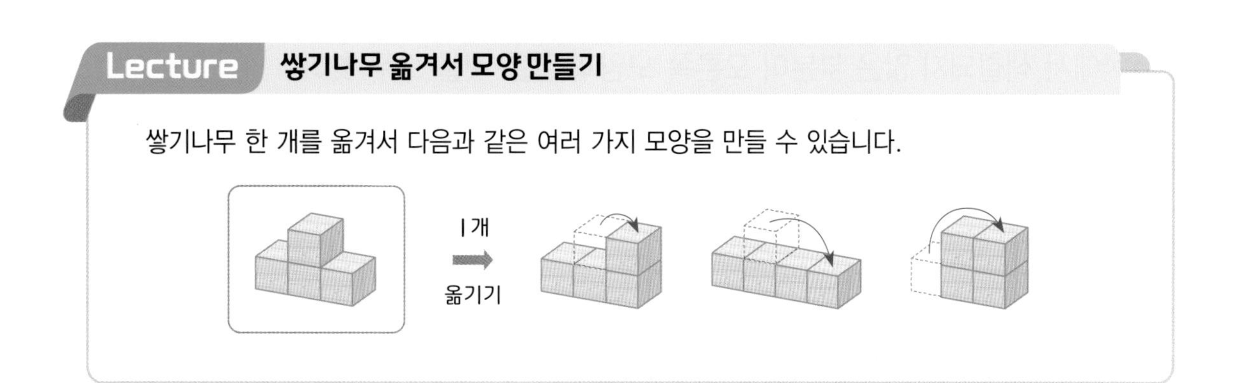
Lecture 쌓기나무 옮겨서 모양 만들기
쌓기나무 한 개를 옮겨서 다음과 같은 여러 가지 모양을 만들 수 있습니다.
1개
옮기기

오른쪽 2개의 모양 블록을 이용하여 만들 수 있는 모양을 모두 찾아 기호를 써 보시오.

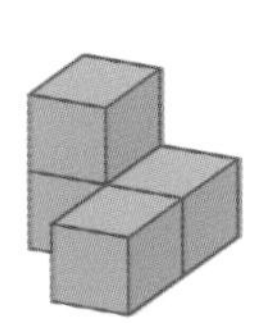
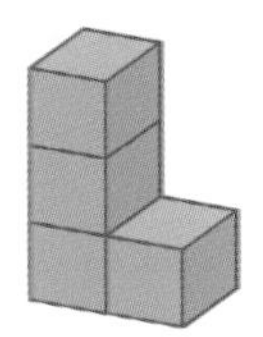

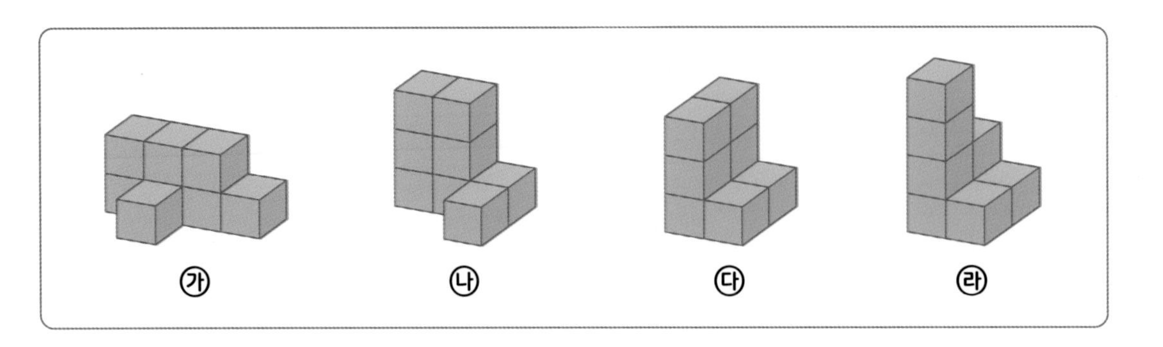

STEP 1 ㉮, ㉯, ㉰, ㉱에서 왼쪽 모양과 같은 부분을 찾아 색칠해 보시오.

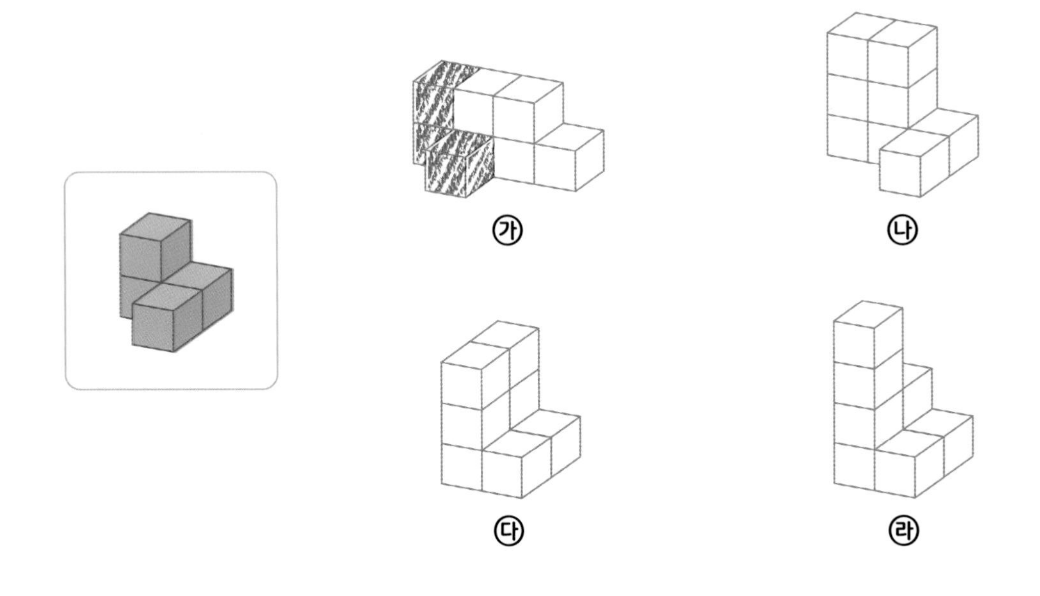

STEP 2 STEP 1에서 색칠되지 않은 부분이 오른쪽 모양과 같은 것을 모두 찾아 기호를 써 보시오.

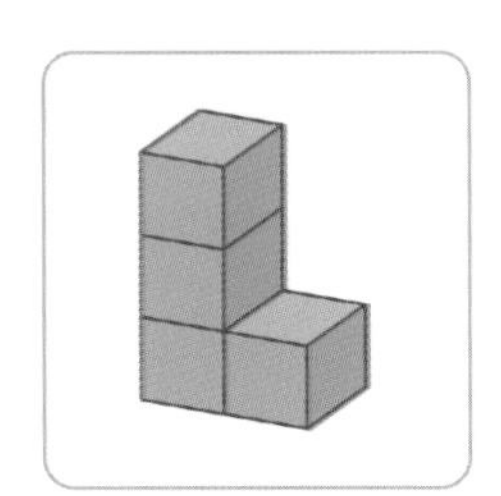

정답과 풀이 23쪽

유제1 오른쪽 2개의 모양 블록을 이용하여 만들 수 있는 모양을 모두 찾아 기호를 써 보시오.

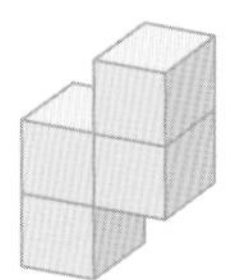
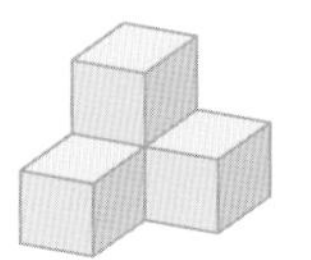

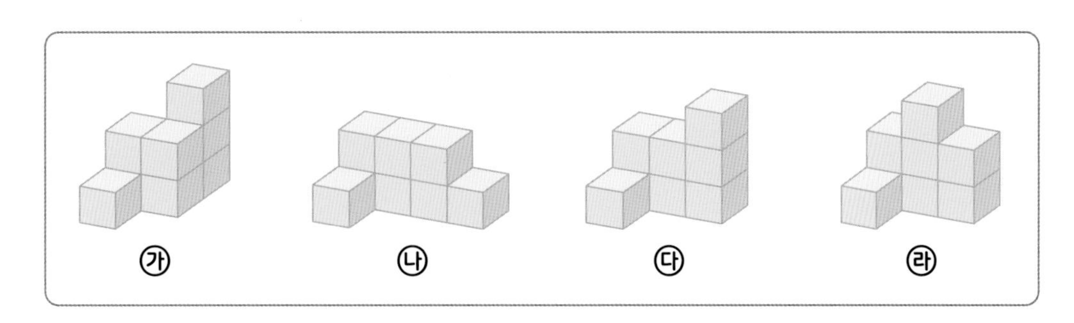

유제2 2개의 모양 블록을 이용하여 다음과 같은 모양을 만들었습니다. 필요한 나머지 모양을 찾아 기호를 써 보시오.

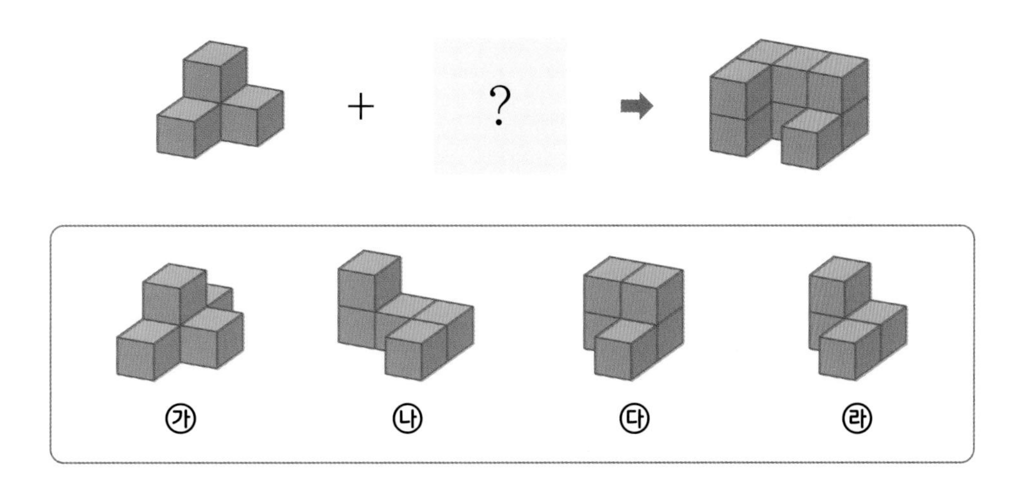

Lecture 블록으로 모양 만들기

2가지 모양의 블록으로 다음과 같은 모양을 만들 수 있습니다.

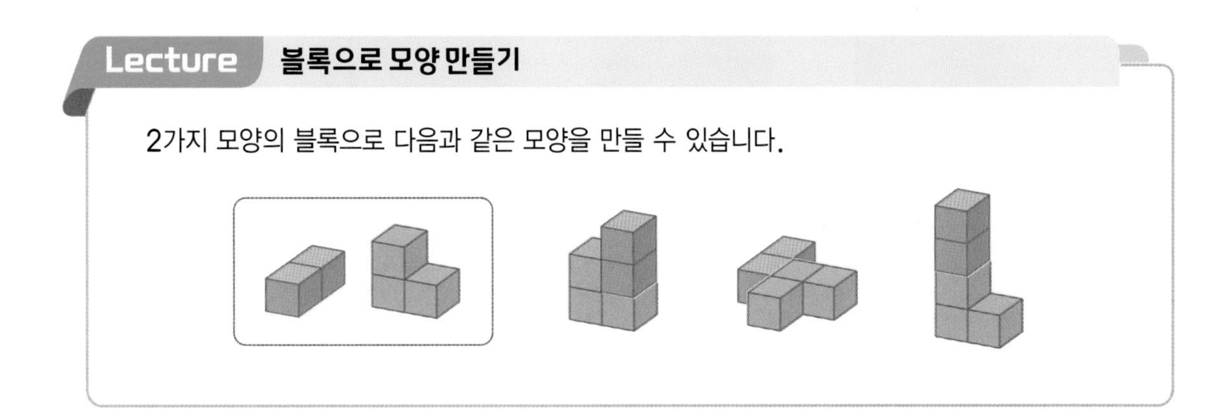

Practice 팩토

|원리탐구 ❶|

1 주어진 모양에서 쌓기나무 1개를 옮겨 만들 수 있는 모양을 모두 찾아 ○표 하시오. (단, 주어진 모양과 만든 모양은 방향도 같아야 합니다.)

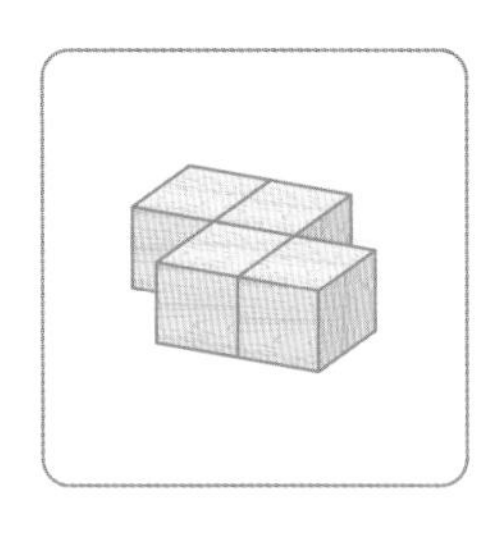

1개 옮기기

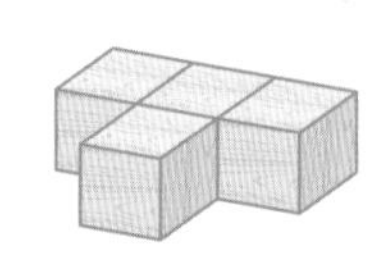
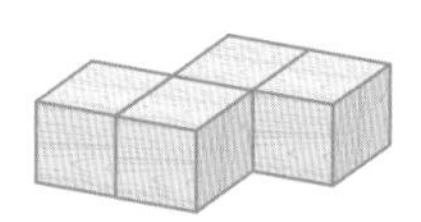
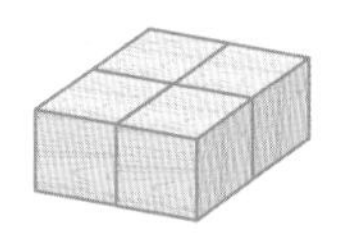

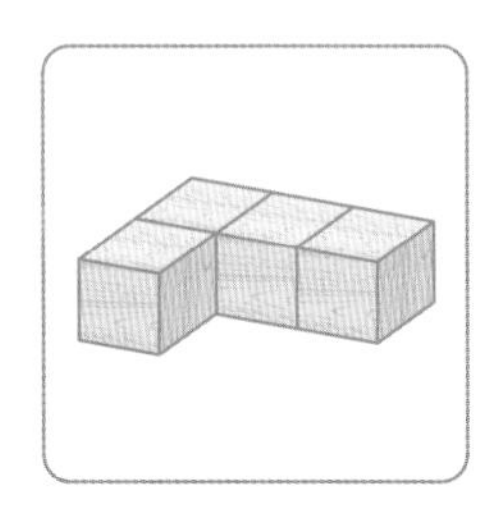

1개 옮기기

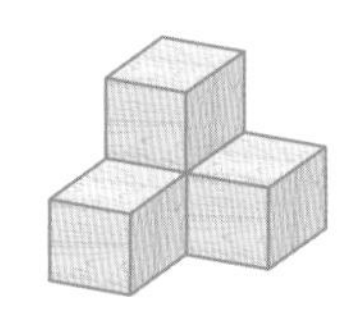
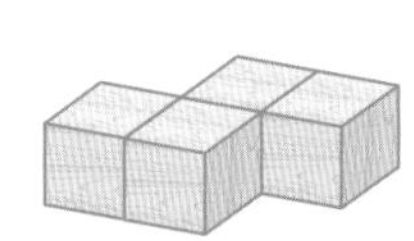
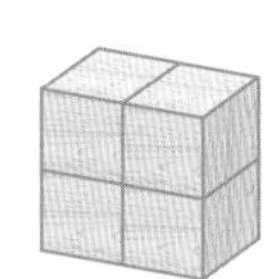

|원리탐구 ❷|

2 2개의 모양 블록을 이용하여 만들 수 있는 모양을 찾아 기호를 써 보시오.

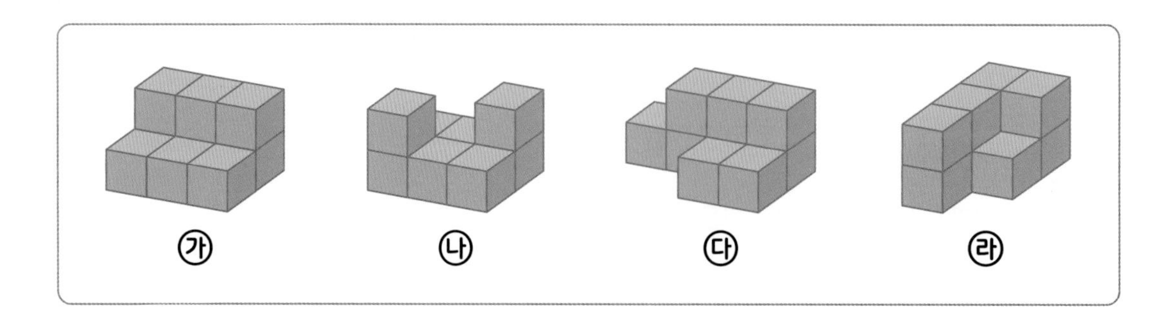

정답과 풀이 24쪽

| 원리탐구 ❶ |

3 쌓기나무 1개를 옮겨서 모양 1, 모양 2, 모양 3 을 전부 만들 수 있는 것을 찾아 기호를 써 보시오.

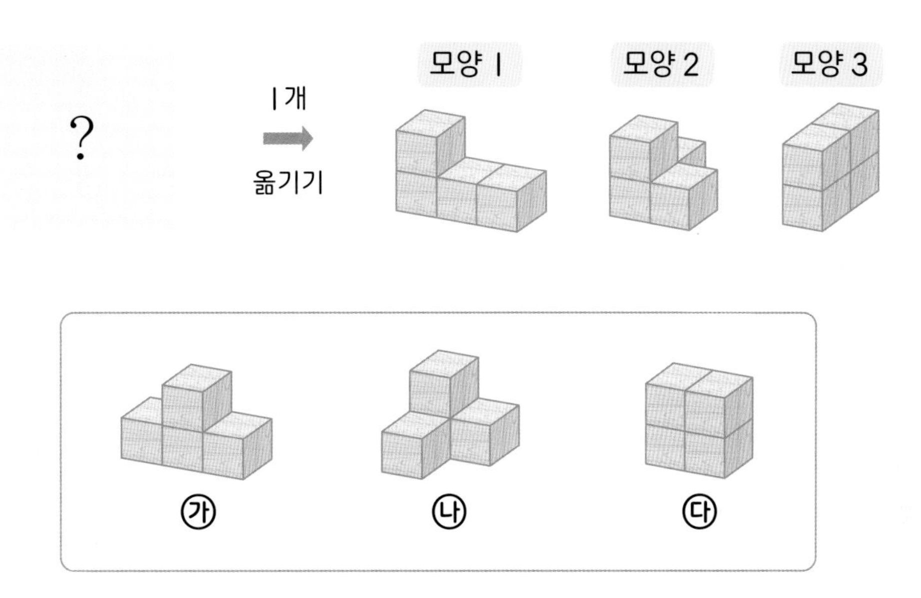

| 원리탐구 ❷ |

4 오른쪽 모양을 만들기 위해 필요한 2개의 블록을 찾아 선으로 이어 보시오.

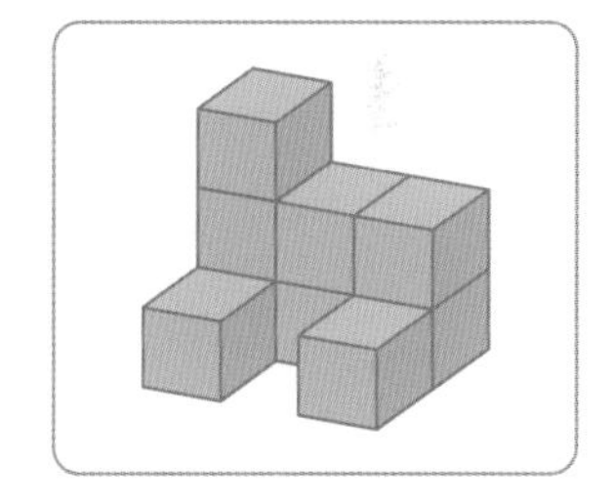

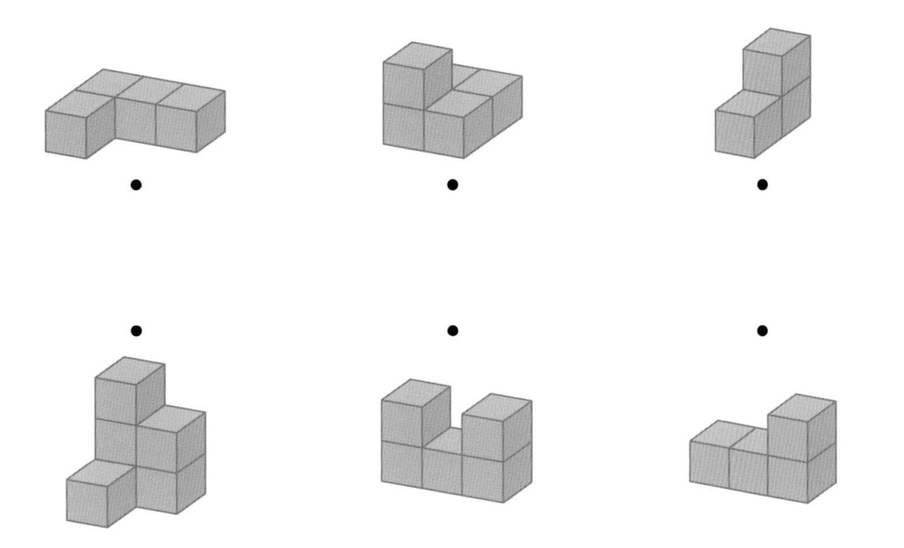

4. 색종이 겹치기와 자르기

원리탐구 ① 색종이 겹치기

오른쪽과 같이 크기가 같은 색종이를 겹친 모양을 보고 가장 위에 있는 색종이부터 차례로 기호를 써 보시오. 온라인 활동지

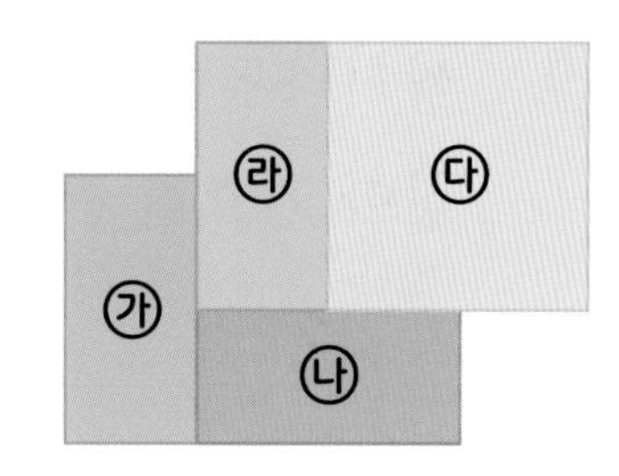

STEP 1 가려진 곳이 없는 노란색 색종이가 가장 위에 있습니다. 노란색 색종이를 뺀 모양을 찾아 ○표 하시오.

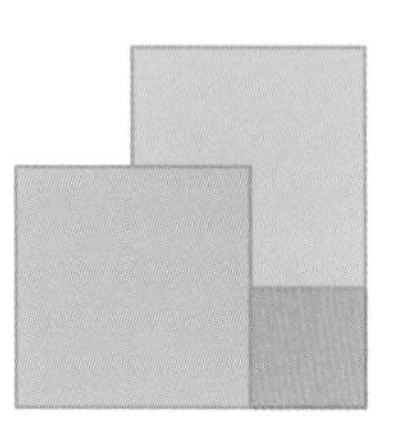  

STEP 2 STEP 1에서 찾은 모양을 보고 가장 위에 있는 색종이를 뺀 모양을 찾아 ○표 하시오.

  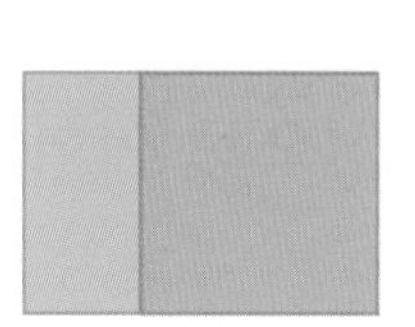

STEP 3 STEP 2에서 찾은 모양을 보고 더 위에 있는 색종이를 뺀 모양을 찾아 ○표 하시오.

STEP 4 STEP 1, STEP 2, STEP 3 에서 찾은 모양을 보고 가장 위에 있는 색종이부터 차례로 기호를 써 보시오.

정답과 풀이 25쪽

유제 1 크기가 같은 색종이를 겹친 모양을 보고 가장 위에 있는 색종이부터 차례로 기호를 써 보시오. 온라인 활동지

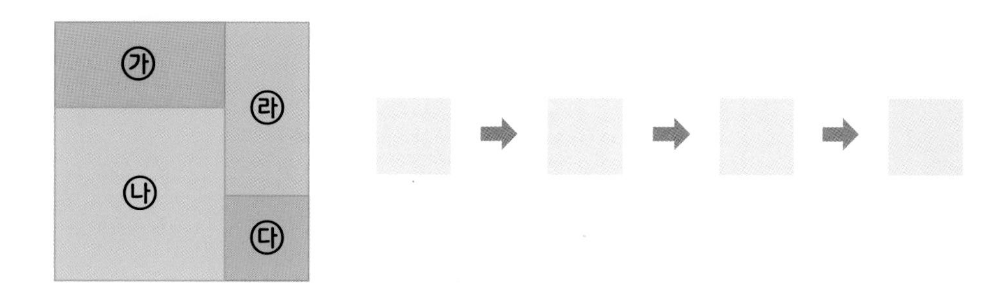

유제 2 크기가 같은 색종이를 가장 아래에 있는 색종이부터 다음과 같은 순서로 겹쳐 놓았습니다. 겹친 모양에 알맞은 기호를 써 보시오.

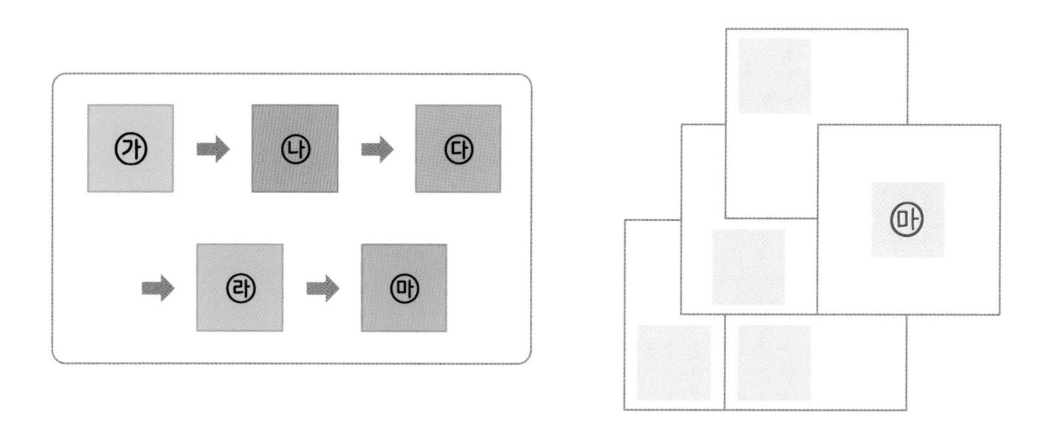

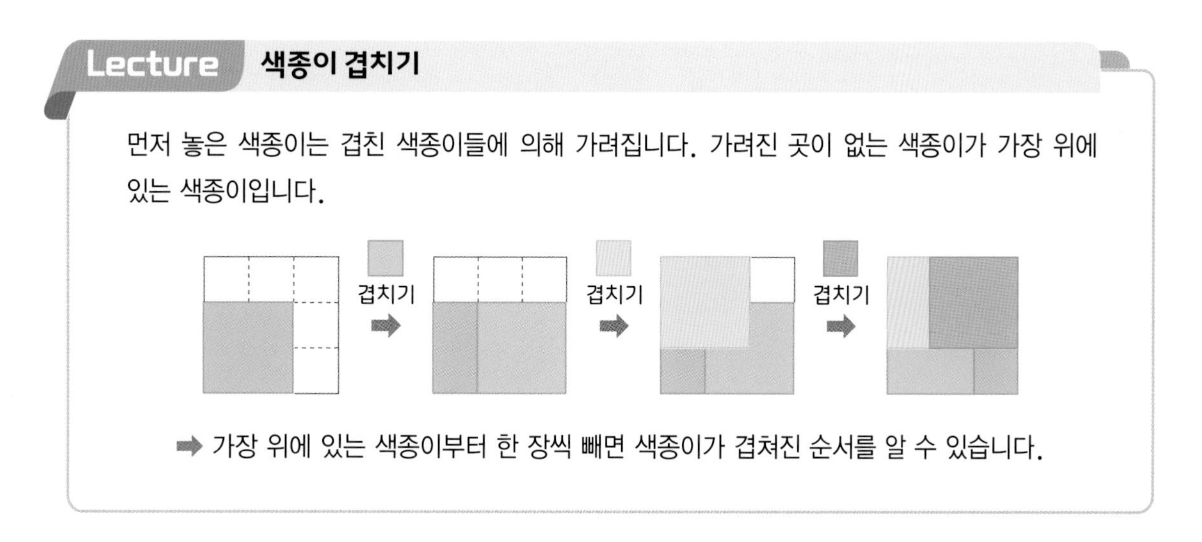

먼저 놓은 색종이는 겹친 색종이들에 의해 가려집니다. 가려진 곳이 없는 색종이가 가장 위에 있는 색종이입니다.

➡ 가장 위에 있는 색종이부터 한 장씩 빼면 색종이가 겹쳐진 순서를 알 수 있습니다.

원리탐구 ② 색종이 자르기

색종이를 반으로 접은 후 검은색으로 칠한 부분을 잘랐습니다. 색종이를 펼쳤을 때, 잘려진 부분에 색칠해 보시오. 온라인 활동지

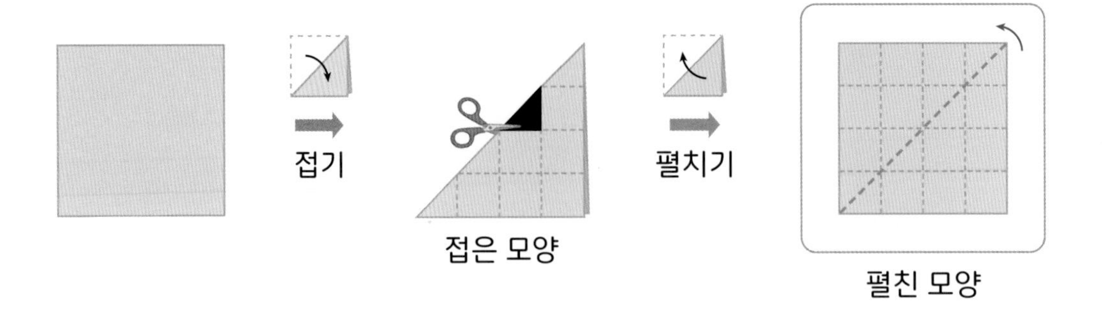

STEP 1 색종이가 잘려진 부분을 찾아 접은 선 오른쪽에 색칠해 보시오.

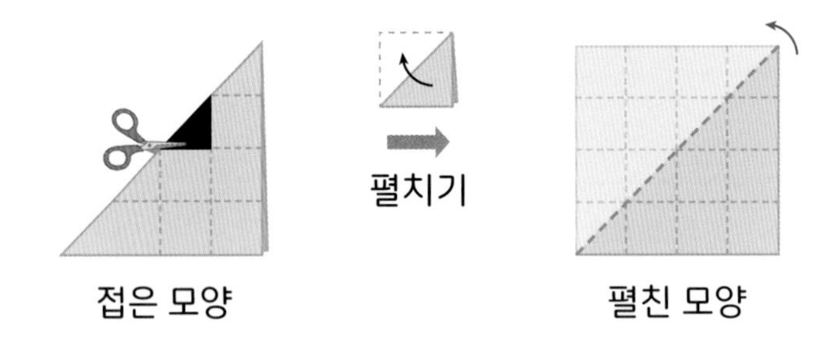

STEP 2 STEP 1에서 색칠한 부분을 똑같이 색칠한 후, 색종이가 펼쳐지는 모습을 상상하며 색칠한 모양을 접은 선 왼쪽으로 뒤집어 색칠해 보시오.

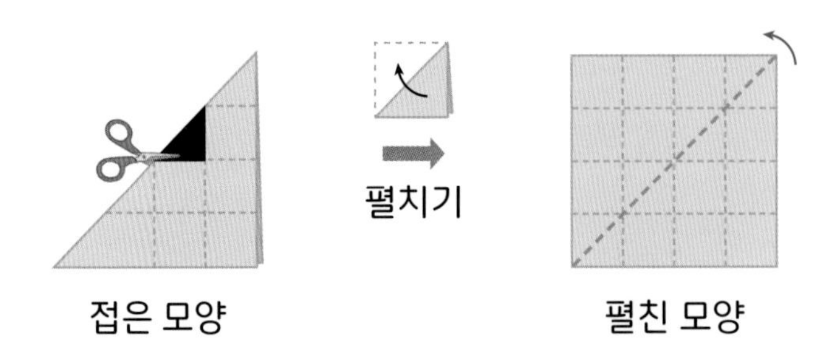

정답과 풀이 26쪽

유제 색종이를 반으로 접은 후 검은색으로 칠한 부분을 잘랐습니다. 색종이를 펼쳤을 때, 잘려진 부분에 색칠해 보시오. 온라인 활동지

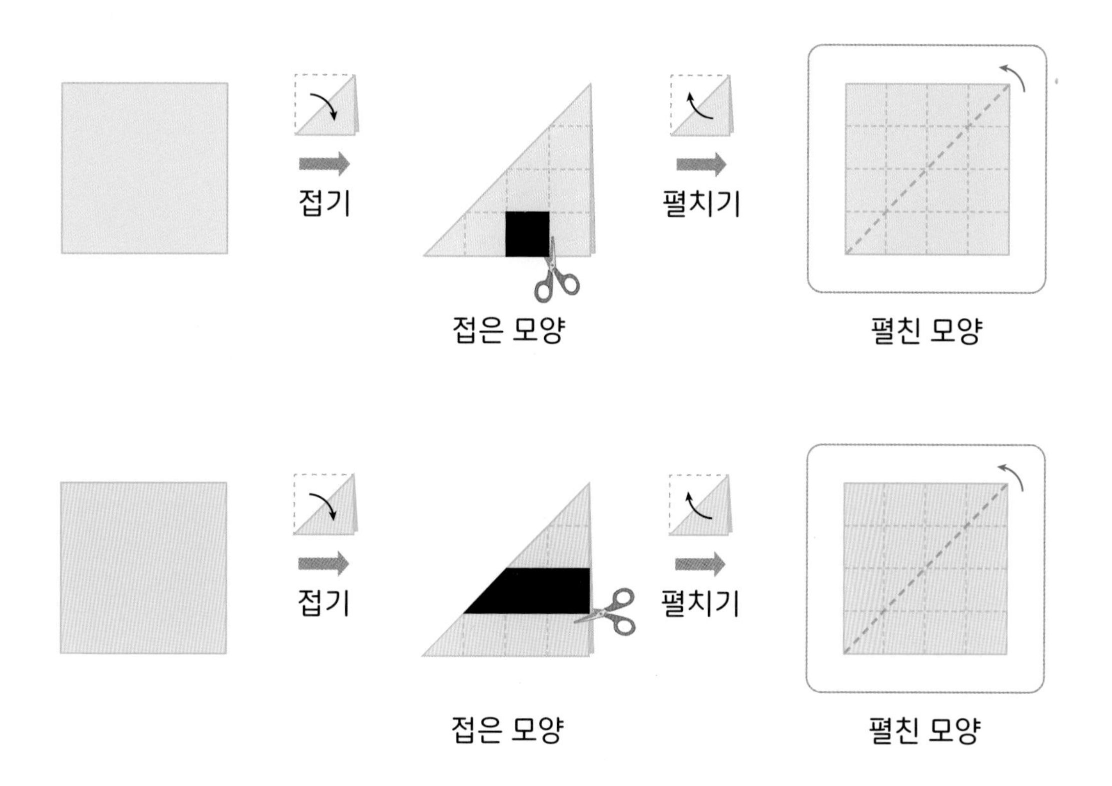

Lecture 색종이 자르기

색종이를 반으로 접은 후 검은색으로 칠한 부분을 자른 다음 펼치면 접힌 부분의 양쪽에 같은 모양이 나타납니다.

다음은 잘린 색종이를 펼치는 과정입니다.

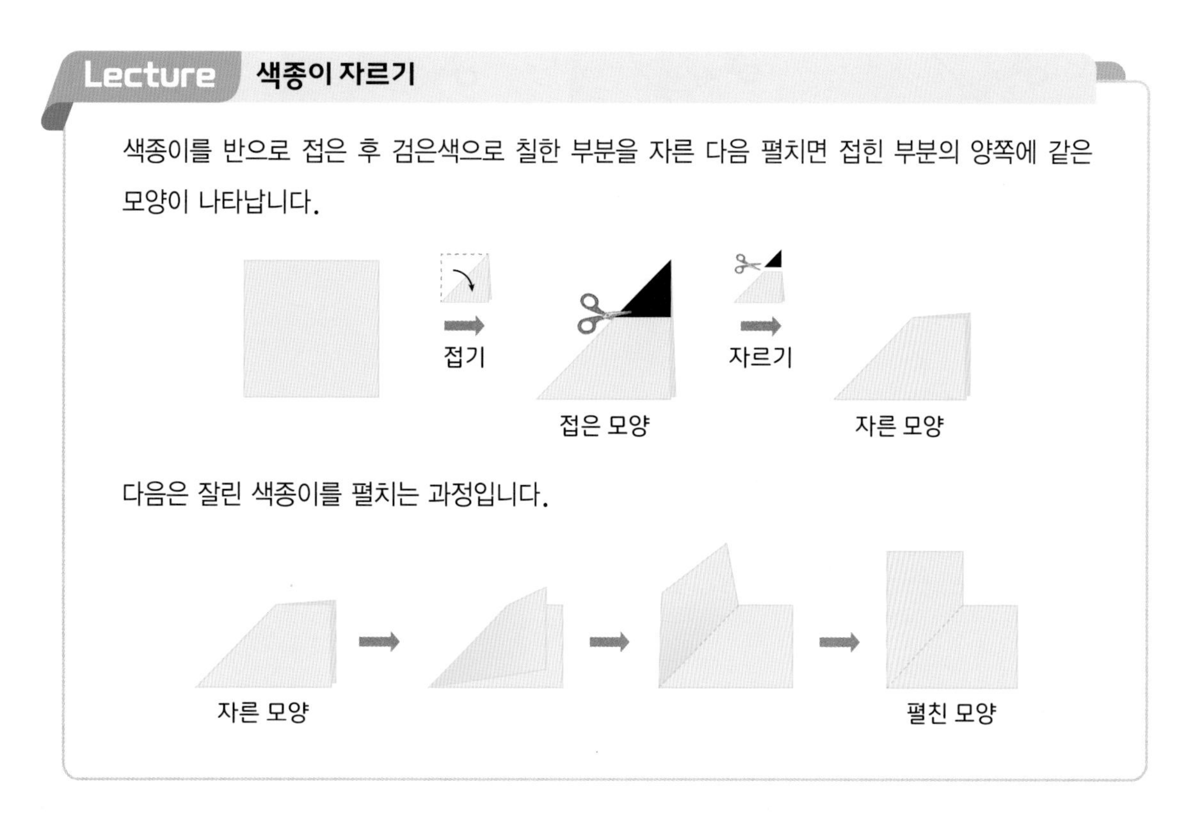

Practice 팩토

| 원리탐구 ❶ |

1 크기가 같은 색종이를 겹친 모양을 보고 가장 위에 있는 색종이부터 차례로 기호를 써 보시오. 온라인 활동지

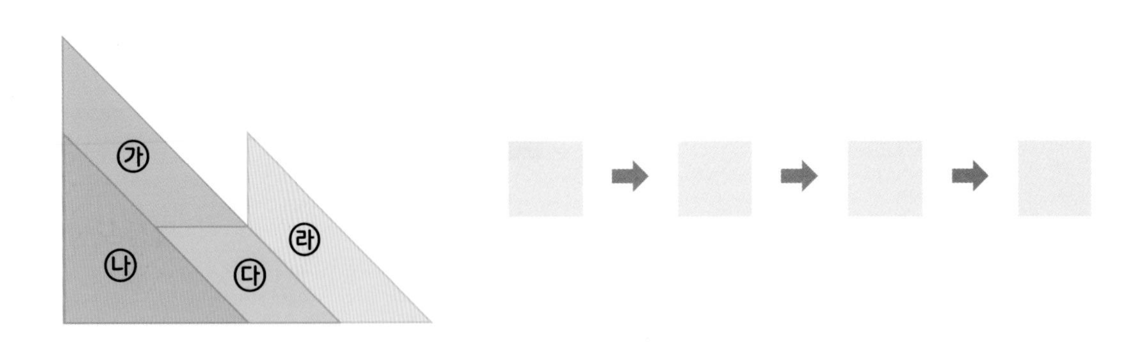

| 원리탐구 ❷ |

2 색종이를 반으로 접은 후 검은색 선을 따라 잘랐습니다. 색종이를 펼쳤을 때, 나타나는 모양을 찾아 선으로 이어 보시오. 온라인 활동지

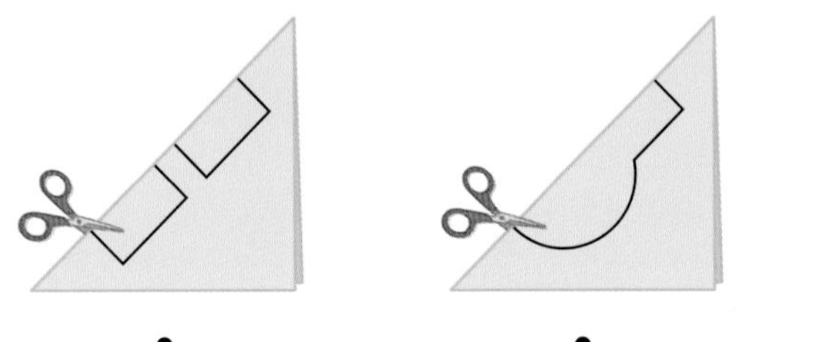

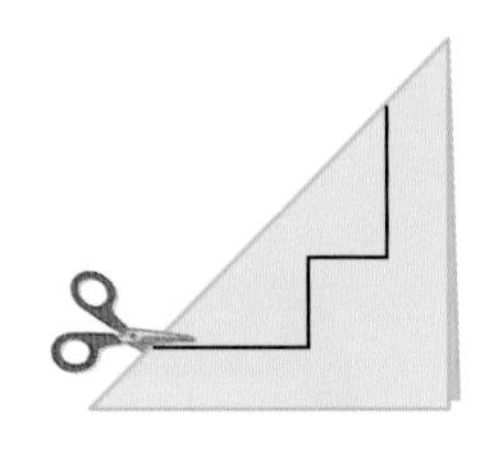

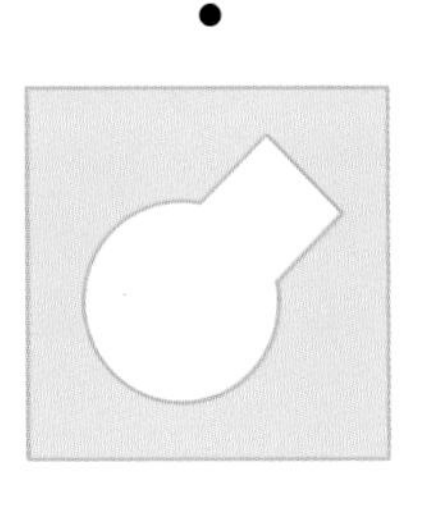
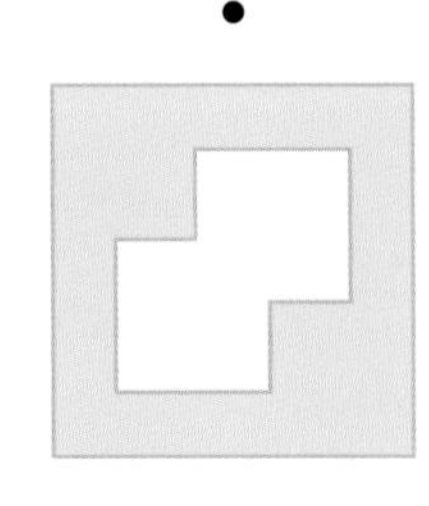
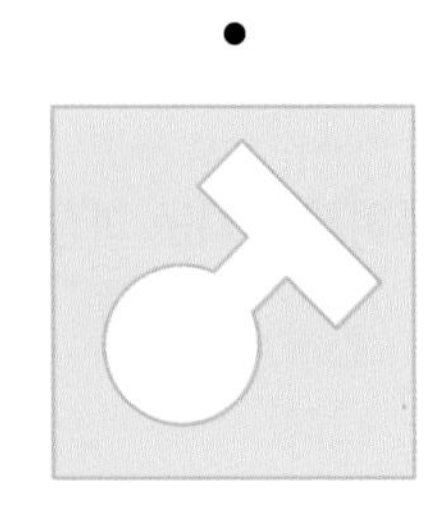
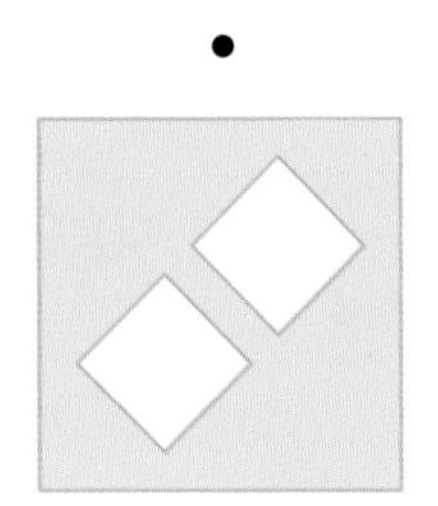

정답과 풀이 27쪽

| 원리탐구 ❶ |

가장 위에 있는 신발끈부터 차례로 기호를 써 보시오. 온라인 활동지

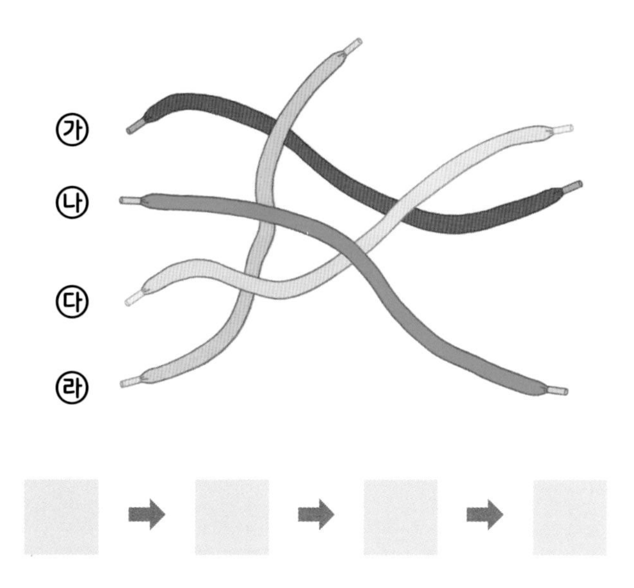

| 원리탐구 ❷ |

색종이를 반으로 접은 후 잘랐습니다. 펼친 모양이 다음과 같을 때, 접은 모양에 잘려진 부분을 색칠해 보시오. 온라인 활동지

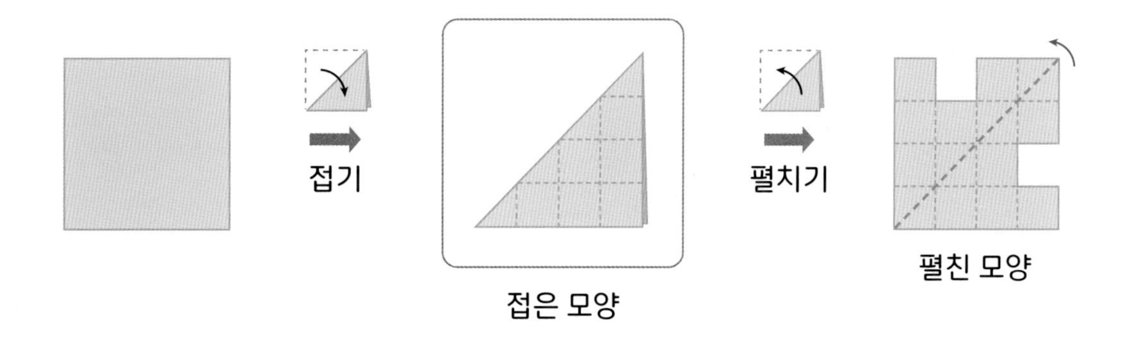

Creative 팩토

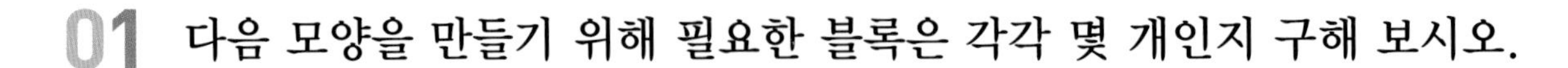

01 다음 모양을 만들기 위해 필요한 블록은 각각 몇 개인지 구해 보시오.

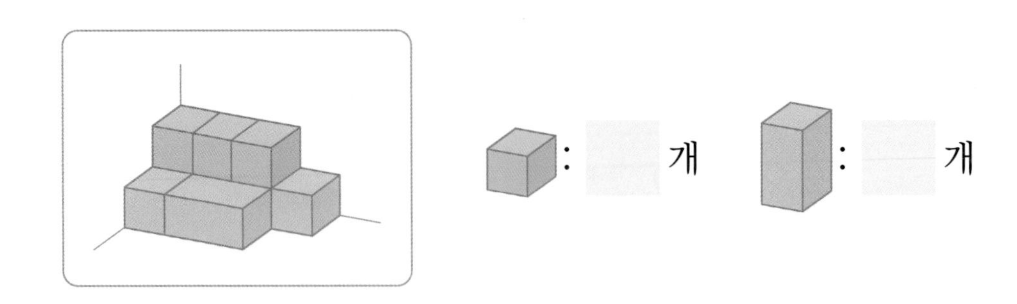

02 오른쪽 모양을 만들기 위해 필요한 나머지 2개의 모양을 찾아 기호를 써 보시오.

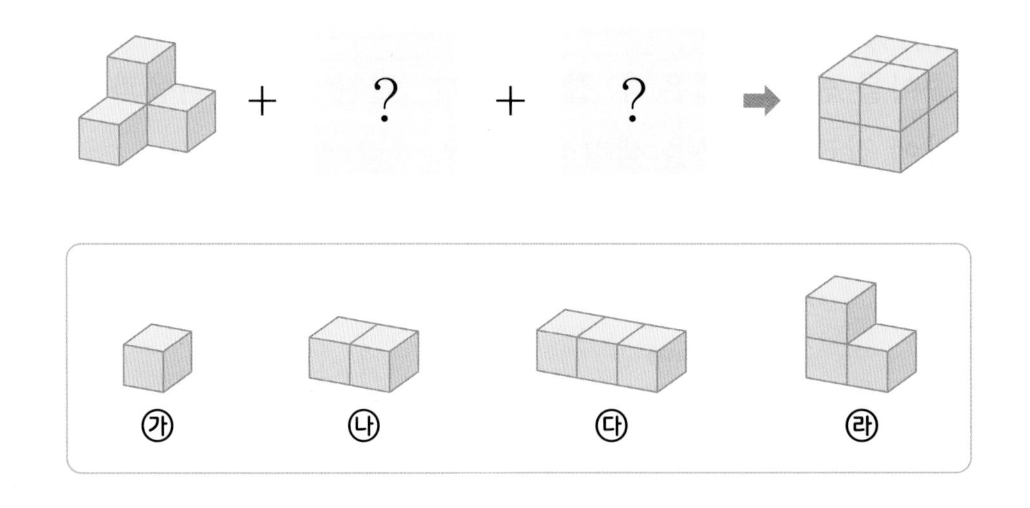

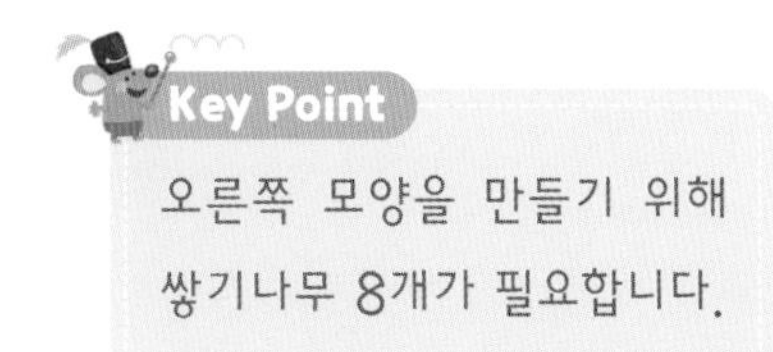

오른쪽 모양을 만들기 위해 쌓기나무 8개가 필요합니다.

03 보기 와 같이 구멍 뚫린 종이 2장을 겹친 후 다음 그림 위에 올렸을 때, 보이는 수에 ○표 하고, 보이는 수의 합을 구해 보시오. (단, 주어진 색 종이를 돌리거나 뒤집지 않습니다.) 온라인 활동지

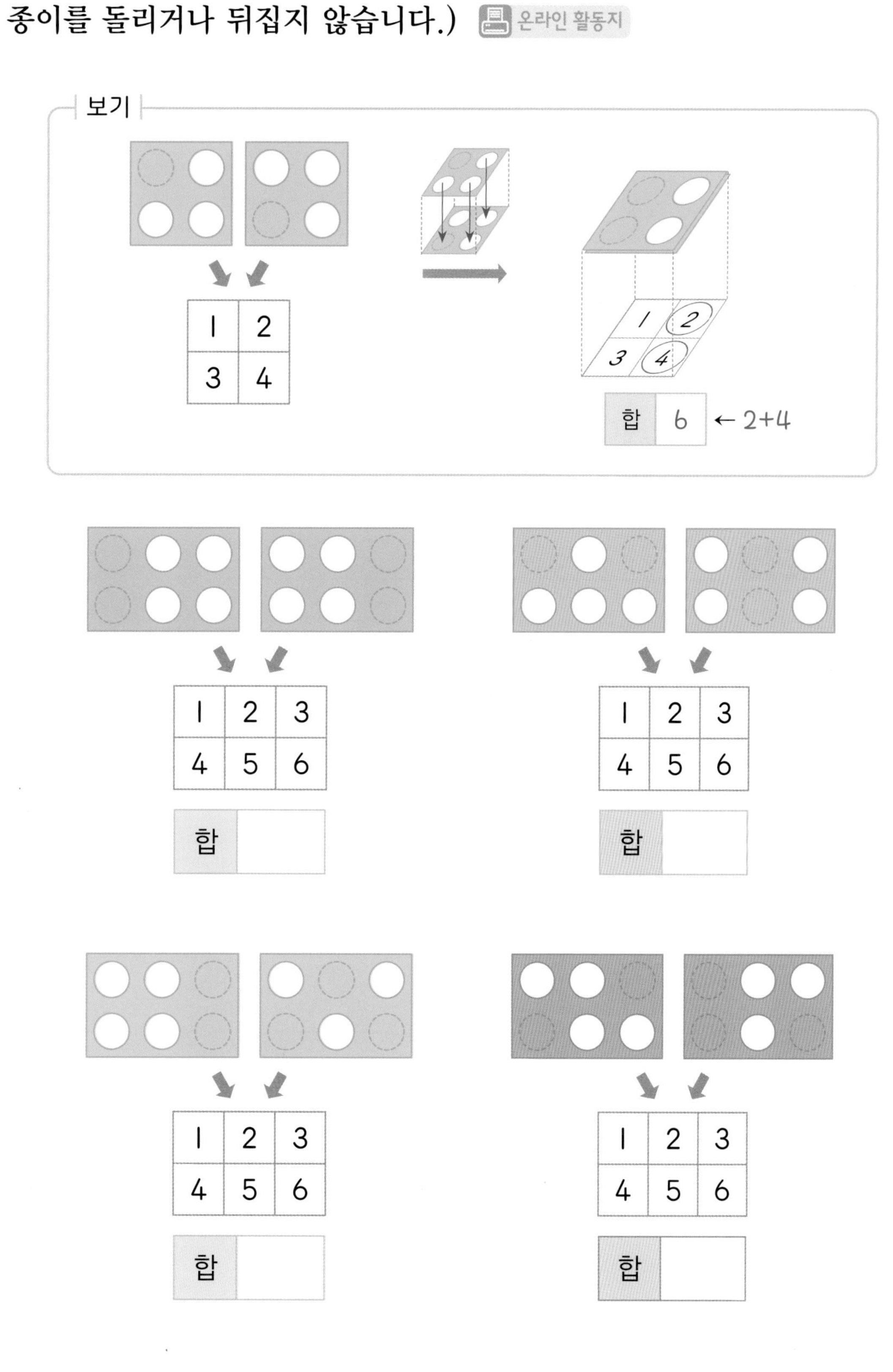

Challenge 영재교육원

01 여러 가지 블록으로 만든 모양을 보고, 다양한 방법으로 설명해 보시오.

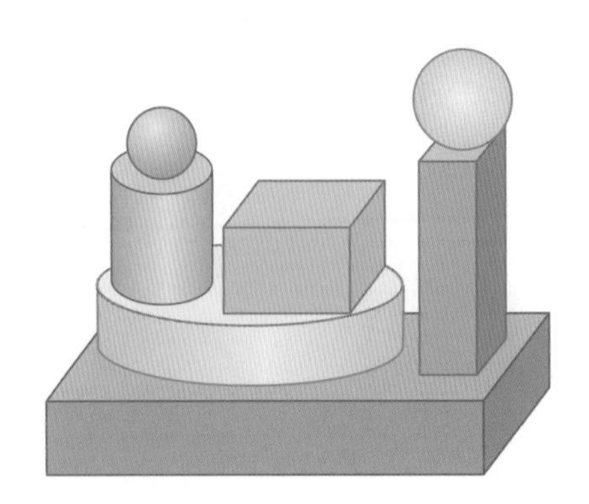

방법 1 좁고 긴 상자 모양 위에 있는 공 모양은 둥근 기둥 모양 위에 있는 공 모양보다 큽니다.

방법 2

방법 3

방법 4

정답과 풀이 29쪽

02 2개의 모양 블록을 이용하여 만든 모양을 보고 ▒ 안의 블록에 알맞게 색칠해 보시오.

보기

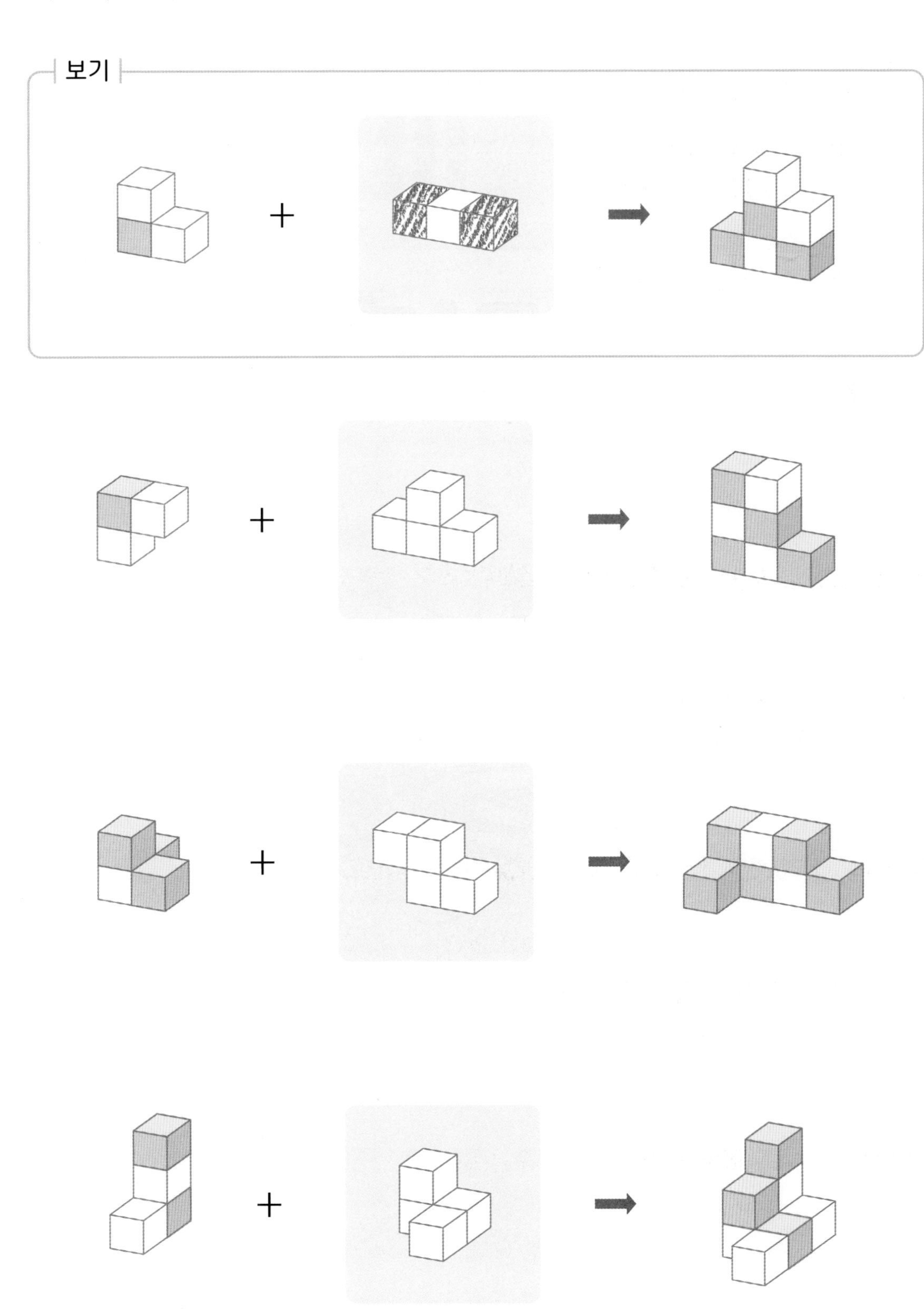

Ⅲ 논리추론

계획한 대로 공부한 날은 😀 에, 공부하지 못한 날은 ☹ 에 ○표 하세요.

공부할 내용	공부할 날짜	확 인
1 금액 만들기	월 일	😀 ☹
2 배치하기	월 일	😀 ☹
3 진실과 거짓	월 일	😀 ☹
4 연역표	월 일	😀 ☹
Creative 팩토	월 일	😀 ☹
Challenge 영재교육원	월 일	😀 ☹

1. 금액 만들기

장난감을 사는 데 필요한 460원을 동전 7개로 만들어 보시오.

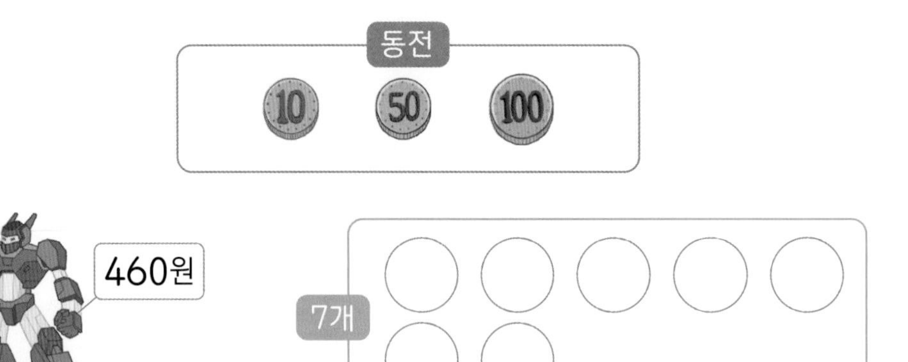

STEP 1 460원을 넘지 않으려면 100원짜리는 최대 몇 개까지 필요합니까?

STEP 2 460원을 넘지 않으려면 STEP 1의 금액에 50원짜리는 최대 몇 개까지 더 필요합니까?

STEP 3 460원을 넘지 않으려면 STEP 2의 금액에 10원짜리는 최대 몇 개까지 더 필요합니까?

STEP 4 STEP 3까지는 동전 6개로 460원을 만들었습니다. 다음을 이용하여 동전 7개로 460원이 되도록 만들어 보시오.

- 100원짜리 1개는 50원짜리 2개로 바꿀 수 있습니다.
- 50원짜리 1개는 10원짜리 5개로 바꿀 수 있습니다.

유제 사탕을 사는 데 필요한 290원을 동전 8개로 만들어 보시오.

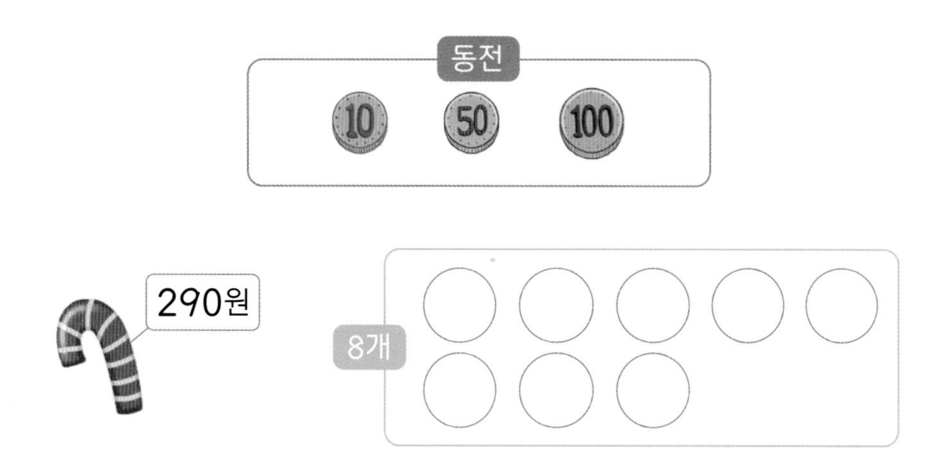

Lecture 동전 바꾸기

장난감을 사는 데 필요한 금액을 주어진 개수의 동전으로 만들 수 있습니다.

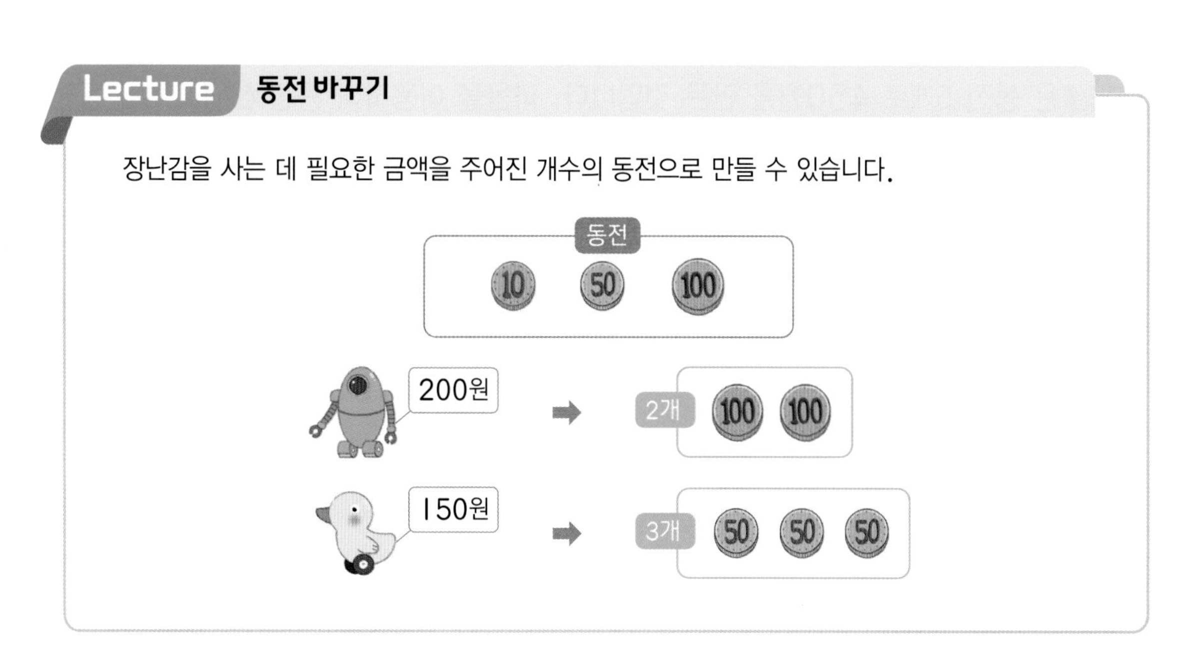

원리탐구 ② 여러 가지 방법으로 금액 만들기

빈 곳에 필요한 동전을 써넣어 450원을 3가지 방법으로 만들어 보시오.

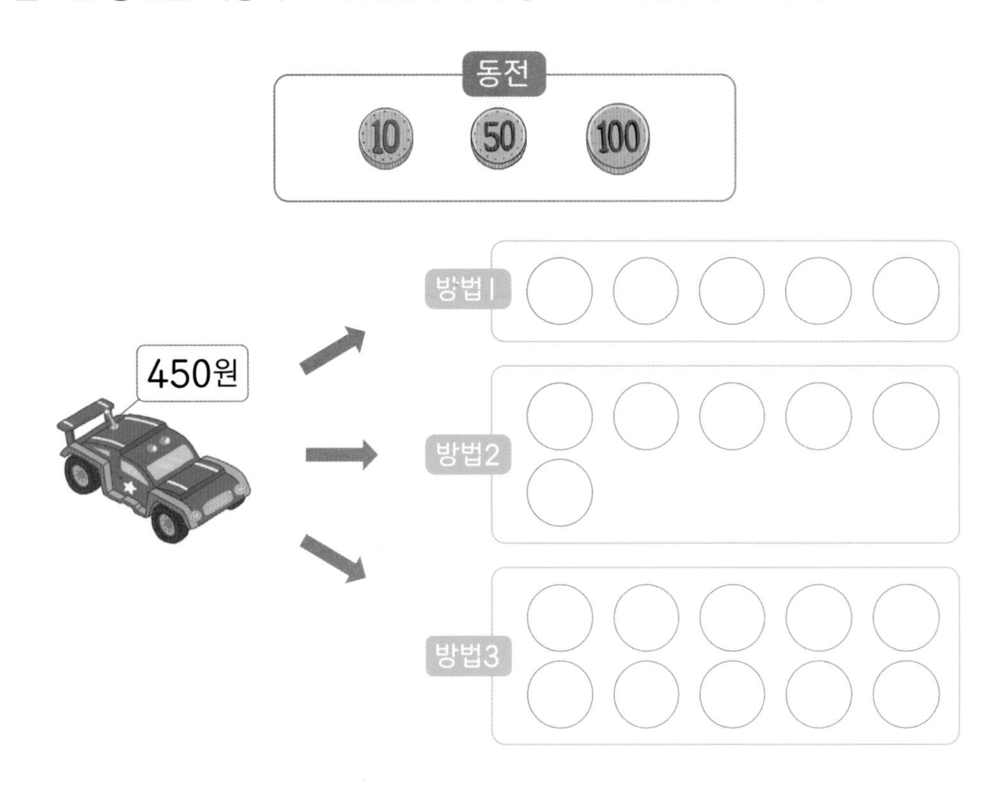

STEP 1 450원을 넘지 않도록 100원짜리를 최대한 넣어 보시오. 그리고 남은 자리에 알맞은 동전을 넣어 450원을 만들어 보시오.

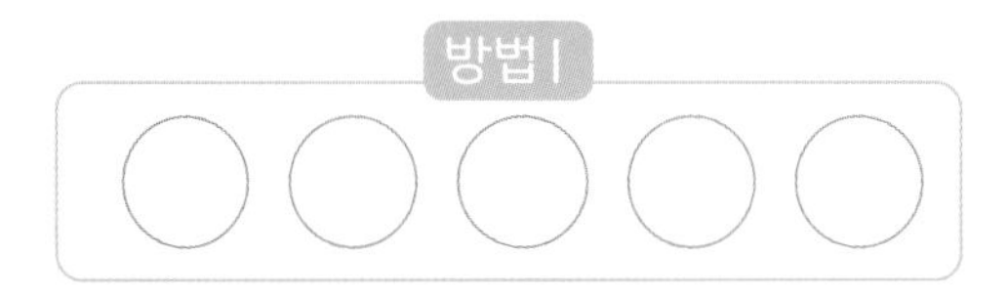

STEP 2 방법1 은 동전 5개로 450원을 만든 것입니다. 다음을 이용하여 동전 6개(방법2), 동전 10개(방법3)로 450원을 만들어 보시오.

- 100원짜리 1개는 50원짜리 2개로 바꿀 수 있습니다.
- 50원짜리 1개는 10원짜리 5개로 바꿀 수 있습니다.

유제 빈 곳에 필요한 동전을 써넣어 130원을 3가지 방법으로 만들어 보시오.

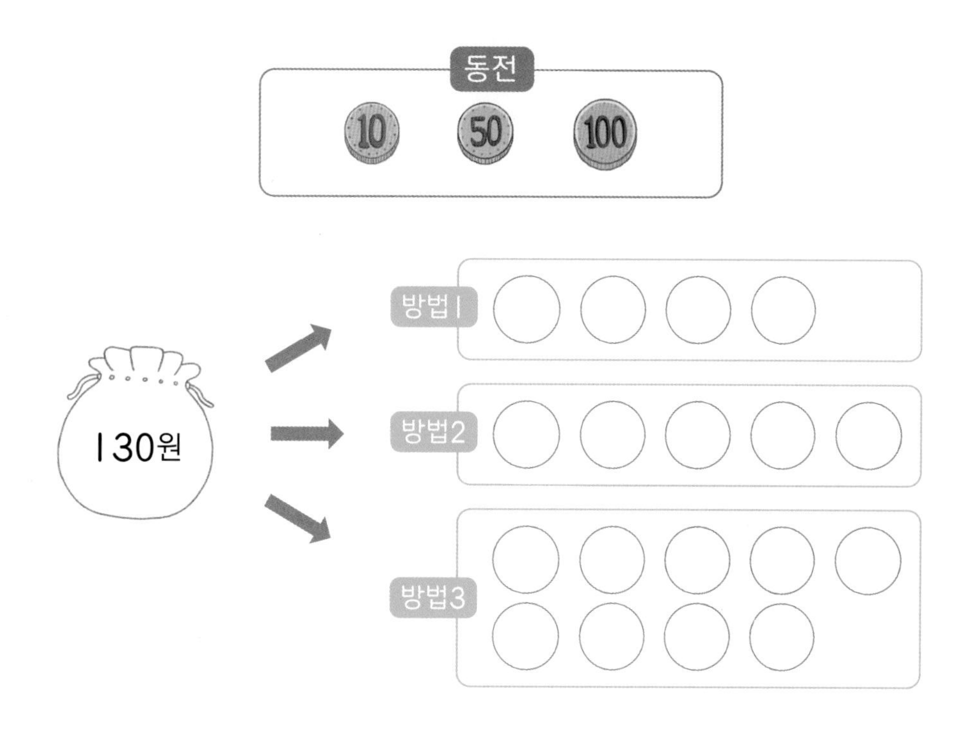

Lecture 여러 가지 방법으로 금액 만들기

주어진 금액을 여러 가지 방법으로 만들 수 있습니다.

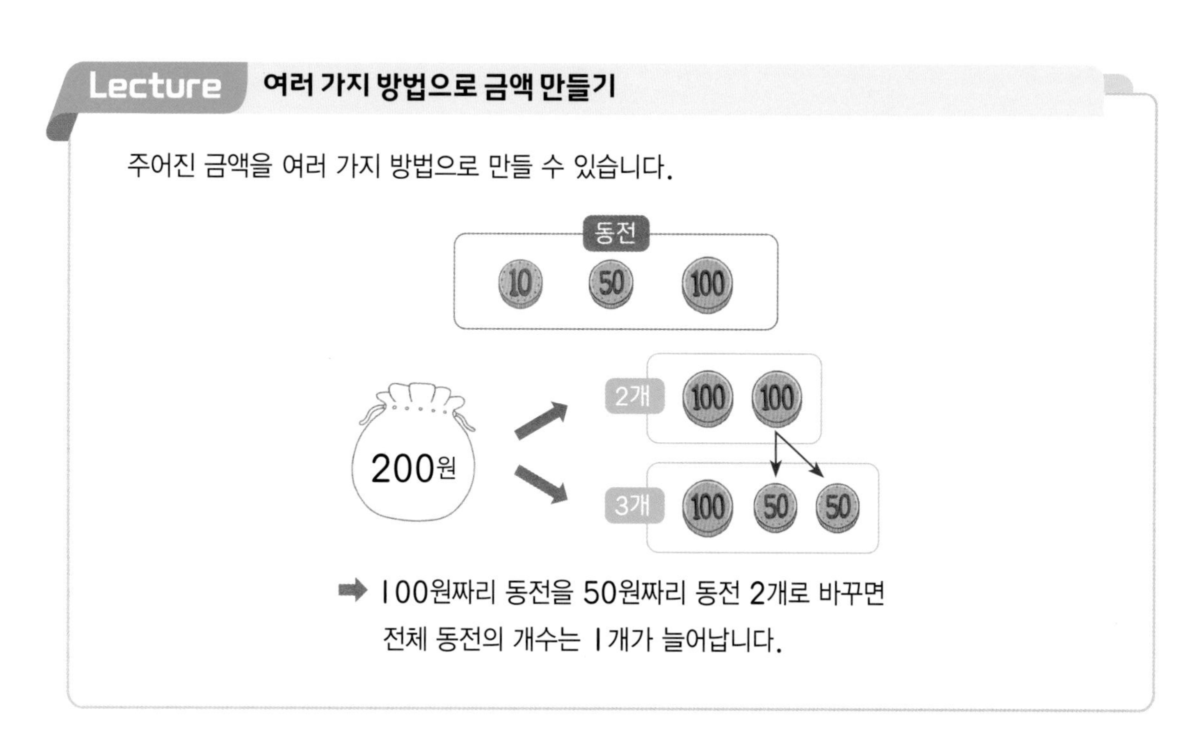

➡ 100원짜리 동전을 50원짜리 동전 2개로 바꾸면 전체 동전의 개수는 1개가 늘어납니다.

| 원리탐구 ❶ |

1 다음 장난감을 사는 데 필요한 금액을 주어진 개수의 동전으로 만들어 보시오.

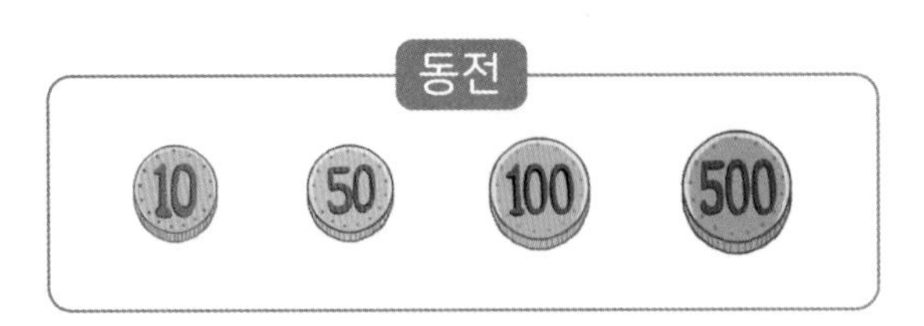

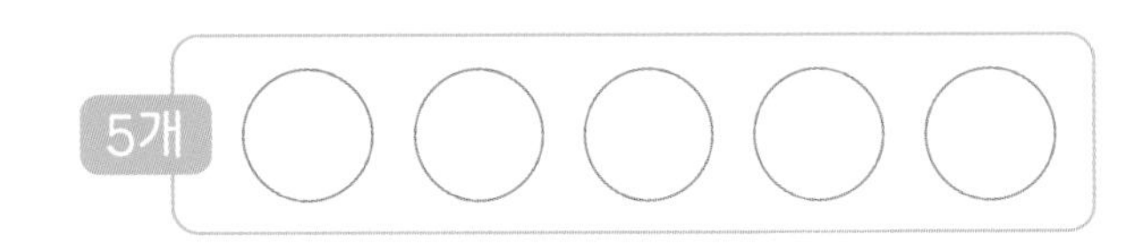

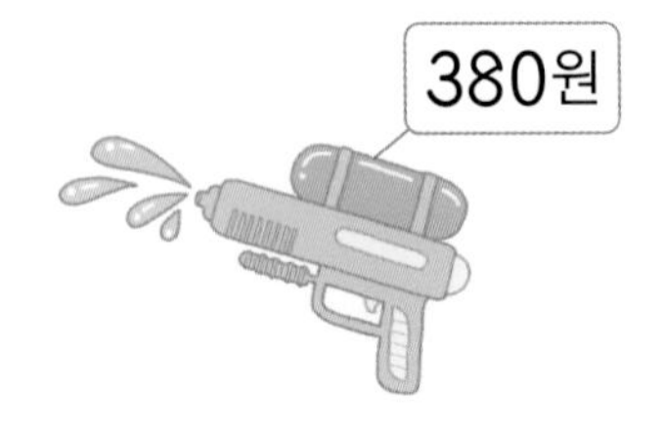

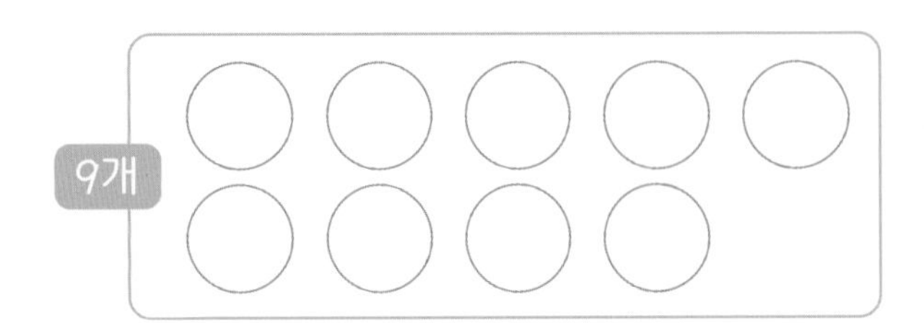

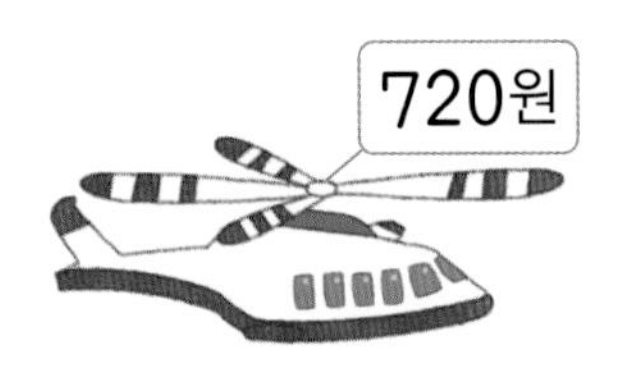

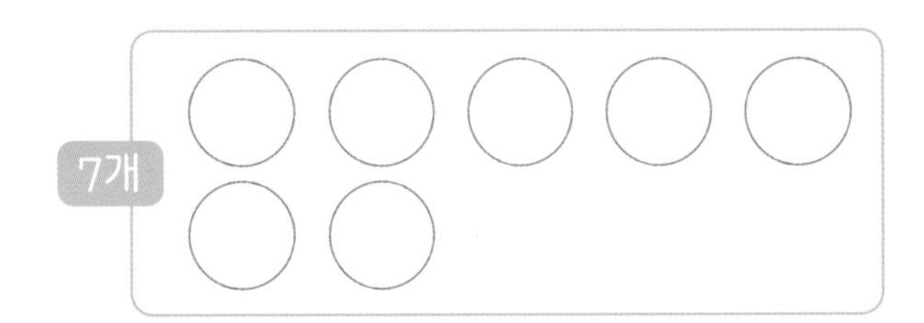

정답과 풀이 32쪽

| 원리탐구 ❷ |

2 빈 곳에 필요한 동전을 써넣어 주어진 금액을 여러 가지 방법으로 만들어 보시오.

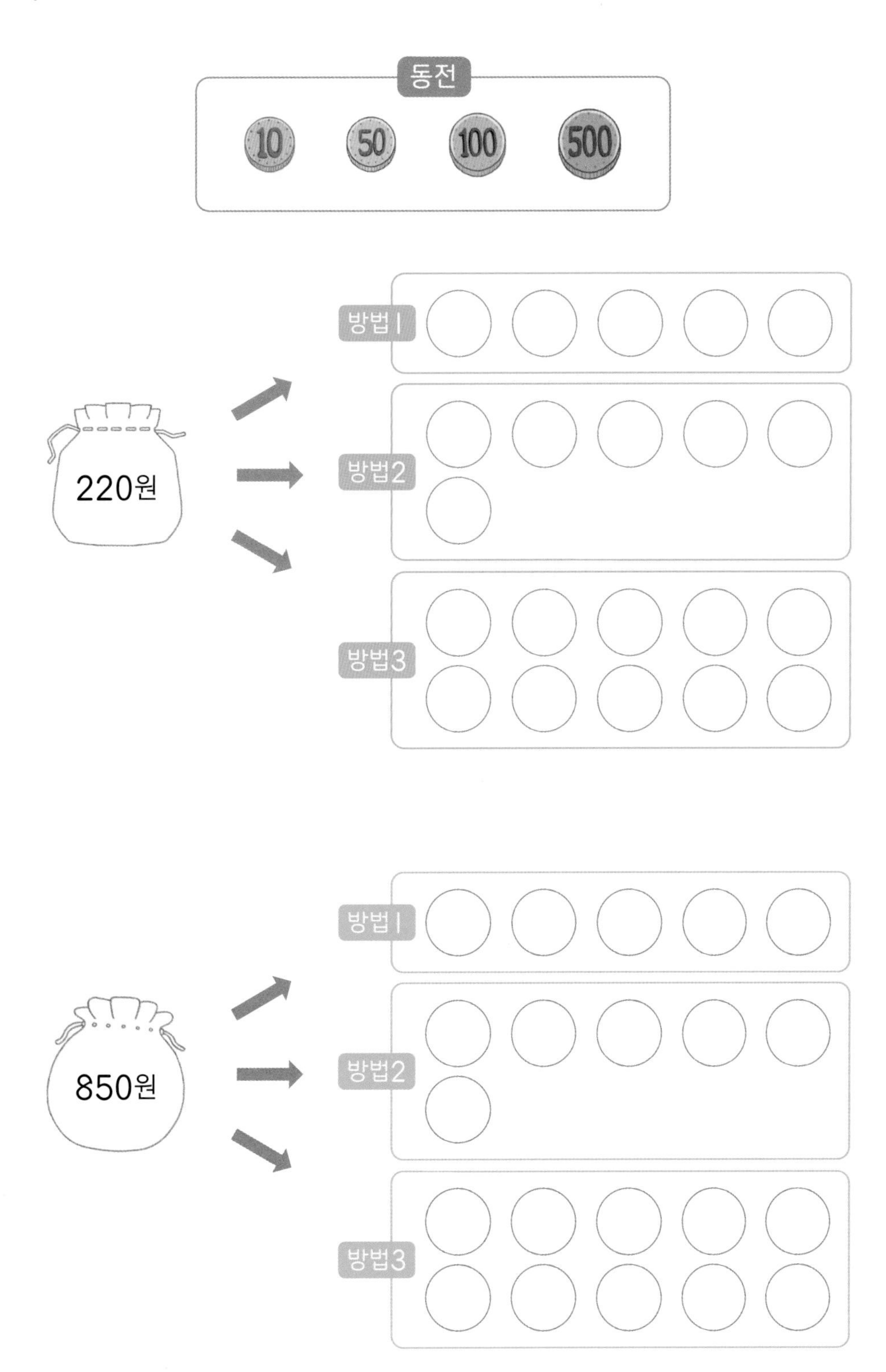

2. 배치하기

운동회날 1반부터 5반까지 각 반 대표 1명씩 달리기 시합을 하고 있습니다. 그림을 보고 알 수 있는 사실을 완성해 보시오.

…

- □ 반 학생은 마지막에 1명을 앞지르고 1등을 하고 있습니다.
- 처음에는 3등이었지만 2명에게 뒤쳐진 학생은 □ 반 학생입니다.
- □ 반 학생은 처음에는 1등이었지만 결승선에는 □ 째로 가까이 있습니다.

STEP 1 그림을 보고 각 반 대표들의 달리는 등수를 알아보시오.

5등	4등	3등	2등	1등

⋮

5등	4등	3등	2등	1등

STEP 2 STEP 1에서 학생들의 등수를 보고 알 수 있는 사실을 □ 안에 알맞게 써넣으시오.

유제 현우는 상자에 들어 있는 구슬을 꺼내 가지고 논 후 다시 구슬을 상자에 넣었습니다. 그림을 보고 알 수 있는 사실을 완성해 보시오.

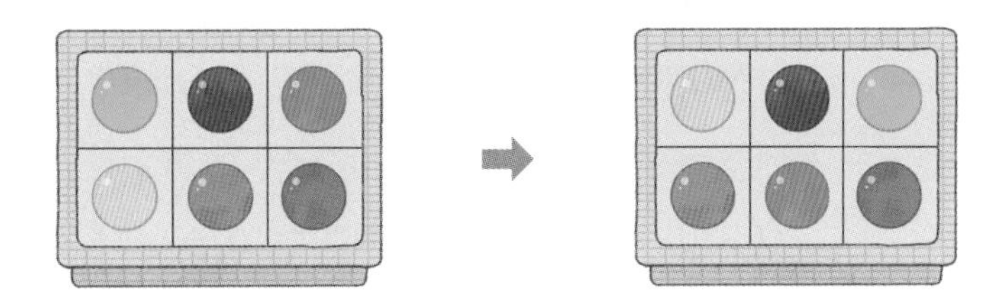

- 오른쪽으로 2칸 옮겨진 구슬의 색깔은 ☐ 입니다.
- 분홍색 구슬은 왼쪽으로 ☐ 칸 옮겨졌습니다.
- 처음과 같은 자리에 있는 구슬의 색깔은 ☐ 과 ☐ 입니다.

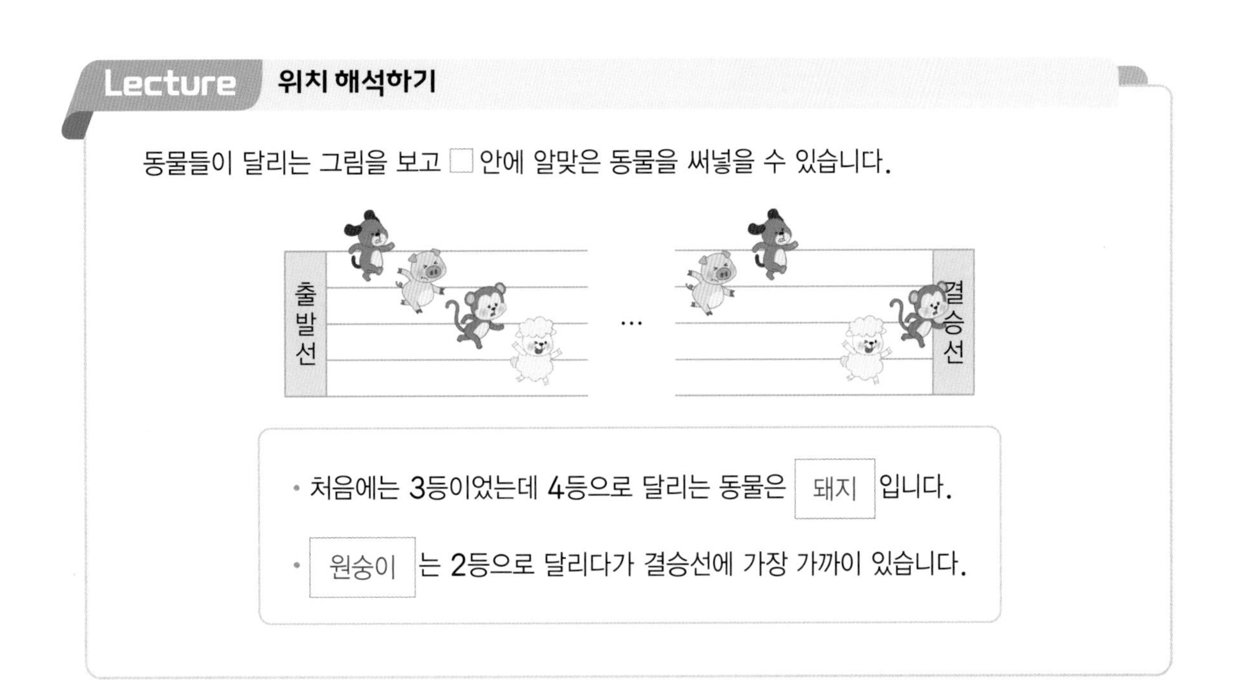

Lecture
위치 해석하기
동물들이 달리는 그림을 보고 ☐ 안에 알맞은 동물을 써넣을 수 있습니다.
출발선
결승선
…
• 처음에는 3등이었는데 4등으로 달리는 동물은 돼지 입니다.
• 원숭이 는 2등으로 달리다가 결승선에 가장 가까이 있습니다.

원리탐구 ② 달리기 등수 알아보기

지윤, 하진, 세호, 승우가 달리기를 하고 있습니다. 친구들의 달리는 현재 모습을 순서대로 써넣으시오.

- 하진이는 승우 앞에서 달리고 있습니다.
- 세호는 승우 뒤에서 달리고 있습니다.
- 지윤이는 가장 뒤에서 달리고 있습니다.

(앞) ☐ — ☐ — ☐ — ☐ (뒤)

STEP 1 주어진 문장을 보고 하진이와 승우의 위치를 찾아 ☐ 안에 써넣으시오.

- 하진이는 승우 앞에서 달리고 있습니다.

(앞) ☐ — ☐ (뒤)

STEP 2 주어진 문장을 보고 승우, 세호의 위치를 찾아 ☐ 안에 써넣으시오.

- 세호는 승우 뒤에서 달리고 있습니다.

(앞) ☐ — ☐ (뒤)

STEP 3 주어진 문장을 보고 친구들이 달리는 현재 모습을 1등부터 순서대로 써넣으시오.

- 지윤이는 가장 뒤에서 달리고 있습니다.

(앞) ☐ — ☐ — ☐ — ☐ (뒤)

정답과 풀이 34쪽

유제 민서, 동현, 연희, 주원이가 종이학을 접었습니다. 종이학을 가장 많이 접은 친구부터 순서대로 이름을 써 보시오.

- 민서는 셋째 번으로 종이학을 많이 접었습니다.
- 동현이는 주원이보다 종이학을 더 많이 접었습니다.
- 연희는 종이학을 가장 적게 접었습니다.

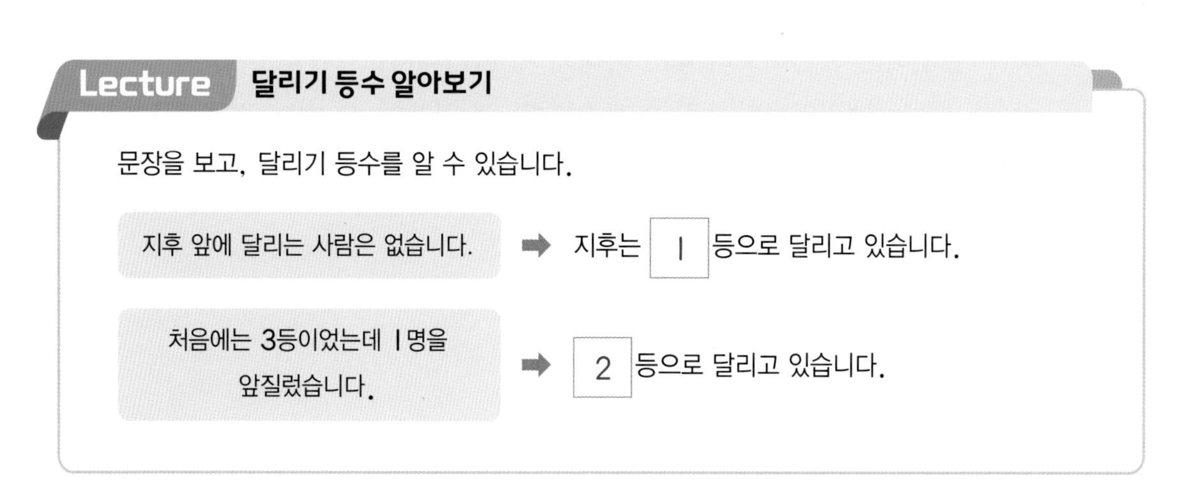

Practice 팩토

|원리탐구❶|

1 수아는 벽에 붙여 놓은 카드를 사용한 후 다시 벽에 붙였습니다. 알 수 있는 사실을 완성해 보시오.

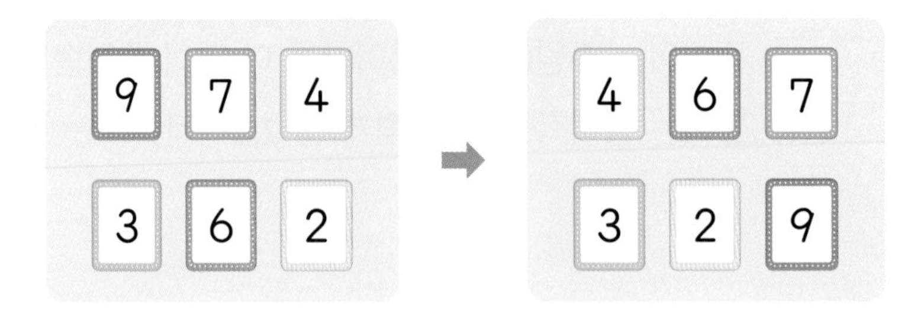

- 오른쪽으로 1칸 이동한 카드는 ☐ 카드입니다.
- 아랫줄로 이동한 카드는 ☐ 카드입니다.
- 처음과 같은 자리에 있는 카드는 ☐ 카드입니다.

|원리탐구❷|

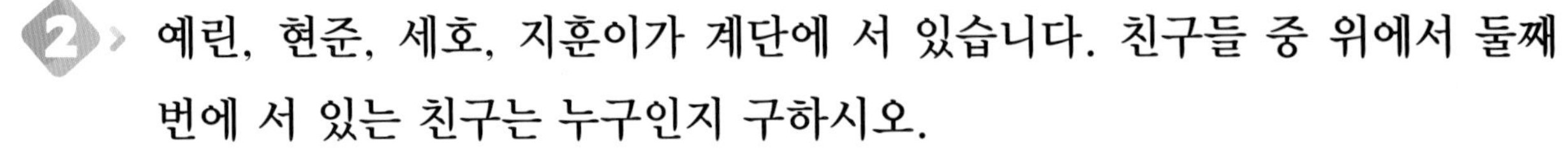

2 예린, 현준, 세호, 지훈이가 계단에 서 있습니다. 친구들 중 위에서 둘째 번에 서 있는 친구는 누구인지 구하시오.

- 지훈이는 예린이보다 2칸 위에 서 있습니다.
- 현준이는 예린이보다 4칸 아래에 서 있습니다.
- 세호는 예린이보다 1칸 아래 있지만 맨 아래에 서 있는 것은 아닙니다.

정답과 풀이 35쪽

| 원리탐구 ❷ |

친구들의 대화를 보고 소윤, 성훈, 연주, 지우의 키를 비교할 수 있습니다. 키가 큰 순서대로 이름을 써 보시오.

- **성훈:** 소윤이는 연주보다 작아.
- **소윤:** 성훈이는 지우보다 커.
- **연주:** 나는 지우보다 작아.

| 원리탐구 ❷ |

정은, 연우, 재민, 은서는 달리기 시합을 했습니다. 친구들의 등수를 1등부터 순서대로 써 보시오.

- **정은:** 나는 3등으로 달리다가 넘어지면서 끝내 일어나지 못했어.
- **연우:** 재민이는 나보다 먼저 들어왔어.
- **은서:** 아쉽게도 나는 연우에게 졌어.

3. 진실과 거짓

원리탐구 ① O, X 카드

친구들은 서로 다른 색의 블록을 1개씩 갖고 있습니다. 친구들이 갖고 있는 블록 색깔을 ☐ 안에 알맞게 써넣으시오.

질문	서은	주원	혜지
당신은 연두색 블록을 갖고 있습니까?	○	×	×
당신은 파란색 블록을 갖고 있지 않습니까?	○	×	○

➡ 서은: ☐, 주원: ☐, 혜지: ☐

STEP 1 주어진 문장을 보고 연두색 블록을 갖고 있는 친구를 알아보시오.

질문	서은	주원	혜지
당신은 연두색 블록을 갖고 있습니까?	○	×	×

STEP 2 주어진 문장을 보고 파란색 블록을 갖고 있는 친구를 알아보시오.

질문	서은	주원	혜지
당신은 파란색 블록을 갖고 있지 않습니까?	○	×	○

STEP 3 친구들이 갖고 있는 블록 색깔을 ☐ 안에 알맞게 써넣으시오.

서은: ☐, 주원: ☐, 혜지: ☐

정답과 풀이 36쪽

유제 진아, 시우, 민선이는 사과, 배, 포도 중에서 서로 다른 과일을 1개씩 좋아합니다. 각각 좋아하는 과일을 ☐ 안에 알맞게 써넣으시오.

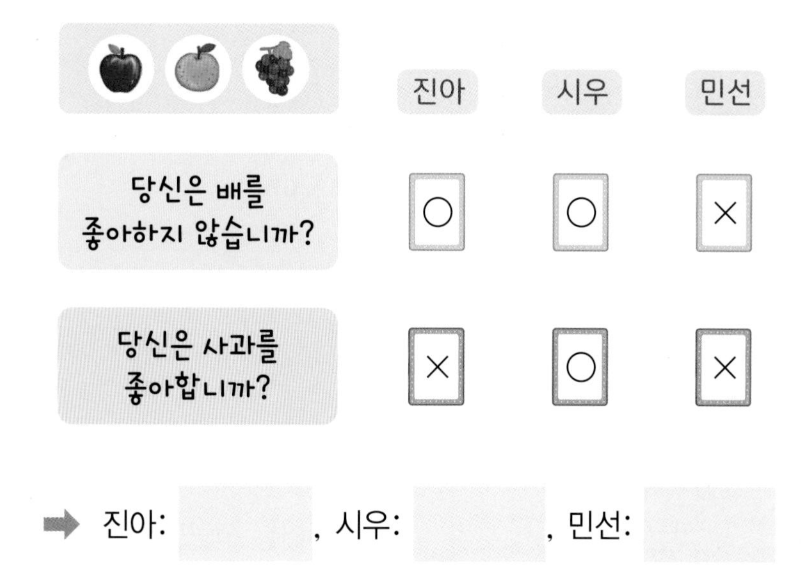

➡ 진아: ☐, 시우: ☐, 민선: ☐

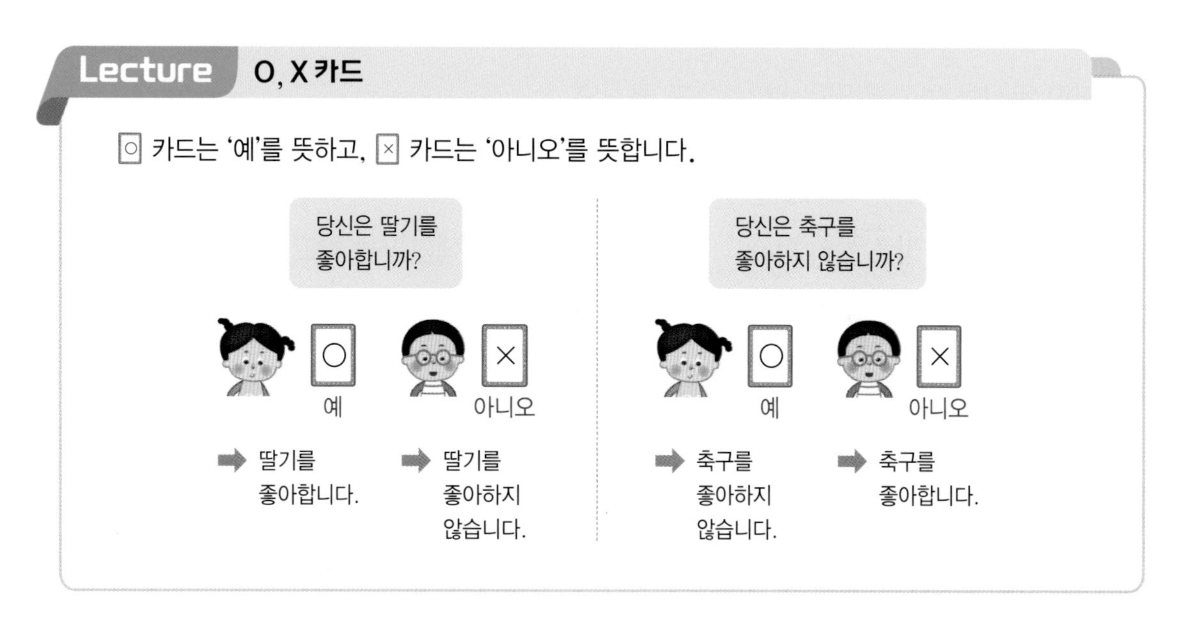

친구들의 대화의 진실과 거짓을 보고, 색연필의 주인 1명을 찾아보시오.

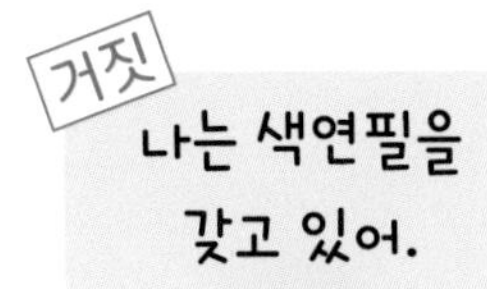

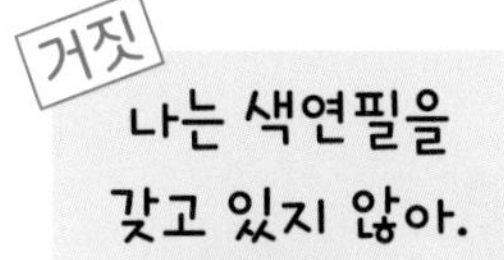

진실

나도 색연필을
갖고 있지 않아.

동원

선아

은수

STEP 1 주어진 문장을 보고 알맞은 말에 ○표 하시오.

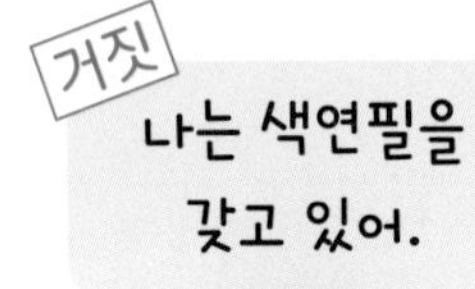

동원

➡ 동원이는 색연필을 갖고
(있습니다 , 있지 않습니다).

STEP 2 주어진 문장을 보고 알맞은 말에 ○표 하시오.

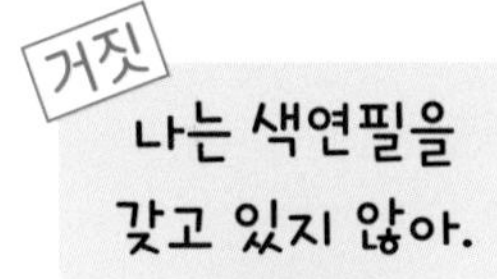

선아

➡ 선아는 색연필을 갖고
(있습니다 , 있지 않습니다).

STEP 3 주어진 문장을 보고 알맞은 말에 ○표 하시오.

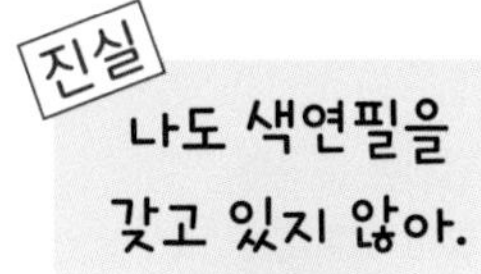

은수

➡ 은수는 색연필을 갖고
(있습니다 , 있지 않습니다).

STEP 4 색연필의 주인을 찾아보시오.

정답과 풀이 37쪽

유제 친구들의 대화의 진실과 거짓을 보고, 강아지의 주인 1명을 찾아보시오.

거짓
나는 강아지를 키우고 있어.
재훈

진실
나는 누가 강아지를 키우는지 알아.

예린

거짓
나는 강아지를 키우고 있지 않아.

나은

Lecture 주인 찾기

진실 또는 거짓의 뜻을 알고 알맞은 문장을 찾을 수 있습니다.

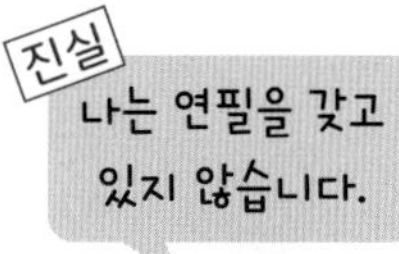

성호

진실이므로
성호는 연필을 갖고
(있습니다 , (있지 않습니다)).

거짓
나는 주스를 먹고 있습니다.

수현

거짓이므로
수현이는 주스를 먹고
(있습니다 , (있지 않습니다)).

Practice 팩토

| 원리탐구 ❶ |

1 윤주, 서은, 태오는 숫자 카드 2, 5, 7 중 서로 다른 숫자를 1개씩 좋아합니다. ○ 카드는 '예'를 뜻하고, × 카드는 '아니오'를 뜻할 때, 각각 좋아하는 숫자를 ☐ 안에 알맞게 써넣으시오.

➡ 윤서: ☐, 서은: ☐, 태오: ☐

| 원리탐구 ❷ |

2 친구들의 대화의 진실과 거짓을 보고, 가위의 주인 1명을 찾아보시오.

> 정답과 풀이 38쪽

| 원리탐구 ❶ |

3 서아, 승기, 진영이는 공원, 놀이터, 도서관 중 서로 다른 장소에 가고 싶어합니다. 서아가 가고 싶어하는 장소는 어디인지 알아보시오.

	서아	승기	진영
당신은 공원에 가고 싶습니까?	×	×	○
당신은 도서관에 가고 싶지 않습니까?	○	×	○

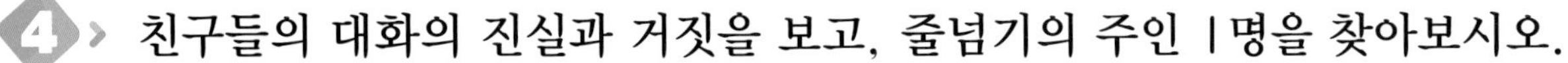

| 원리탐구 ❷ |

4 친구들의 대화의 진실과 거짓을 보고, 줄넘기의 주인 1명을 찾아보시오.

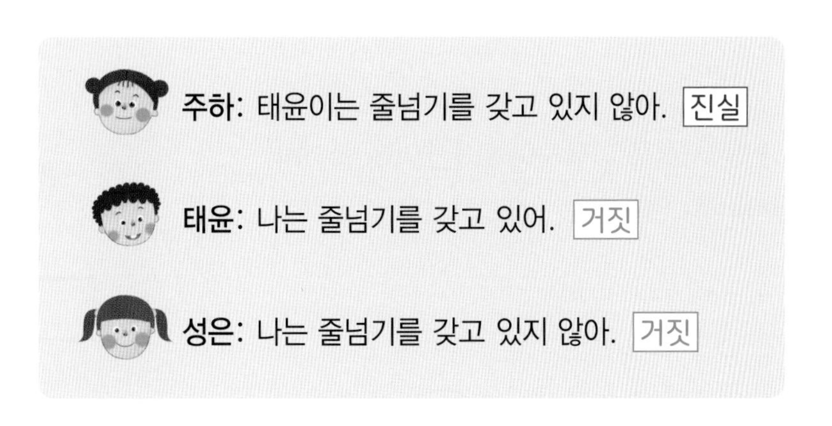

주하: 태윤이는 줄넘기를 갖고 있지 않아. 진실

태윤: 나는 줄넘기를 갖고 있어. 거짓

성은: 나는 줄넘기를 갖고 있지 않아. 거짓

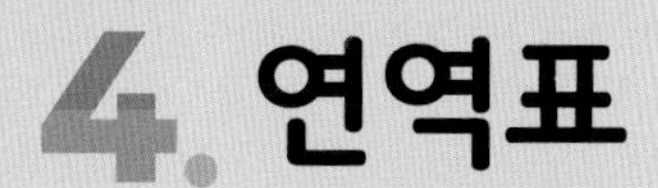

4. 연역표

원리탐구 ① 사실 추측하기

문장을 보고, ▢ 안에 좋아하는 것은 ○, 좋아하지 않는 것은 ×표 하시오.

- 민재, 지안, 은서는 김밥, 떡볶이, 순대 중 서로 다른 음식을 1가지씩 좋아합니다.
- **지안이는 떡볶이를 좋아합니다.**

	김밥	떡볶이	치킨
민재			
지안			
은서			

STEP 1 주어진 조건을 보고 알맞은 말에 ○표 하시오.

지안이는 떡볶이를 좋아합니다.

1 지안이는 떡볶이를 (좋아합니다 , 좋아하지 않습니다).

2 지안이는 김밥과 치킨을 (좋아합니다 , 좋아하지 않습니다).

3 민재와 서아는 떡볶이를 (좋아합니다 , 좋아하지 않습니다).

STEP 2 1에서 알 수 있는 사실을 이용하여 표 □ 안에 좋아하는 것은 ○, 좋아하지 않는 것은 ×표 하시오.

	김밥	떡볶이	치킨
민재		□	
지안	□	□	□
은서		□	

STEP 3 2에서 알 수 있는 사실을 이용하여 표 □ 안에 좋아하는 것은 ○, 좋아하지 않는 것은 ×표 하시오.

STEP 4 3에서 알 수 있는 사실을 이용하여 표 □ 안에 좋아하는 것은 ○, 좋아하지 않는 것은 ×표 하시오.

정답과 풀이 39쪽

유제 문장을 보고, ▢ 안에 연주하는 것은 ○, 연주하지 않는 것은 ×표 하시오.

- 연수, 재호, 예서는 피아노, 리코더, 바이올린 중 서로 다른 악기를 1가지씩 연주합니다.
- **예서는 피아노와 리코더를 연주하지 않습니다.**

	피아노	리코더	바이올린
연수			
재호			
예서			

Lecture 사실 추측하기

문장을 보고, 알 수 있는 사실을 추측할 수 있습니다.

사실1 민수, 진아, 지유는 축구, 농구, 야구 중 **서로 다른 운동을 1가지씩** 좋아합니다.

사실2 **민수**는 **농구**를 좋아합니다.

➡ 민수는 (축구 , (농구), 야구)를 좋아합니다. (⬅ 사실2에서 추측)

➡ 진아와 지유는 (축구 , (농구), 야구)를 좋아하지 않습니다. (⬅ 사실1에서 추측)

원리탐구 ② 연역표

현아, 유주, 지희는 과학책, 위인전, 동화책 중 서로 다른 책을 1가지씩 읽었습니다. 문장을 보고, 친구들이 읽은 책을 알아보시오.

- 유주는 위인전을 읽었습니다.
- 현아는 동화책을 읽지 않았습니다.

STEP 1 문장을 보고 알 수 있는 사실을 완성하고, 표 안에 읽은 책은 ○, 읽지 않은 책은 ×표 하시오.

	과학책	위인전	동화책
현아		□	□
유주	□	○	□
지희		□	

1 표의 □ 안에 ○ 또는 ×표 하기

유주는 위인전을 읽었습니다.

알 수 있는 사실

유주는 (과학책 , 위인전 , 동화책)을 읽지 않았습니다.

2 표의 □ 안에 ○ 또는 ×표 하기

유주는 위인전을 읽었습니다.

알 수 있는 사실

현아와 지희는 위인전을 (읽었습니다 , 읽지 않았습니다).

3 표의 □ 안에 ○ 또는 ×표 하기

현아는 동화책을 읽지 않았습니다.

STEP 2 STEP 1 의 표의 남은 칸을 완성하여 친구들이 읽은 책을 알아보시오.

정답과 풀이 40쪽

유제 나영, 하준, 윤서는 노란색, 하늘색, 초록색 중 서로 다른 색깔을 1가지씩 좋아합니다. 문장을 보고, 표를 이용하여 윤서가 좋아하는 색깔을 알아보시오.

- 하준이는 하늘색을 좋아하지 않습니다.
- 나영이는 노란색을 좋아합니다.

	노란색	하늘색	초록색
나영			
하준			
윤서			

Lecture 연역표

문장을 보고 표 안에 좋아하는 것은 ○, 좋아하지 않는 것은 ×로 표시하여 건호와 지안이가 좋아하는 음료를 찾을 수 있습니다.

- 건호와 지안이는 우유, 주스 중 **서로 다른 음료를 1가지씩** 좋아합니다.
- **건호**는 **우유**를 좋아합니다.

건호는 우유를 좋아합니다.

건호는 우유를 좋아하므로 주스를 좋아하지 않습니다.

건호는 주스를 좋아하지 않으므로 지안이가 주스를 좋아합니다.

Practice 팩토

|원리탐구 ❶|

1 다은, 지성, 수아는 장미, 개나리, 해바라기 중 서로 다른 꽃을 1가지씩 좋아합니다. 문장을 보고, 표를 이용하여 친구들이 좋아하는 꽃을 알아보시오.

- 지성이는 개나리를 좋아합니다.
- 수아는 해바라기를 좋아하지 않습니다.

	장미	개나리	해바라기
다은			
지성			
수아			

|원리탐구 ❷|

2 민준, 현준, 재희는 버스, 기차, 비행기 중 서로 다른 교통 수단 1개를 선택하여 부산에 갔습니다. 문장을 보고, 표를 이용하여 친구들이 이용한 교통 수단을 알아보시오.

- 현준이는 기차를 타지 않았습니다.
- 재희는 비행기를 탔습니다.

	버스	기차	비행기
민준			
현준			
재희			

> 정답과 풀이 41쪽

| 원리탐구 ❶ |

빨간색, 노란색, 파란색 자물쇠는 각각 ①, ②, ③ 세 개의 열쇠 중 서로 다른 하나로만 열 수 있습니다. 문장을 보고, 표를 이용하여 각각의 자물쇠는 몇 번 열쇠로 열 수 있는지 알아보시오.

- 빨간색 자물쇠는 ①번 열쇠로 열리지 않습니다.
- 노란색 자물쇠는 ②번 열쇠로 열리지 않습니다.
- 파란색 자물쇠는 ①번 열쇠로도, ②번 열쇠로도 열리지 않습니다.

	①	②	③
빨간색			
노란색			
파란색			

| 원리탐구 ❷ |

윤민, 선아, 예진이는 4, 7, 9 중 서로 다른 수를 1개씩 좋아합니다. 문장을 보고, 표를 이용하여 친구들이 좋아하는 수를 알아보시오.

- 윤민이는 9를 좋아하지 않습니다.
- 예진이는 4와 9를 좋아하지 않습니다.

	4	7	9
윤민			
선아			
예진			

01 100원짜리 동전 3개와 50원짜리 동전 6개로 400원을 만들 수 있는 방법은 모두 몇 가지입니까?

02 운동회 날 1반부터 5반까지 각 반 대표가 1명씩 달리기 시합을 하고 있습니다. 각 반 대표의 등수를 1등부터 순서대로 써 보시오.

- 1반 대표 바로 뒤에는 2반 대표가 달리고 있습니다.
- 3반 대표와 4반 대표 사이에는 5반 대표만 달리고 있습니다.
- 3반 대표는 계속 5등입니다.

1등	2등	3등	4등	5등

정답과 풀이 42쪽

03 정현, 지민, 채은이는 고래, 문어, 사슴 중에서 서로 다른 동물을 각각 좋아합니다. ○ 카드는 '예'를 뜻하고, × 카드는 '아니오'를 뜻할 때, 친구들이 좋아하는 동물을 ▢ 안에 알맞게 써넣으시오.

	정현	지민	채은
당신은 다리가 여러 개인 동물을 좋아하지 않습니까?	×	×	○
당신은 물에 사는 동물을 좋아합니까?	×	○	○

➡ 정현: ▢, 지민: ▢, 채은: ▢

04 하영, 진우, 소은이는 피아노, 첼로, 기타 중 서로 다른 악기를 연주합니다. 문장을 보고, 표를 이용하여 친구들이 연주하는 악기를 알아보시오.

- 진우는 피아노를 배운 적이 없습니다.
- 소은이는 기타를 연주합니다.

	피아노	첼로	기타
하영			
진우			
소은			

Challenge 영재교육원

01 민아, 윤우, 성현이는 주원이의 생일 선물로 지갑, 공책, 필통 중에서 서로 다른 물건을 샀습니다. 친구들의 대화의 진실과 거짓을 보고 표를 이용하여 지갑을 산 친구는 누구인지 알아보시오.

	지갑	공책	필통
민아			
윤우			
성현			

02 1반, 2반, 3반, 4반 4개의 반이 서로 축구 경기를 하여 다음과 같은 결과가 나왔습니다. 대진표를 완성해 보시오.

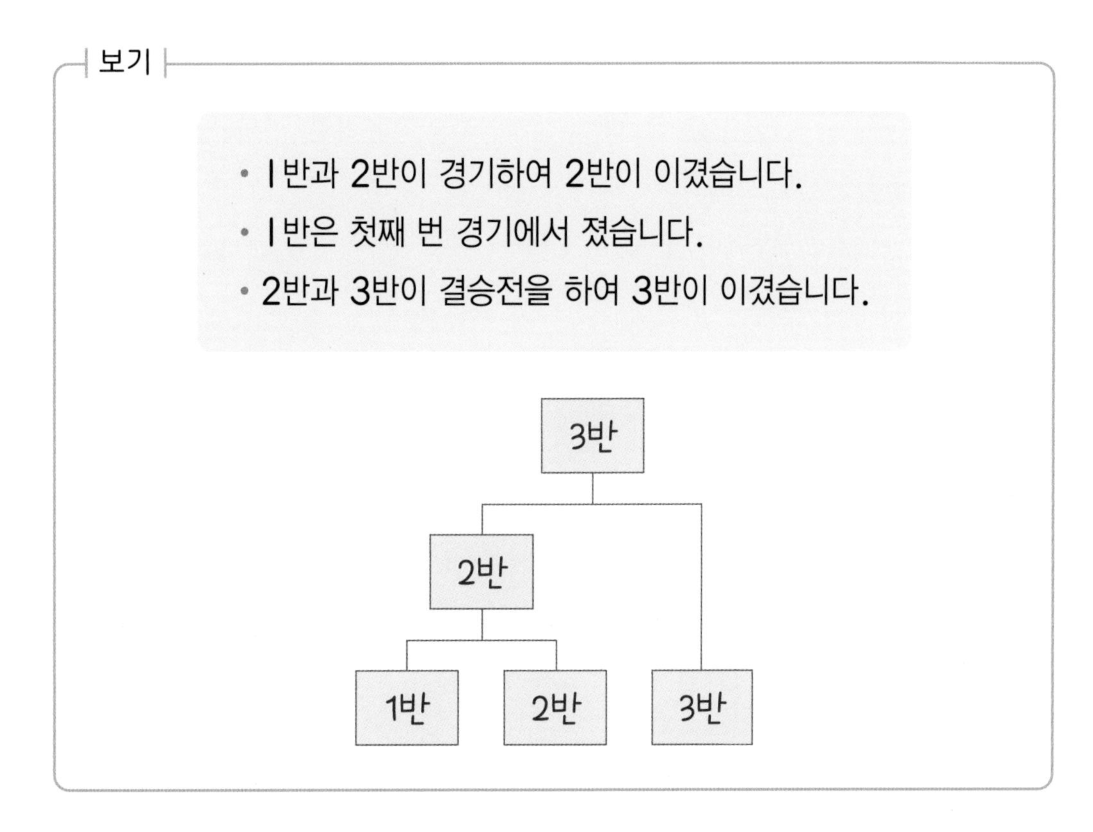

보기
• 1반과 2반이 경기하여 2반이 이겼습니다.
• 1반은 첫째 번 경기에서 졌습니다.
• 2반과 3반이 결승전을 하여 3반이 이겼습니다.
3반
2반
1반
2반
3반

• 2반과 3반은 경기를 1번씩만 하였습니다.
• 3반은 4반에게 1회전 경기에서 졌습니다.
• 1반은 4반을 이겼습니다.

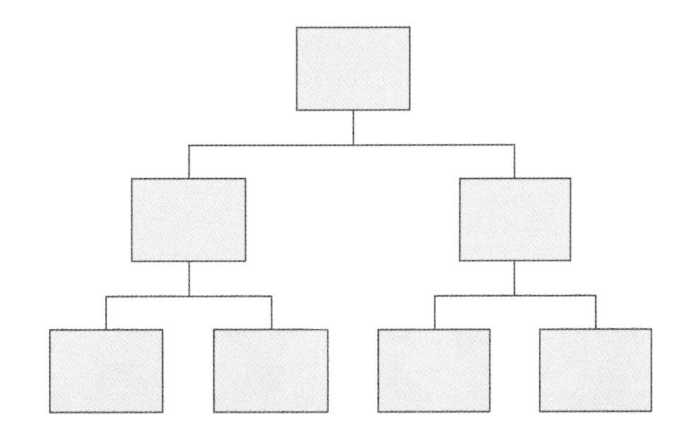

MEMO

영재학급, 영재교육원,
경시대회 준비를 위한

창의사고력
초등수학

팩토

형성 평가
총괄 평가

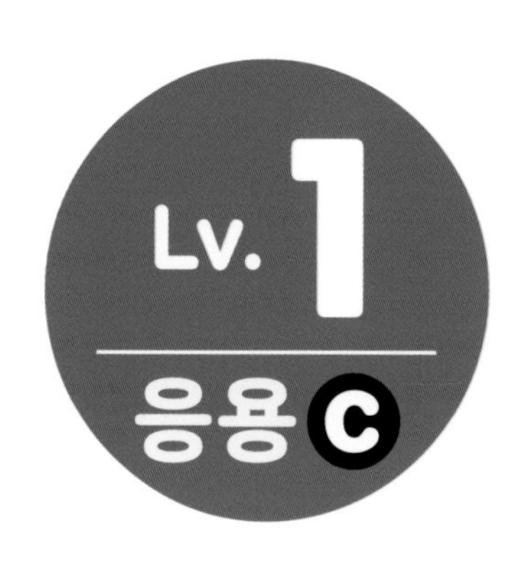

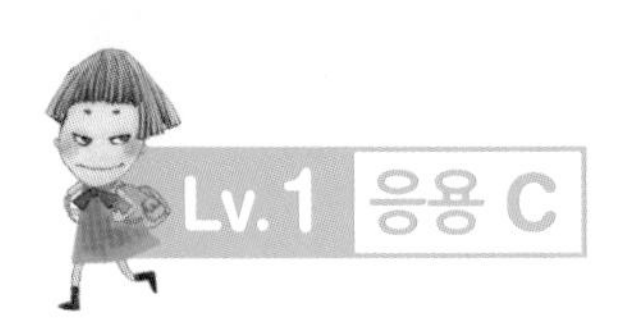

형성평가

연산 영역

시험일시	년	월	일
이 름			

권장 시험 시간 **30분**

- ✓ 총 문항 수(**10**문항)를 확인해 주세요.
- ✓ 권장 시험 시간(**30**분) 안에 문제를 풀어 주세요.
- ✓ 문제를 정확히 읽고 답을 바르게 쓰세요.
- ✓ 잘 풀리지 않는 문제가 있으면 쉬운 문제부터 해결한 후 다시 도전해 보세요.

채점 결과를 매스티안 홈페이지(https://www.mathtian.com)에 방문하여 양식에 맞게 입력해 보세요.
「형성평가 결과지」를 직접 받아보실 수 있습니다.

01 두 수의 차가 5가 되도록 ⬡⬡ 또는 ⬡⬡으로 모두 묶어 보시오.

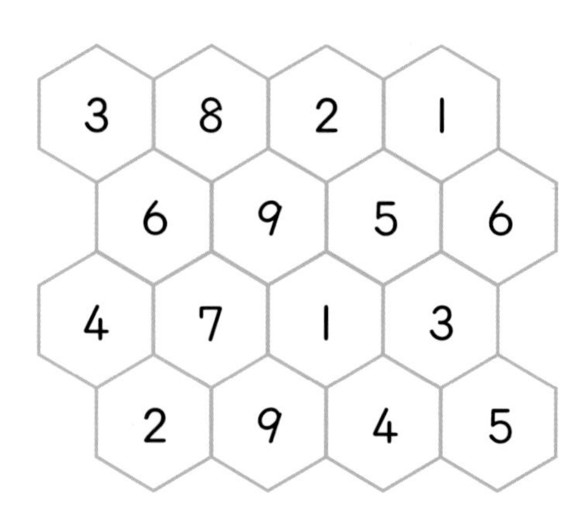

02 다음 조각으로 덮은 세 수의 합이 14가 되도록 ▭ 또는 ▭으로 모두 묶어 보시오.

조각

세 수의 합	14		
1	5	4	7
7	8	6	2
2	5	1	9
6	4	4	3

03 사다리타기를 하면서 계산하여 빈 곳에 알맞은 수를 써넣으시오.

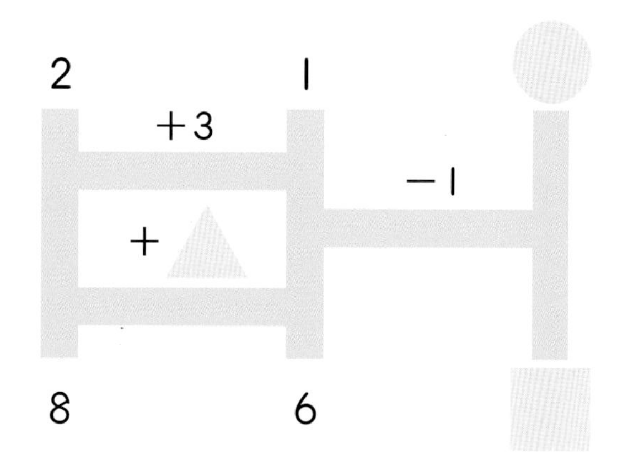

04 수 카드를 한 번씩만 사용하여 퍼즐을 완성해 보시오.

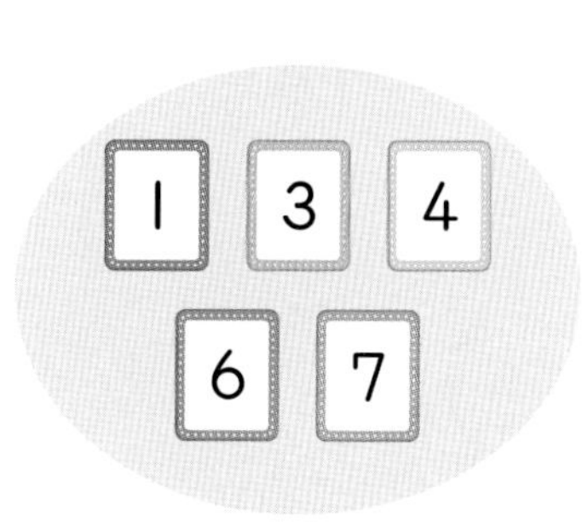

	+		=	8
−				−
				2
=				=
3	+		=	

05 가장 짧은 거리로 미로를 통과하면서 계산한 값이 15입니다. ▒ 안에 알맞은 수를 써넣으시오.

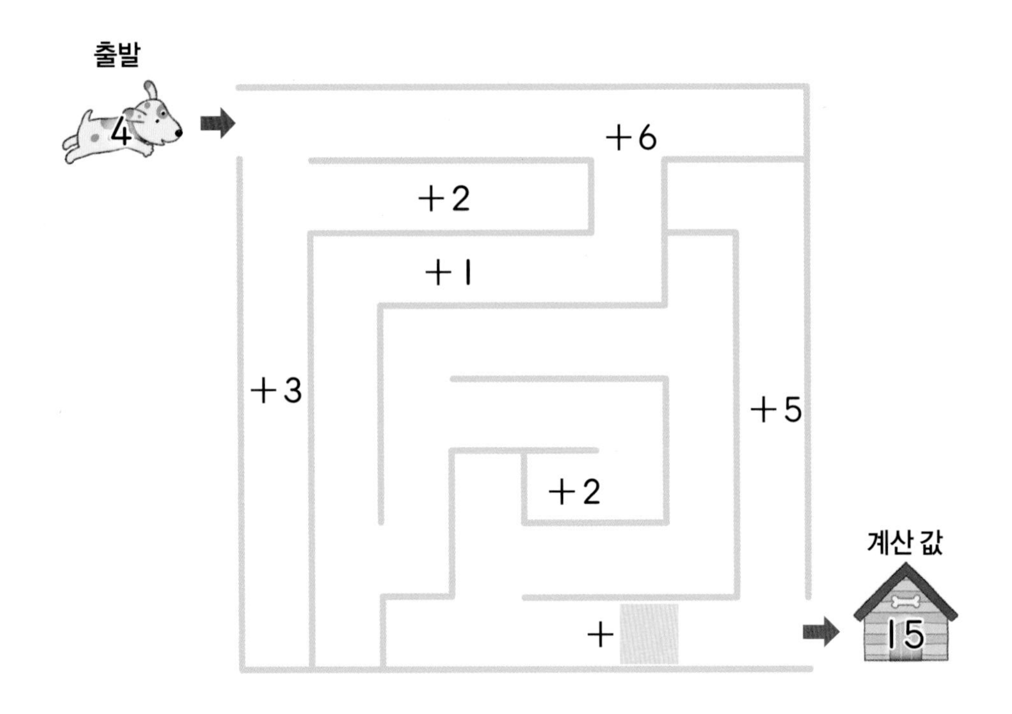

06 1부터 6까지의 수를 한 번씩만 사용하여 색칠한 △ 모양에 있는 세 수의 합이 12가 되도록 만들어 보시오.

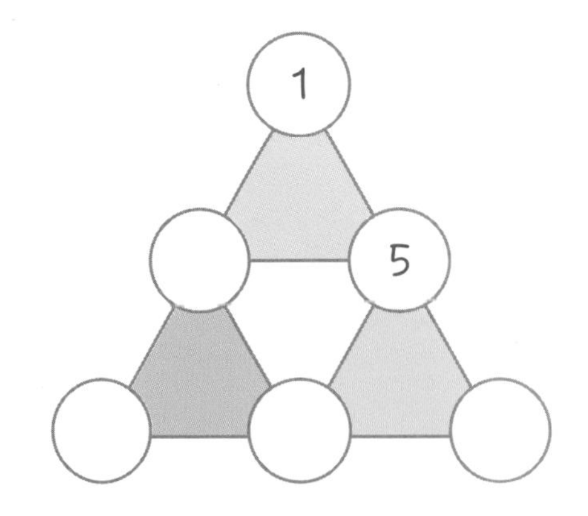

07 빈 곳에 알맞은 수를 써넣어 퍼즐을 완성해 보시오.

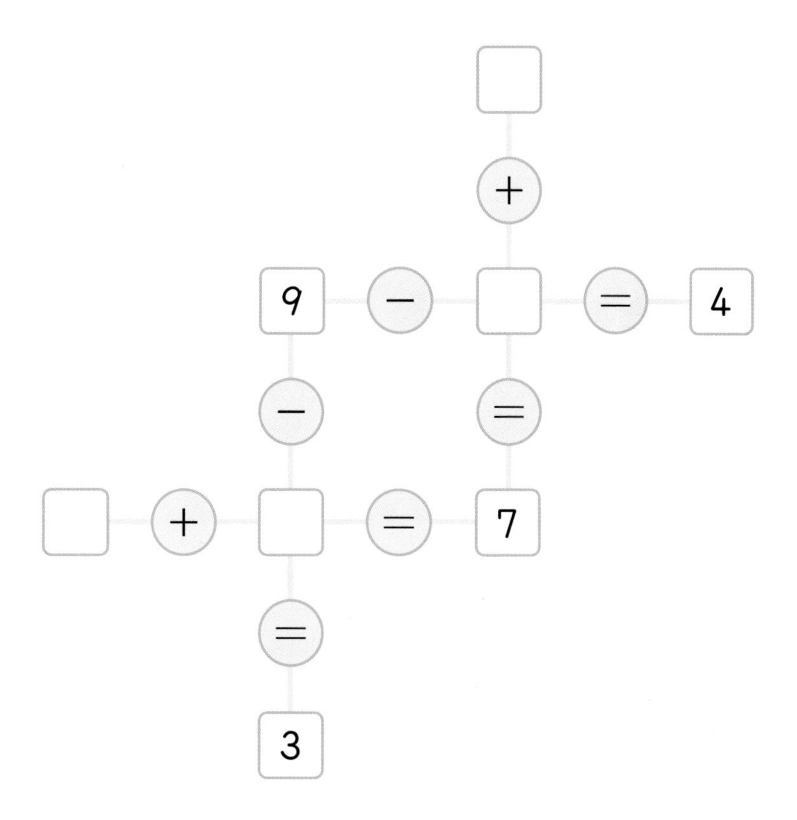

08 주어진 수 카드 6장을 한 번씩만 사용하여 두 식이 모두 올바르게 되도록 만들어 보시오. (단, 1+2=3, 2+1=3과 같이 같은 수로 만든 식은 같은 것으로 봅니다.)

3 4 5 7 8 11

□+□=□

□+□=□

09 구슬에 쓰인 수를 사용하여 가로줄과 세로줄에 놓인 두 수의 합이 ▢ 안의 수가 되도록 만들어 보시오.

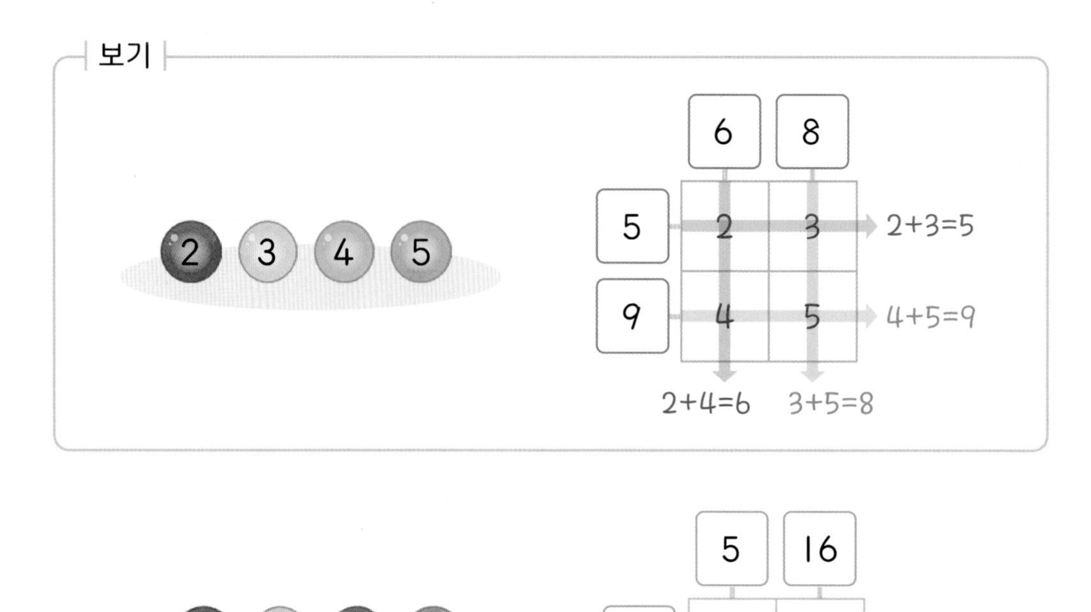

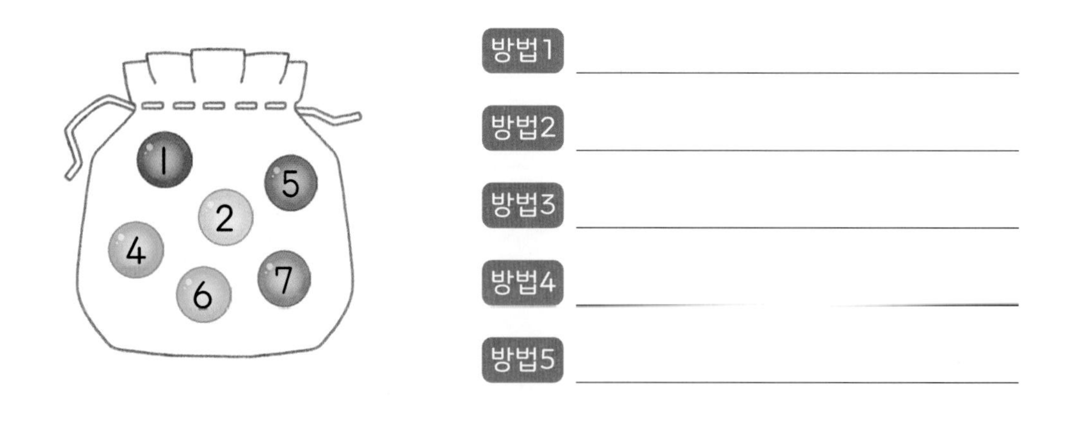

10 주머니 안의 구슬을 사용하여 여러 가지 덧셈식을 만들어 보시오. (단, 1＋2＝3, 2＋1＝3과 같이 같은 수로 만든 식은 같은 것으로 봅니다.)

1 5 2 4 7 6

방법1 ____________________

방법2 ____________________

방법3 ____________________

방법4 ____________________

방법5 ____________________

정답과 풀이 44쪽

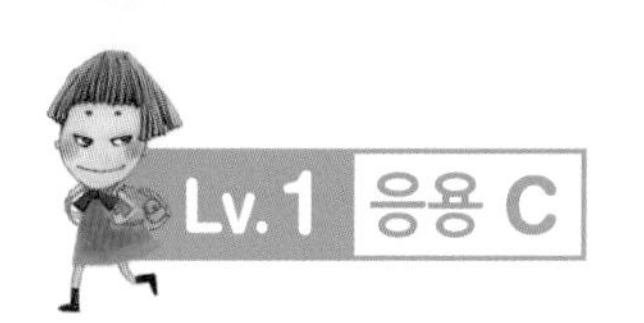

형성평가

시험일시	년 월 일
이 름	

권장 시험 시간	30분

- ✓ 총 문항 수(10문항)를 확인해 주세요.
- ✓ 권장 시험 시간(30분) 안에 문제를 풀어 주세요.
- ✓ 문제를 정확히 읽고 답을 바르게 쓰세요.
- ✓ 잘 풀리지 않는 문제가 있으면 쉬운 문제부터 해결한 후 다시 도전해 보세요.

채점 결과를 매스티안 홈페이지(https://www.mathtian.com)에 방문하여 양식에 맞게 입력해 보세요.
「형성평가 결과지」를 직접 받아보실 수 있습니다.

01 토끼와 거북이 설명하는 모양을 찾아 기호를 써 보시오.

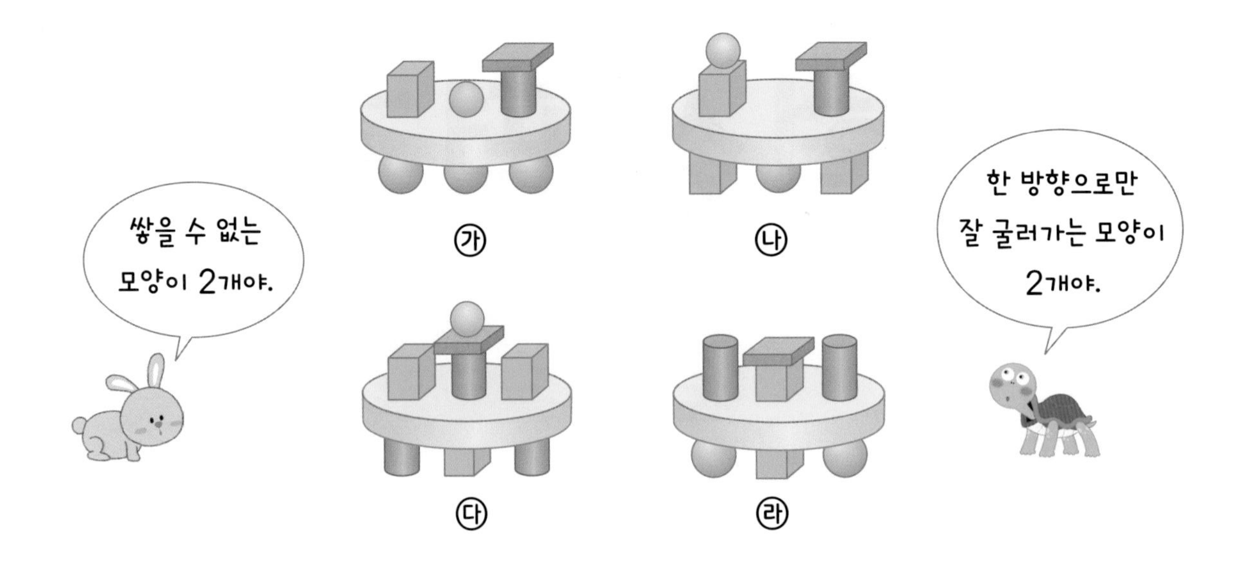
쌓을 수 없는
모양이 2개야.
㉮
㉯
㉰
㉱
한 방향으로만
잘 굴러가는 모양이
2개야.

02 다음 | 조건 |을 모두 만족하는 모양을 찾아 기호를 써 보시오.

| 조건 |

- 오른쪽에서 둘째에는 잘 굴러가지 않는 모양이 있습니다.
- 어느 방향으로도 잘 굴러가는 모양은 상자 모양 위에 있습니다.

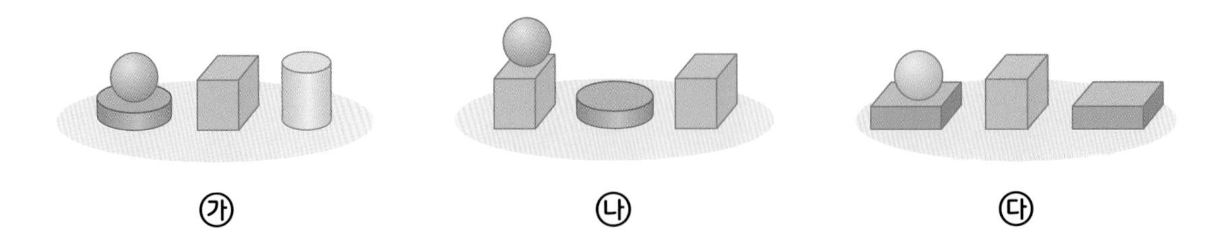

㉮ ㉯ ㉰

03 다음 모양과 같이 쌓기 위해 필요한 쌓기나무는 몇 개인지 구해 보시오.

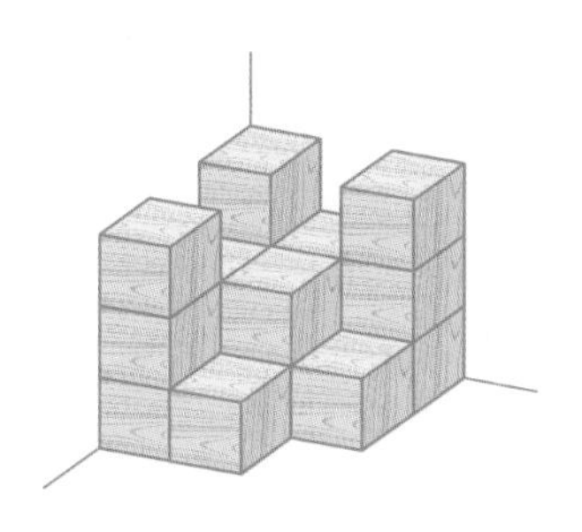

04 다음 모양을 만들기 위해 필요한 블록은 몇 개인지 구해 보시오.

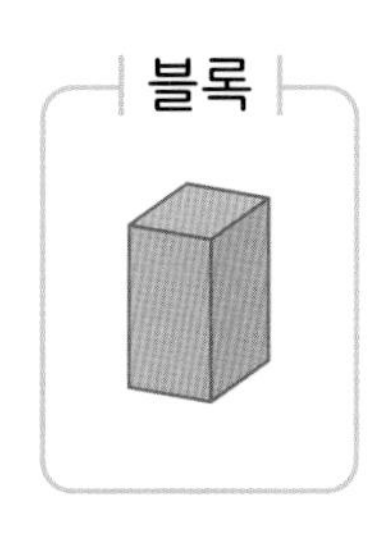

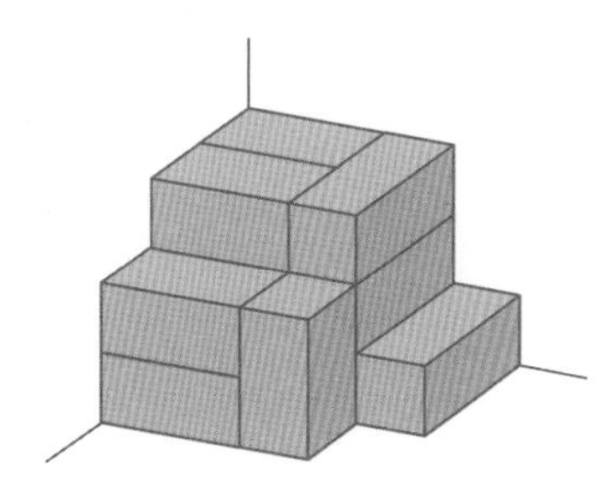

05 쌓기나무 1개를 더해서 모양1, 모양2를 전부 만들 수 있는 것을 찾아 기호를 써 보시오. (단, 주어진 모양과 만든 모양은 방향도 같아야 합니다.)

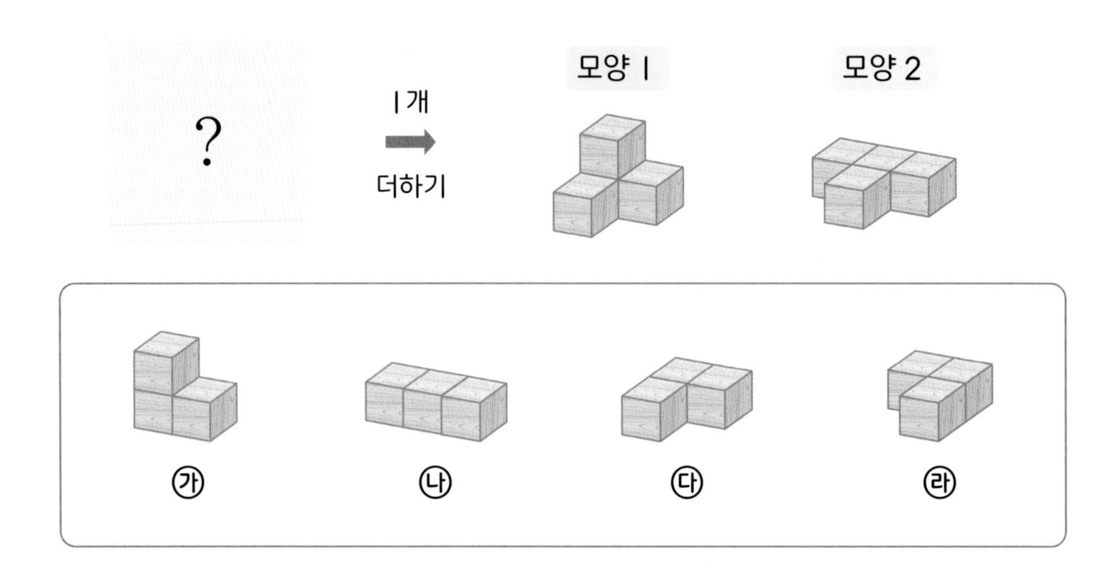

06 2개의 모양 블록을 이용하여 다음과 같은 모양을 만들었습니다. 필요한 나머지 모양을 찾아 기호를 써 보시오.

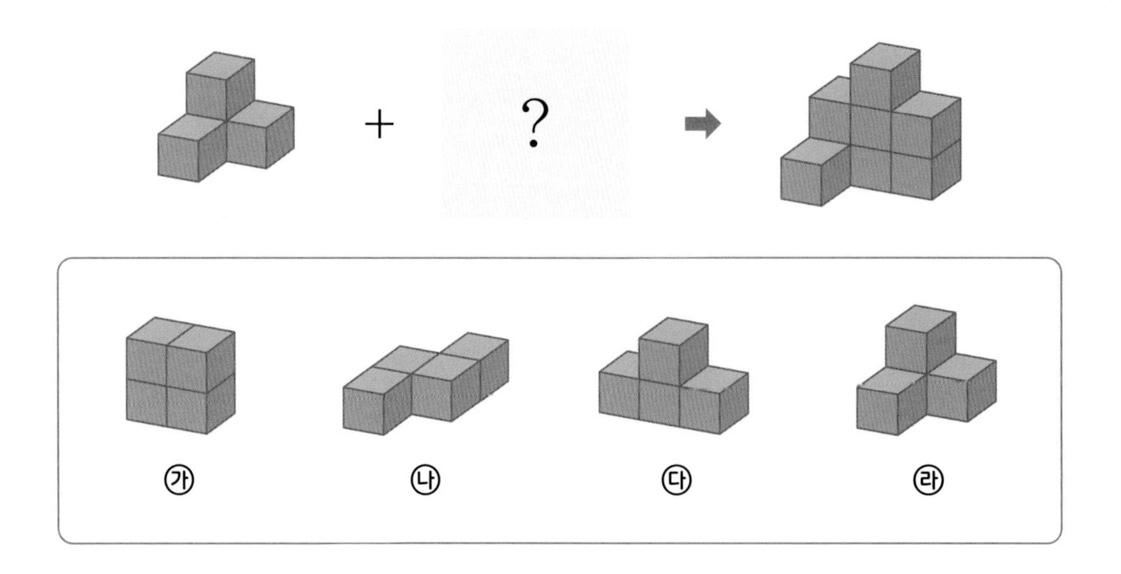

07 크기가 같은 색종이를 겹친 모양을 보고 가장 위에 있는 색종이부터 차례로 기호를 써 보시오.

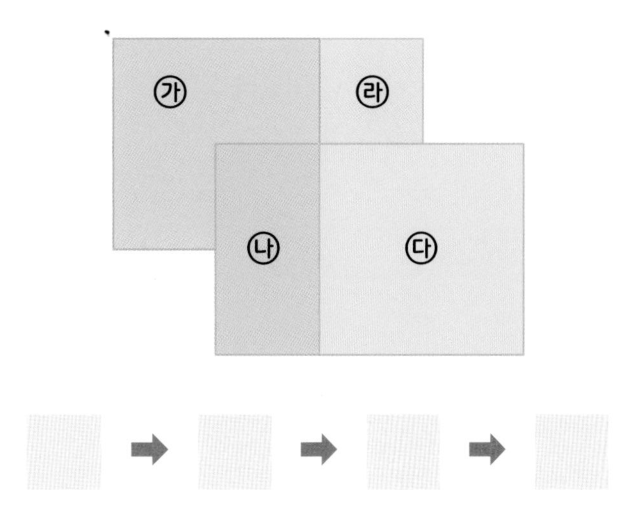

( ) → ( ) → ( ) → ( )

08 색종이를 반으로 접은 후 검은색으로 칠한 부분을 잘랐습니다. 색종이를 펼쳤을 때, 잘려진 부분에 색칠해 보시오.

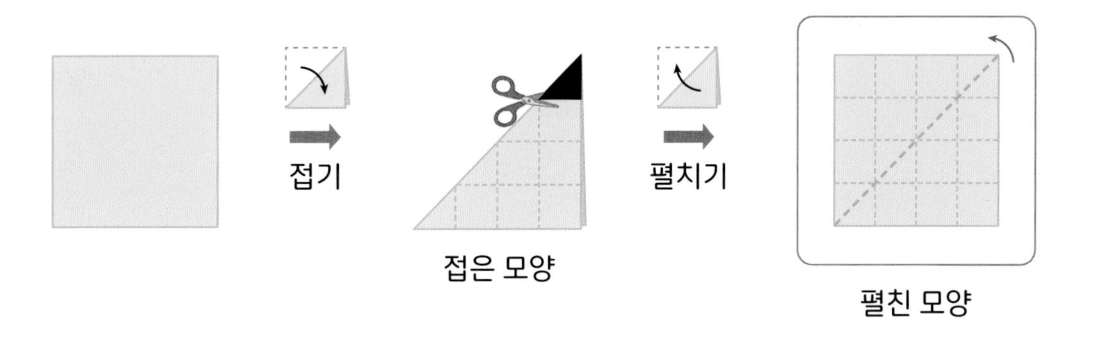

09 다음 모양을 만들기 위해 필요한 블록은 몇 개인지 구해 보시오.

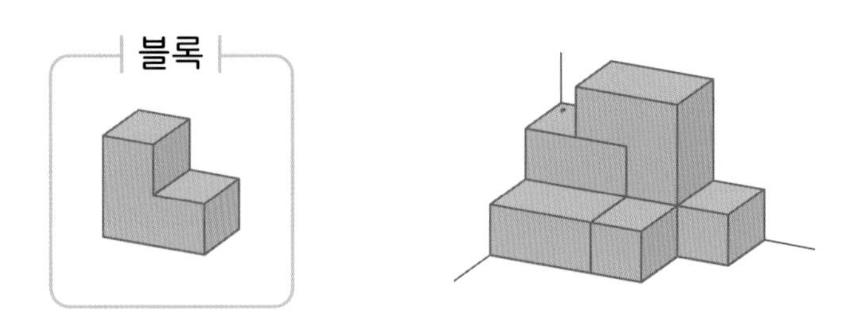

10 색종이를 반으로 접은 후 잘랐습니다. 펼친 모양이 다음과 같을 때, 접은 모양에 잘려진 부분을 색칠해 보시오.

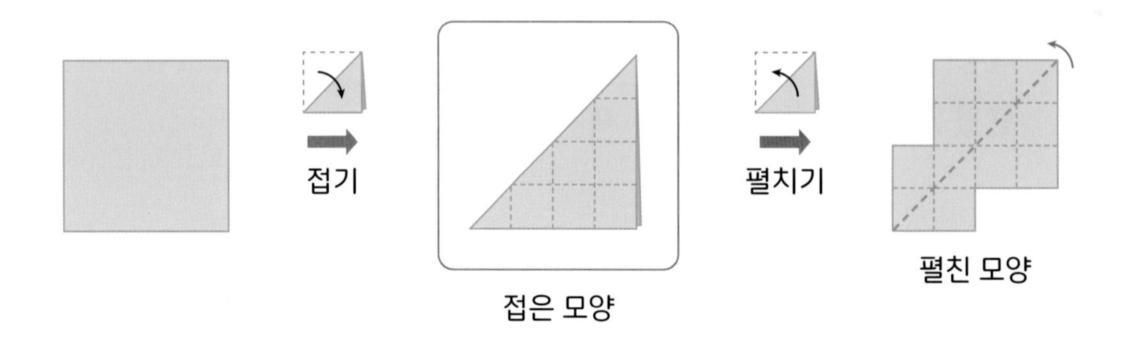

정답과 풀이 47쪽

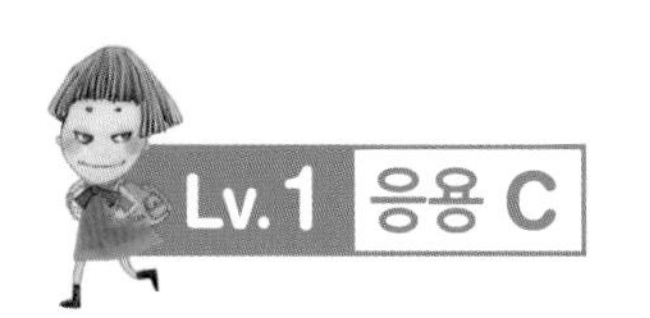

형성평가

논리추론 영역

시험일시	년 월 일
이 름	

권장 시험 시간	30분

- ✔ 총 문항 수(10문항)를 확인해 주세요.
- ✔ 권장 시험 시간(30분) 안에 문제를 풀어 주세요.
- ✔ 문제를 정확히 읽고 답을 바르게 쓰세요.
- ✔ 잘 풀리지 않는 문제가 있으면 쉬운 문제부터 해결한 후 다시 도전해 보세요.

채점 결과를 매스티안 홈페이지(https://www.mathtian.com)에 방문하여 양식에 맞게 입력해 보세요.
「형성평가 결과지」를 직접 받아보실 수 있습니다.

01 장난감을 사는 데 필요한 360원을 동전 6개로 만들어 보시오.

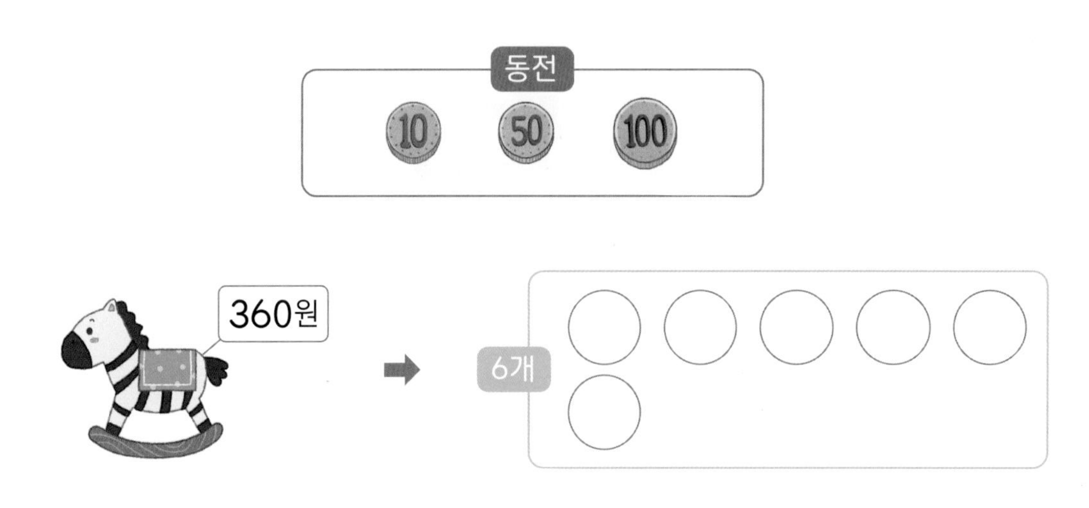

02 윤정, 경수, 민하, 준영이가 달리기를 하고 있습니다. 친구들의 달리는 현재 모습을 순서대로 써넣으시오.

- 경수는 민하 뒤에서 달리고 있습니다.
- 준영이는 가장 앞에서 달리고 있습니다.
- 윤정이는 경수 뒤에서 달리고 있습니다.

(앞)  (뒤)

03 친구들은 서로 다른 색의 구슬을 1개씩 갖고 있습니다. 친구들이 갖고 있는 구슬 색깔을 ▢ 안에 알맞게 써넣으시오.

	지윤	수혁	미주
당신은 빨간색 구슬을 갖고 있습니까?	○	×	×
당신은 파란색 구슬을 갖고 있지 않습니까?	○	×	○

➡ 지윤: ▢, 수혁: ▢, 미주: ▢

04 문장을 보고, ▢ 안에 좋아하는 것은 ○, 좋아하지 않는 것은 ×표 하시오.

- 정우, 혜선, 규리는 피자, 햄버거, 라면 중 서로 다른 음식을 1가지씩 좋아합니다.
- 정우는 피자와 라면을 좋아하지 않습니다.

	피자	햄버거	라면
정우			
혜선			
규리			

05 빈 곳에 필요한 동전을 써넣어 지우개를 사는 데 필요한 금액을 여러 가지 방법으로 만들어 보시오.

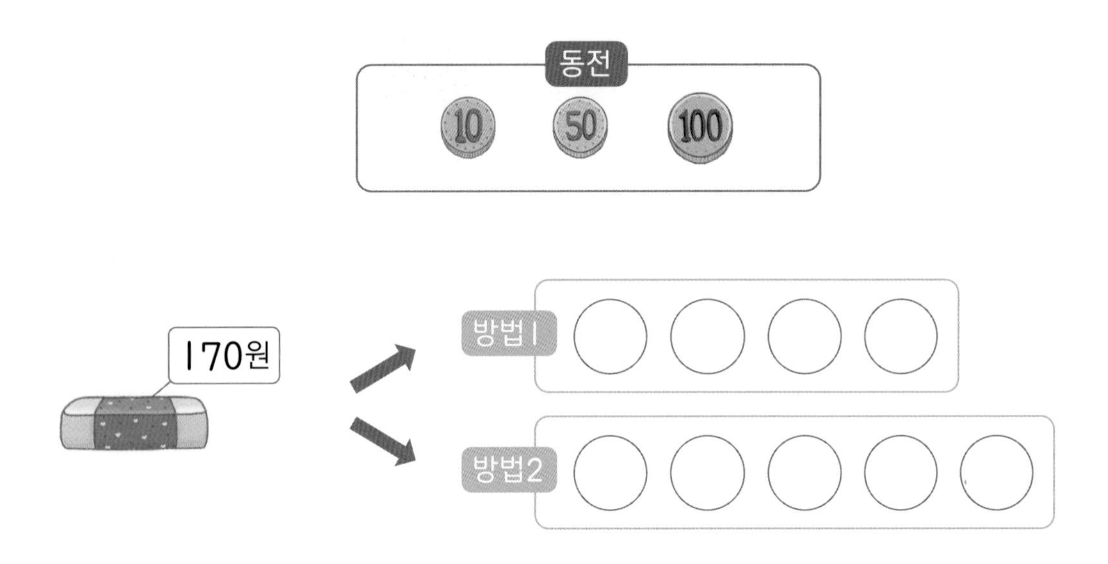

06 슬기는 상자에 들어 있는 구슬을 꺼내 가지고 논 후 다시 구슬을 상자에 넣었습니다. 그림을 보고 알 수 있는 사실을 완성해 보시오.

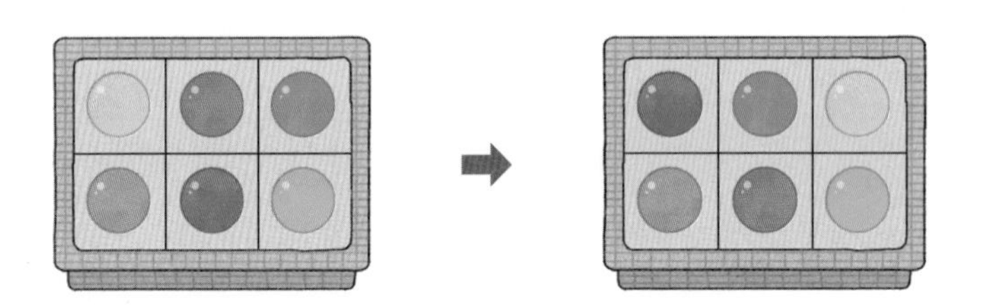

- 아래로 1칸 옮겨진 구슬의 색깔은 ☐ 입니다.
- 노란색 구슬은 오른쪽으로 ☐ 칸 옮겨졌습니다.
- 처음과 같은 자리에 있는 구슬의 색깔은 ☐ 과 ☐ 입니다.

07 친구들의 대화의 진실과 거짓을 보고, 음료수의 주인을 찾아보시오.

거짓
나는 음료수를
갖고 있어.
승현

진실
나는 음료수를
갖고 있지 않아.
현서

거짓
나는 음료수를
갖고 있지 않아.
연호

08 민경, 진호, 유경이는 강아지, 고양이, 햄스터 중 서로 다른 동물을 1가지씩 좋아합니다. 문장을 보고, 표를 이용하여 친구들이 좋아하는 동물을 알아보시오.

- 진호는 햄스터를 좋아합니다.
- 유경이는 고양이를 좋아하지 않습니다.

	강아지	고양이	햄스터
민경			
진호			
유경			

09 재민, 연아, 수지, 은석이는 달리기 시합을 했습니다. 친구들의 등수를 1등부터 순서대로 써 보시오.

- **연아**: 은석이는 나보다 먼저 들어왔어.
- **재민**: 나는 은석이를 이겼어.
- **수지**: 나는 4등으로 달리다가 2명을 앞질러 2등으로 들어왔어.

10 주리, 수민, 한영이는 놀이동산, 수영장, 백화점 중 서로 다른 장소에 가고 싶어합니다. 한영이가 가고 싶어하는 장소는 어디인지 알아보시오.

	주리	수민	한영
당신은 수영장에 가고 싶습니까?	×	○	×
당신은 백화점에 가고 싶지 않습니까?	×	○	○

수고하셨습니다!

정답과 풀이 50쪽

총괄평가

권장 시험 시간	30분

시험일시	년 월 일
이 름	

- 총 문항 수(10문항)를 확인해 주세요.
- 권장 시험 시간(30분) 안에 문제를 풀어 주세요.
- 문제를 정확히 읽고 답을 바르게 쓰세요.
- 잘 풀리지 않는 문제가 있으면 쉬운 문제부터 해결한 후 다시 도전해 보세요.

채점 결과를 매스티안 홈페이지(https://www.mathtian.com)에 방문하여 양식에 맞게 입력해 보세요.
「총괄평가 결과지」를 직접 받아보실 수 있습니다.

01 다음 조각으로 덮은 세 수의 합이 13이 되도록 ㄴ 또는 ▭으로 모두 묶어 보시오.

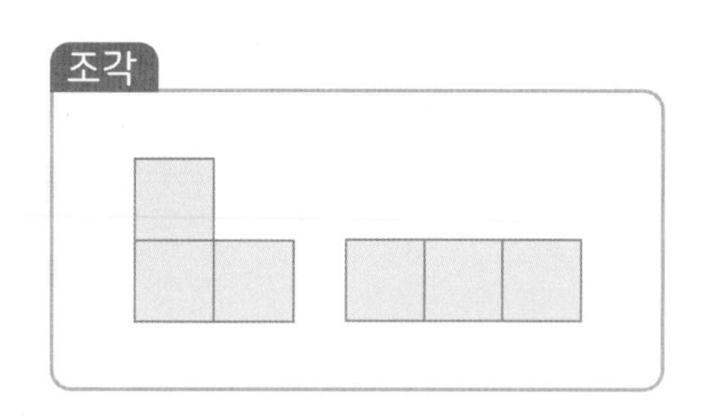

세 수의 합			13
5	5	7	1
2	6	6	8
1	2	7	2
1	8	4	3

02 주어진 수를 한 번씩만 사용하여 계산한 값이 목표수가 되도록 여러 가지 식을 만들어 보시오. (단, $1+2=3$, $2+1=3$과 같이 같은 수로 만든 식은 같은 것으로 봅니다.)

2	5
8	3

목표수: 2

목표수: 13

03 빈 곳에 알맞은 수를 써넣어 퍼즐을 완성해 보시오.

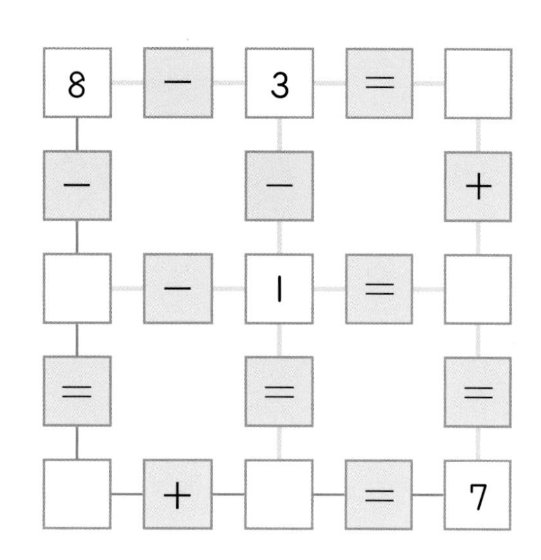

04 2부터 7까지의 수를 한 번씩만 사용하여 각 줄에 있는 세 수의 합이 같도록 만들어 보시오.

(1) 세 수의 합: 12

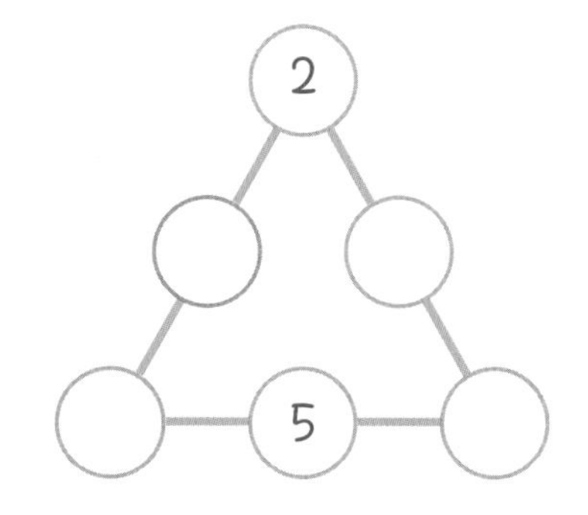

(2) 세 수의 합: 14

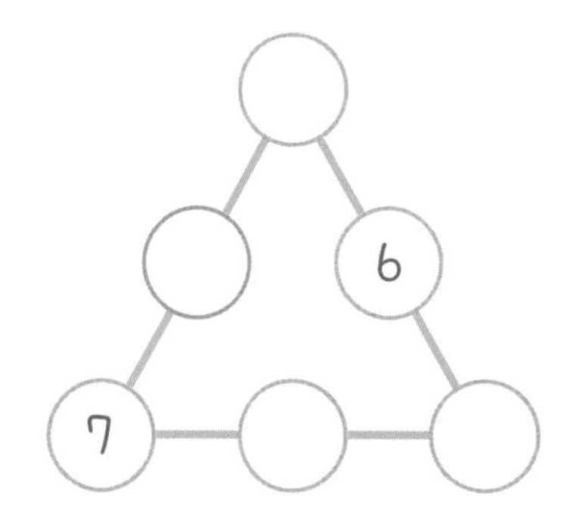

05 다음 모양과 같이 쌓기 위해 필요한 쌓기나무는 몇 개인지 구해 보시오.

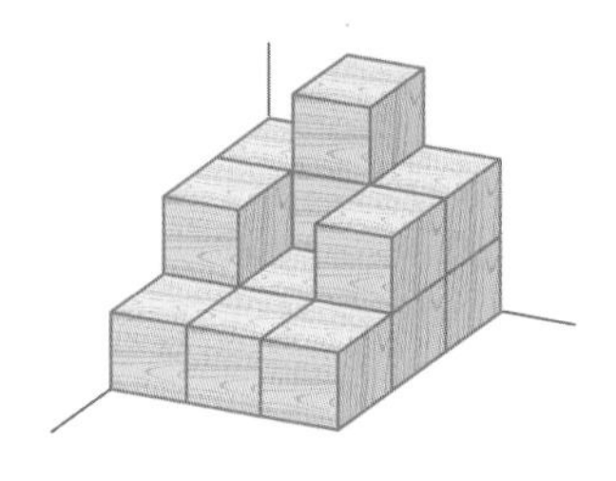

06 2개의 모양 블록을 이용하여 만들 수 있는 모양을 모두 찾아 기호를 써 보시오.

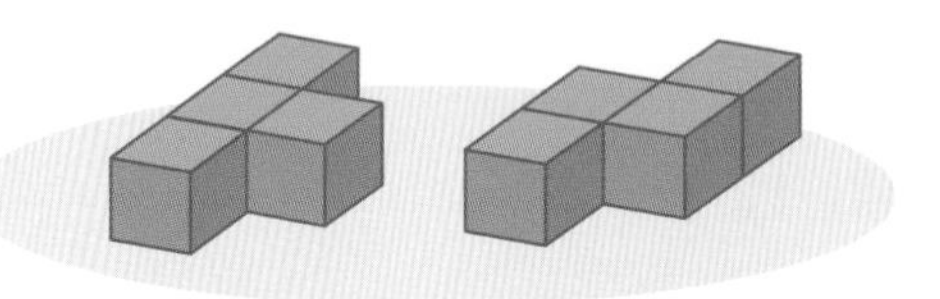

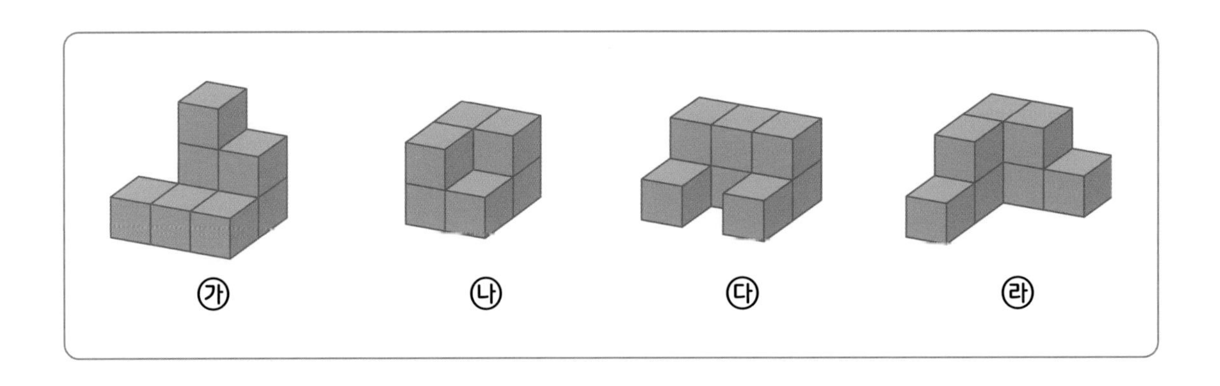

07 색종이를 반으로 접은 후 검은색으로 칠한 부분을 잘랐습니다. 색종이를 펼쳤을 때, 잘려진 부분에 색칠해 보시오.

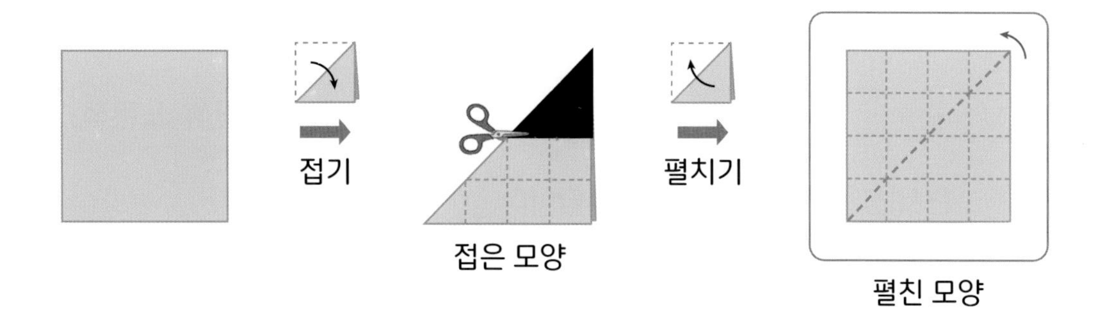

08 장난감을 사는 데 필요한 410원을 동전 6개로 만들어 보시오.

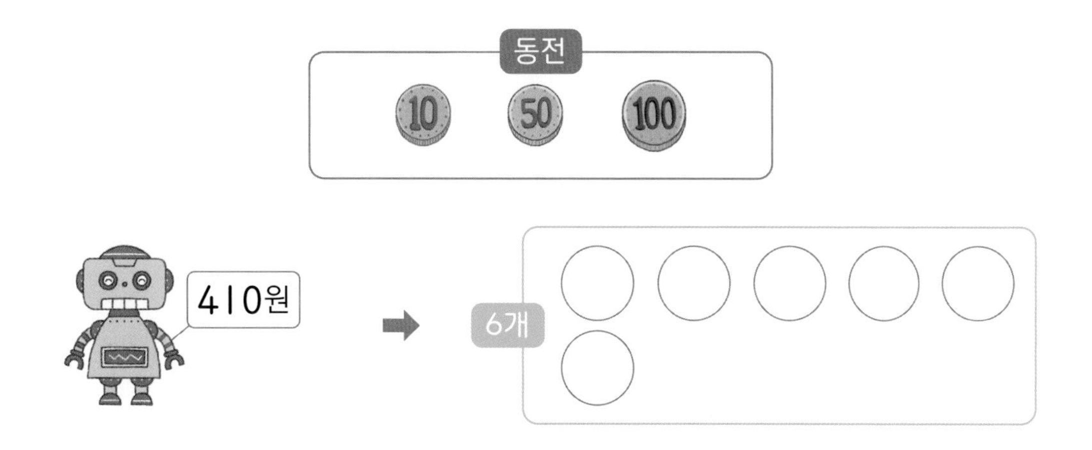

09 현서, 수아, 민지는 빨간색, 노란색, 파란색 중 서로 다른 색깔을 1가지씩 좋아합니다. 문장을 보고, 표를 이용하여 친구들이 좋아하는 색깔을 알아보시오.

- 현서는 빨간색을 좋아하지 않습니다.
- 민지는 노란색을 좋아합니다.

	빨간색	노란색	파란색
현서			
수아			
민지			

10 친구들은 서로 다른 색의 구슬을 1개씩 갖고 있습니다. 친구들이 갖고 있는 구슬 색깔을 ☐ 안에 알맞게 써넣으시오.

	소정	민혁	예지
당신은 노란색 구슬을 갖고 있지 않습니까?	○	○	×
당신은 빨간색 구슬을 갖고 있습니까?	○	×	×

➡ 소정: ☐, 민혁: ☐, 예지: ☐

수고하셨습니다!

정답과 풀이 53쪽

창의사고력
초등수학

팩토

팩토는 자유롭게 자신감있게 창의적으로 생각하는 주·니·어·수·학·자입니다.

Free Active Creative Thinking O. Junior mathtian

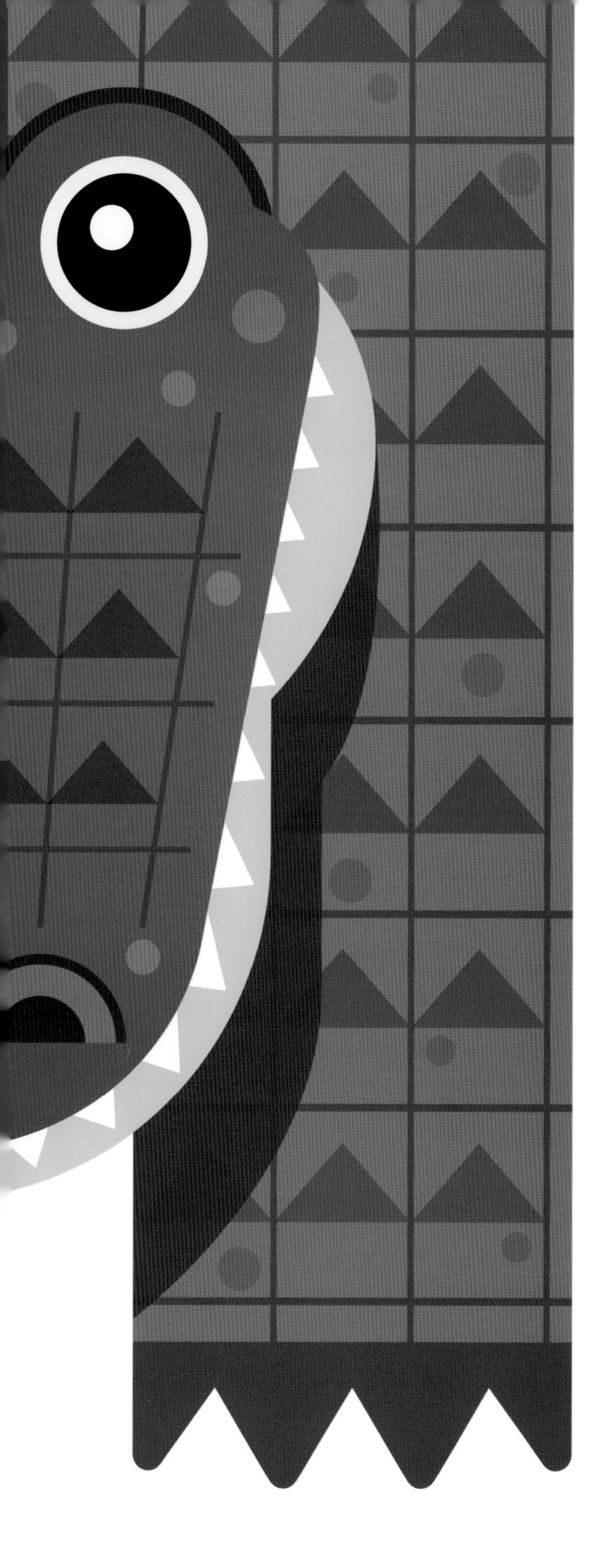

영재학급, 영재교육원,
경시대회 준비를 위한

창의사고력 초등수학 팩토

명확한 답
친절한 풀이

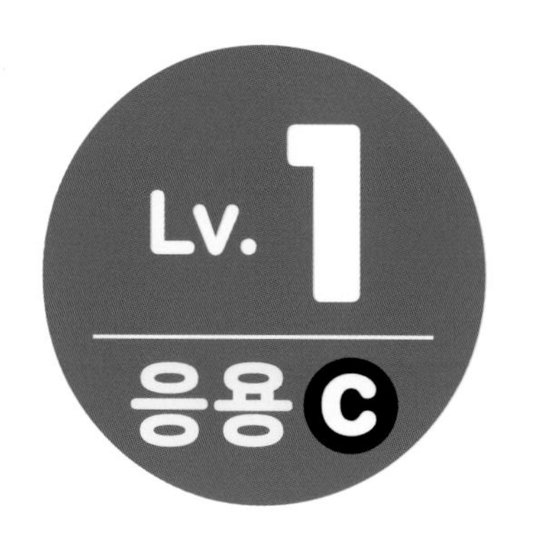

영재학급, 영재교육원,
경시대회 준비를 위한

창의사고력
초등수학

팩토

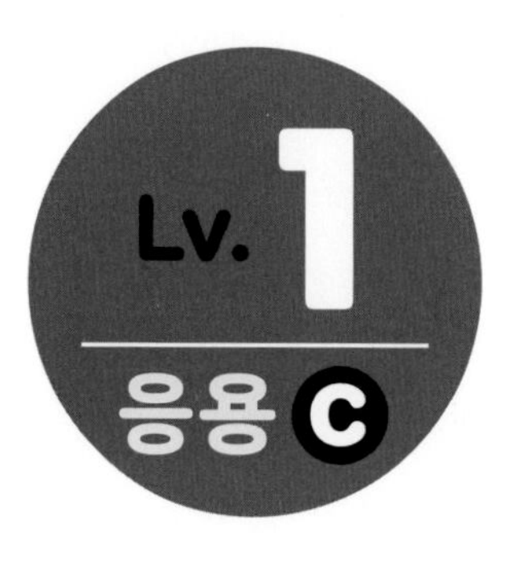

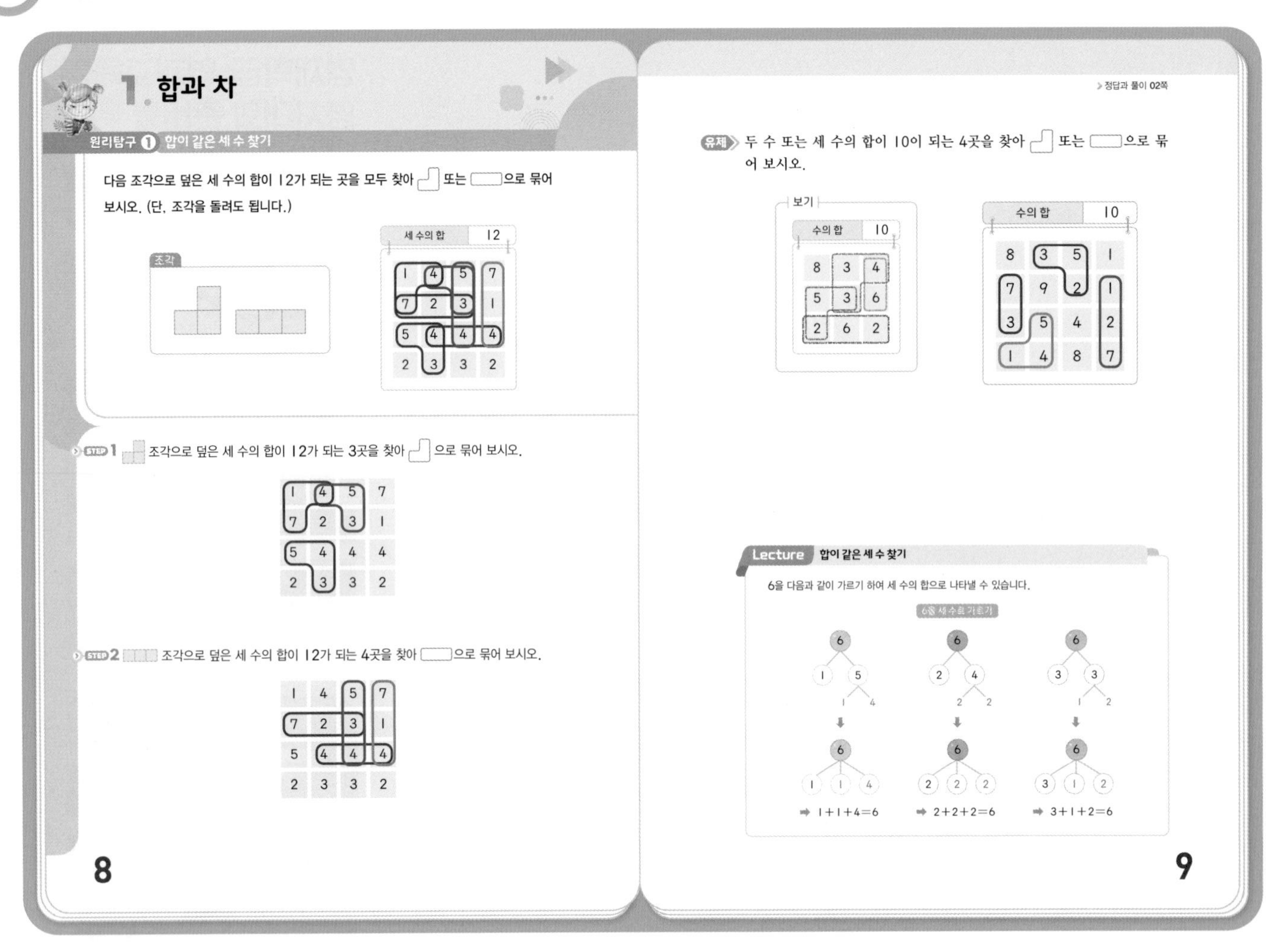

원리탐구 ①

STEP 1 조각으로 덮은 세 수의 합이 12가 되는 식은 다음과 같습니다.

1+4+7=12 4+5+3=12

5+4+3=12

STEP 2 조각으로 덮은 세 수의 합이 12가 되는 식은 다음과 같습니다.

7+2+3=12 4+4+4=12

5+3+4=12 7+1+4=12

유제 합이 10이 되는 두 수 또는 세 수를 찾아봅니다.

• 두 수의 합이 10인 경우: 7+3=10

• 세 수의 합이 10인 경우: 5+3+2=10
2+1+7=10
5+1+4=10

원리탐구 ② 차가 같은 두 수 찾기

두 수의 차가 4가 되는 곳을 모두 찾아 ⬡ 또는 ⬡으로 묶어 보시오.

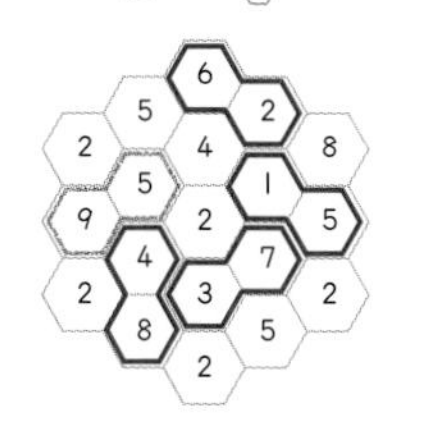

STEP 1 1부터 9까지의 수 중에서 두 수의 차가 4가 되는 경우를 모두 찾아보시오.

9 − 5 = 4　　8 − 4 = 4

7 − 3 = 4　　6 − 2 = 4

5 − 1 = 4

STEP 2 두 수의 차가 4가 되는 곳을 4곳 더 찾아 ⬡ 또는 ⬡으로 묶어 보시오.

10

> 정답과 풀이 03쪽

유제 두 수의 차가 6이 되는 곳을 모두 찾아 ▱ 또는 ◇으로 묶으려고 합니다. ▱ 또는 ◇모양은 모두 몇 개인지 구하시오. 8개

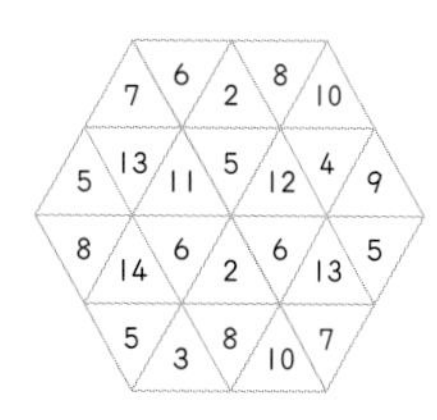

Lecture 차가 같은 두 수 찾기

1부터 9까지의 수 중에서 두 수의 차가 5가 되는 경우는 다음과 같습니다.

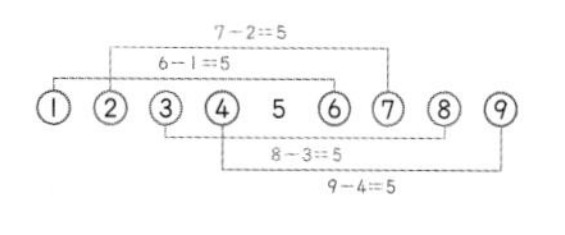

11

원리탐구 ②

STEP 1 두 수의 차가 4가 되는 경우를 수직선으로 표현해 보면 다음과 같습니다.

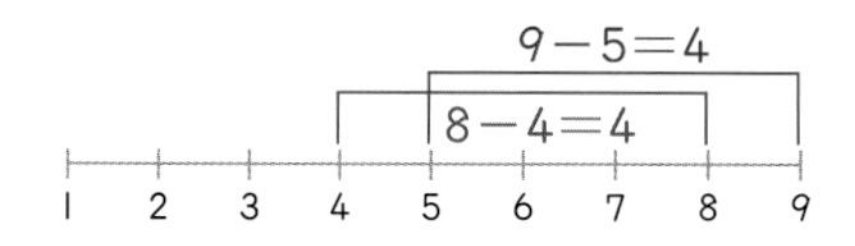

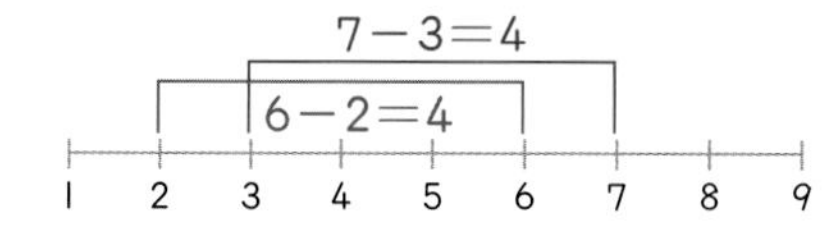

5－1＝4

1 2 3 4 5 6 7 8 9

유제

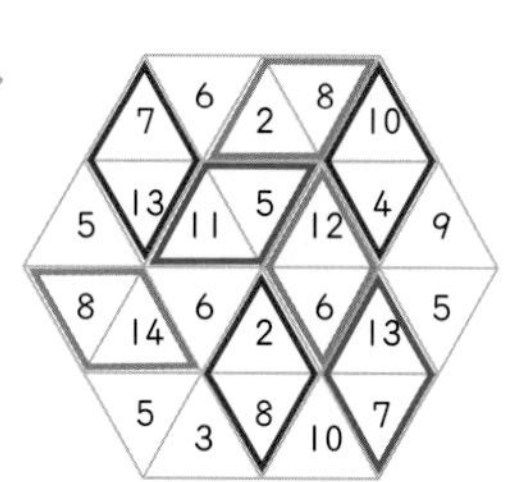

▱: 3개, ◇: 5개

따라서 ▱과 ◇ 모양은 모두 8개입니다.

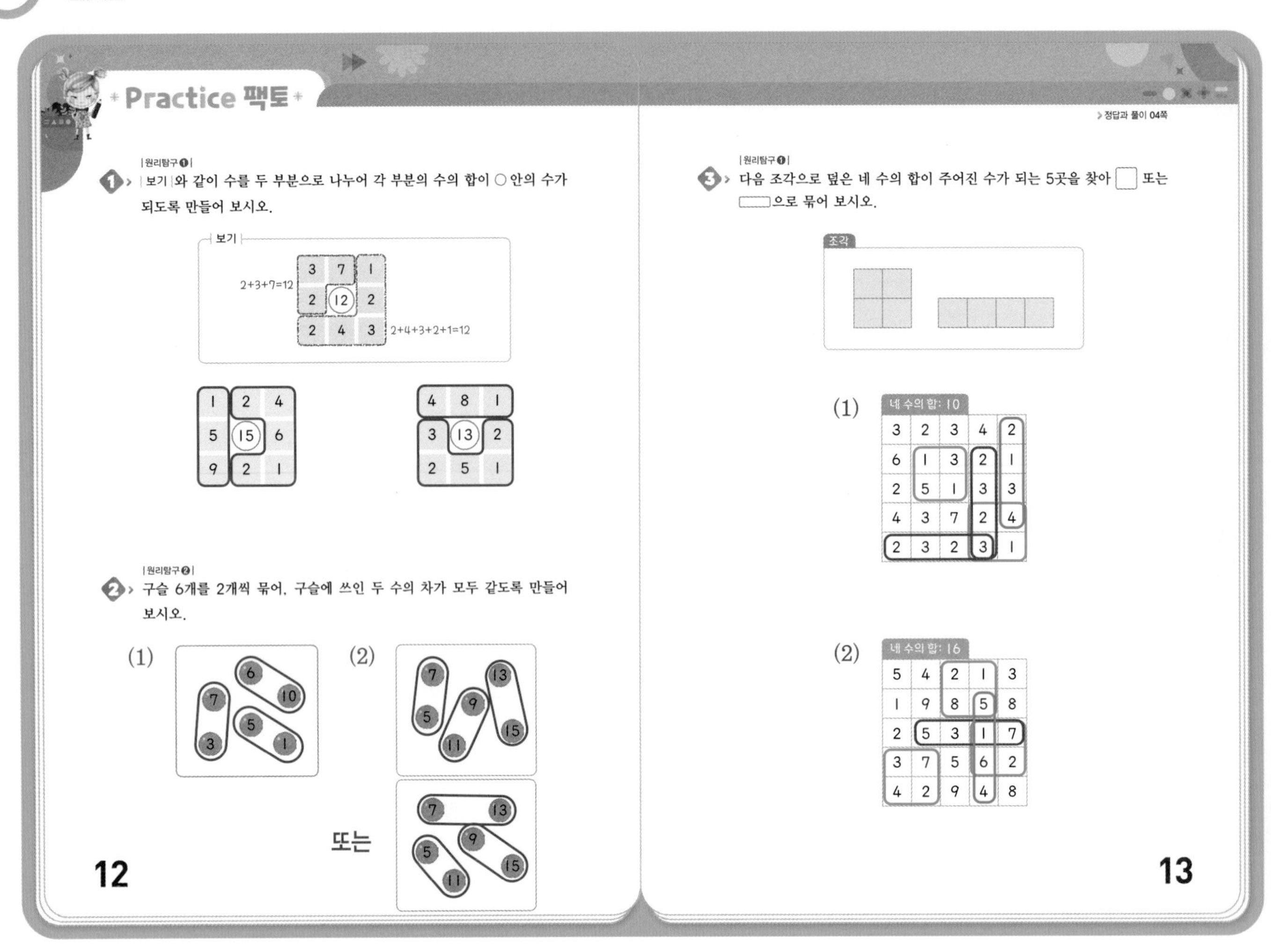

(1) 수의 합이 15인 경우는 다음과 같이 나눌 수 있습니다.
$1+5+9=15$, $2+4+6+1+2=15$

(2) 수의 합이 13인 경우는 다음과 같이 나눌 수 있습니다.
$4+8+1=13$, $3+2+5+1+2=13$

(1) 구슬에 쓰인 두 수의 차가 4로 같도록 묶을 수 있습니다.
$5-1=4$, $7-3=4$, $10-6=4$

(2) 구슬에 쓰인 두 수의 차가 2 또는 6으로 같도록 묶을 수 있습니다.

• 차가 2인 경우: $7-5=2$
$11-9=2$
$15-13=2$

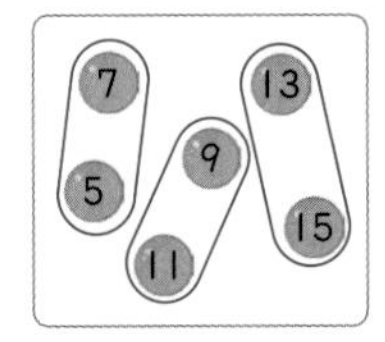

• 차가 6인 경우: $11-5=6$
$13-7=6$
$15-9=6$

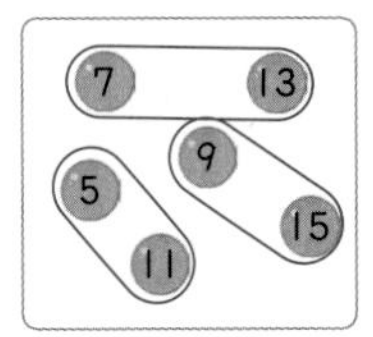

(1) 1부터 9까지의 수로 만들 수 있는 네 수의 합이 10이 되는 덧셈식은 다음과 같습니다.

$1+1+1+7=10$
$1+1+2+6=10$
$1+1+3+5=10$
$1+1+4+4=10$
$1+2+2+5=10$
$1+2+3+4=10$
$1+3+3+3=10$

(2) 1부터 9까지의 수로 만들 수 있는 네 수의 합이 16이 되는 덧셈식은 다음과 같습니다.

$1+1+7+7=16$
$1+1+8+6=16$
$1+1+9+5=16$
$1+2+4+9=16$
$1+2+5+8=16$
$1+2+6+7=16$
$1+3+3+9=16$
$1+3+4+8=16$
$1+3+5+7=16$
$1+3+6+6=16$
$1+4+4+7=16$
$1+4+5+6=16$
$1+5+5+5=16$

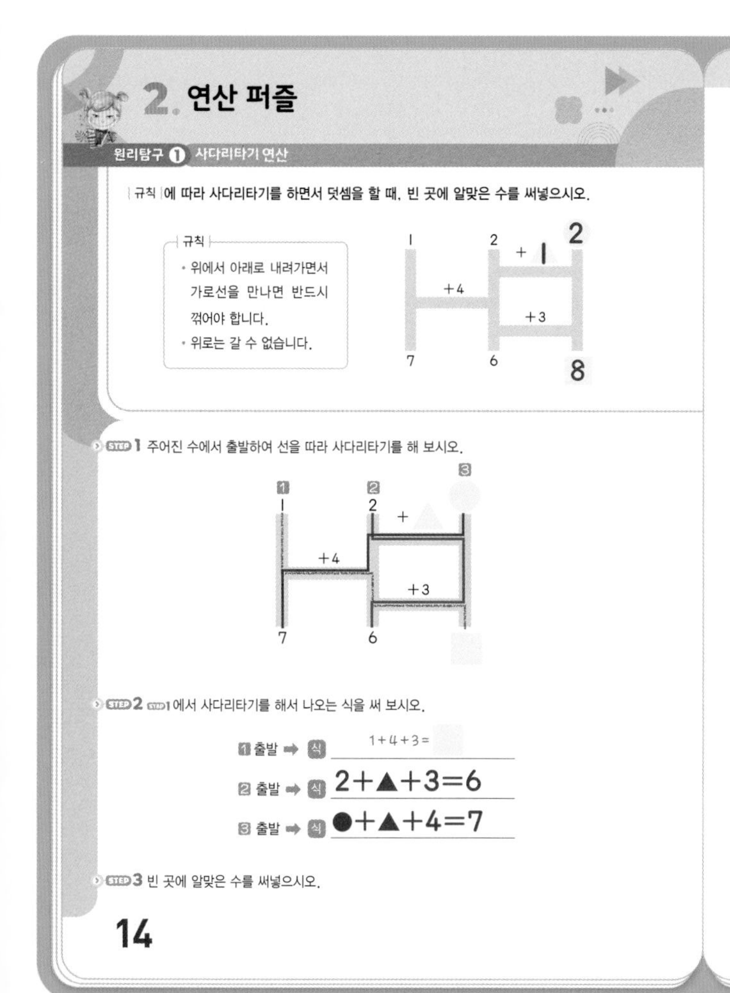

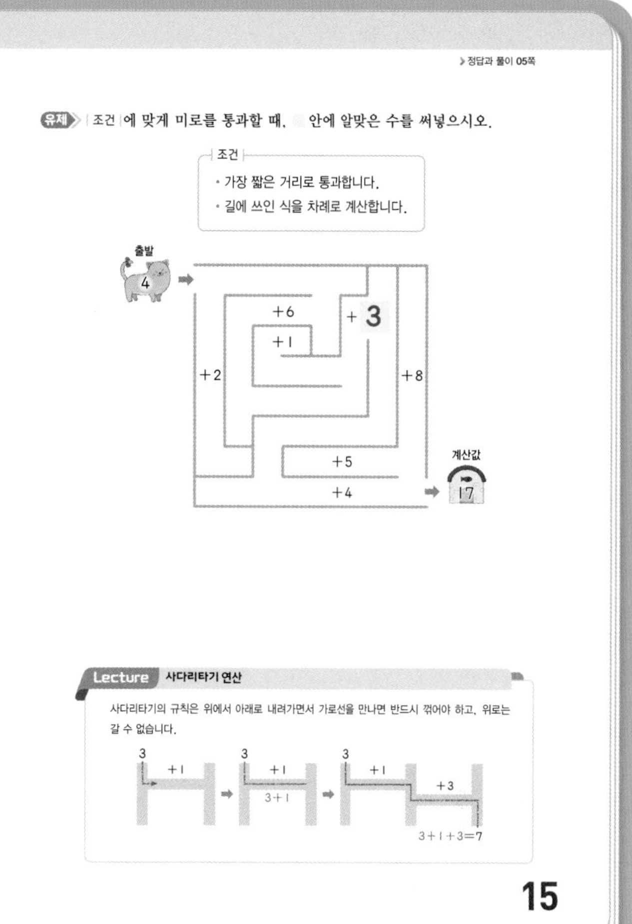

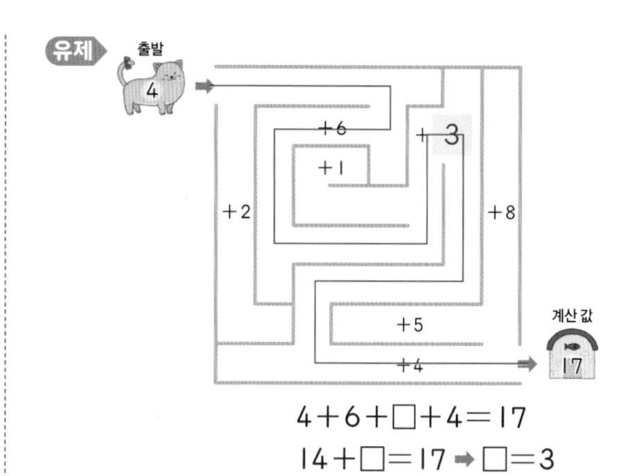

원리탐구 ①

STEP 3 2 출발

2+△+3=6

5+△=6

➡ △=1

3 출발

○+△+4=7

○+1+4=7

○+5=7

➡ ○=2

유제

4+6+□+4=17

14+□=17 ➡ □=3

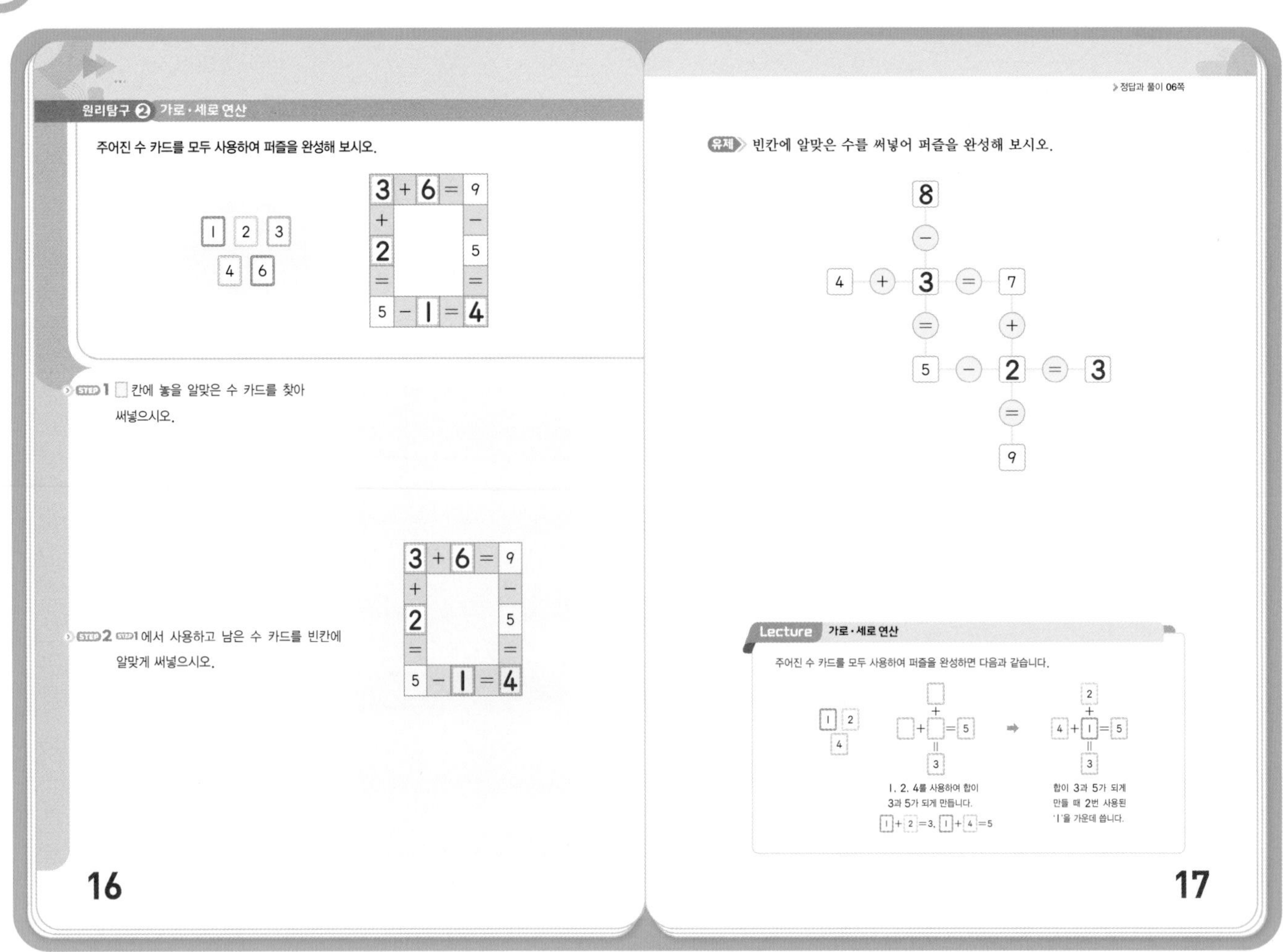
원리탐구 ❷ 가로·세로 연산

주어진 수 카드를 모두 사용하여 퍼즐을 완성해 보시오.

STEP 1 □ 칸에 놓을 알맞은 수 카드를 찾아 써넣으시오.

STEP 2 STEP 1에서 사용하고 남은 수 카드를 빈칸에 알맞게 써넣으시오.

16

정답과 풀이 06쪽

유제 빈칸에 알맞은 수를 써넣어 퍼즐을 완성해 보시오.

Lecture 가로·세로 연산

주어진 수 카드를 모두 사용하여 퍼즐을 완성하면 다음과 같습니다.

1, 2, 4를 사용하여 합이 3과 5가 되게 만듭니다.

1 + 2 = 3, 1 + 4 = 5

합이 3과 5가 되게 만들 때 2번 사용된 '1'을 가운데 씁니다.

17

원리탐구 ❷

STEP 1

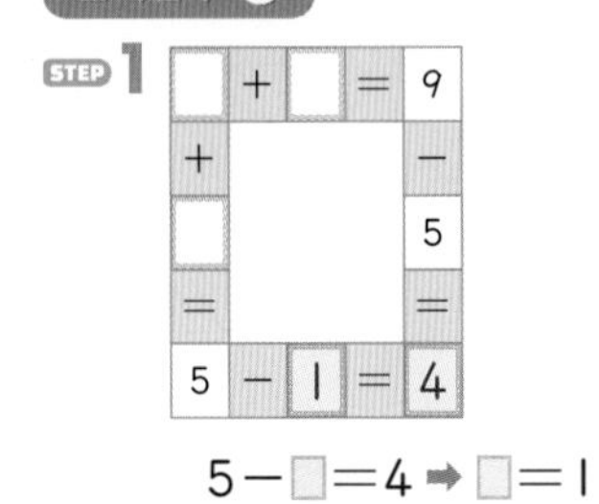

5 − □ = 4 ➡ □ = 1

STEP 2 남은 수 카드 2, 3, 6을 사용하여 합이 9 또는 5가 되도록 만들어 봅니다.

➡ 3 + 6 = 9, 3 + 2 = 5

이때 2번 사용된 3을 왼쪽 제일 위에 써넣습니다.

유제 노란색 칸에 먼저 들어갈 수를 구합니다.

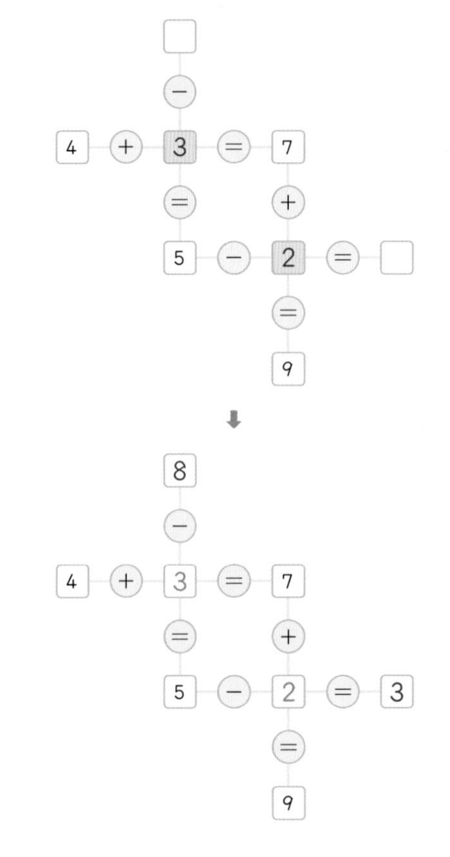

정답과 풀이 07쪽

|원리탐구❶|

1. 사다리타기를 하면서 계산하여 □ 안에 알맞은 수를 써넣으시오.

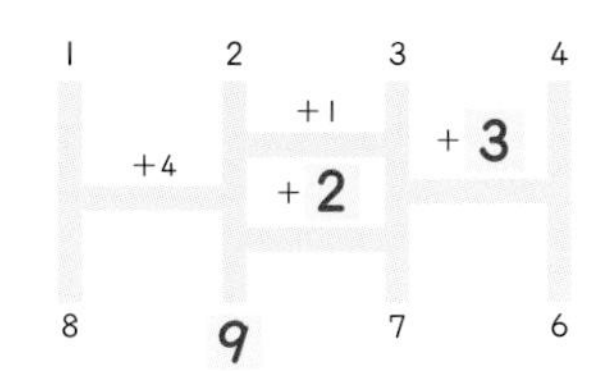

|원리탐구❶|

2. 가장 짧은 거리로 미로를 통과하면서 계산한 값이 9입니다. □ 안에 알맞은 수를 써넣으시오.

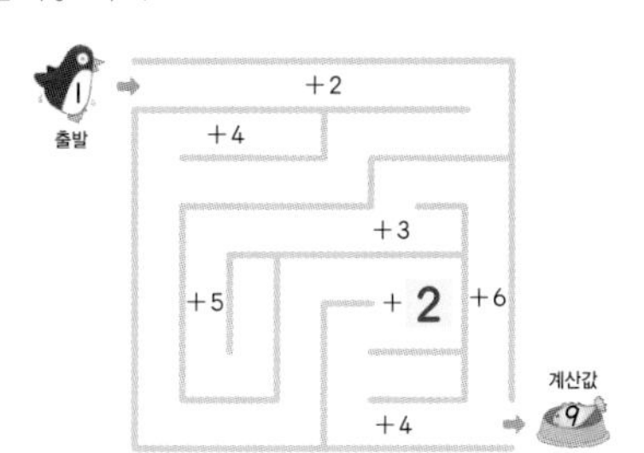

|원리탐구❷|

3. 빈 곳에 1부터 5까지의 수를 모두 써넣어 퍼즐을 완성해 보시오.

(1)

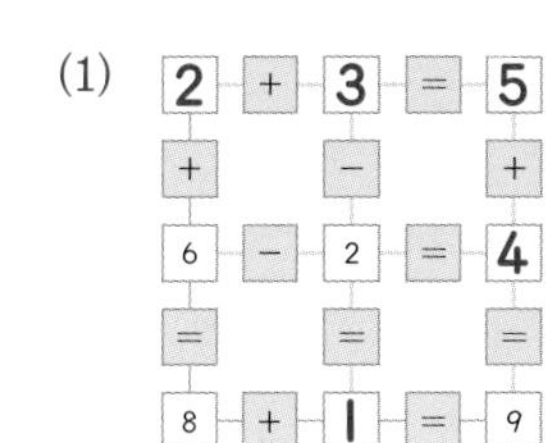

(2)

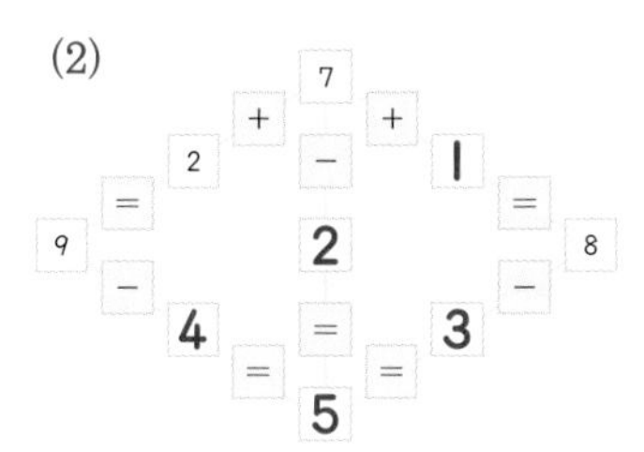

1.

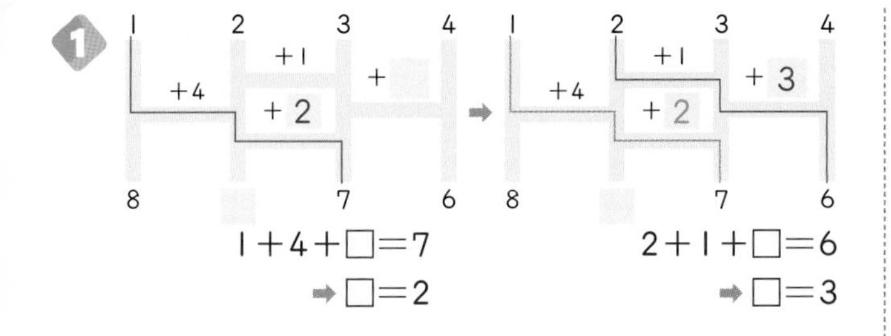

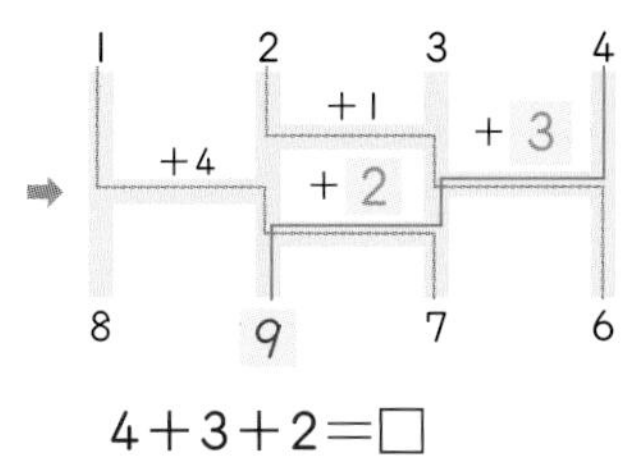

2.

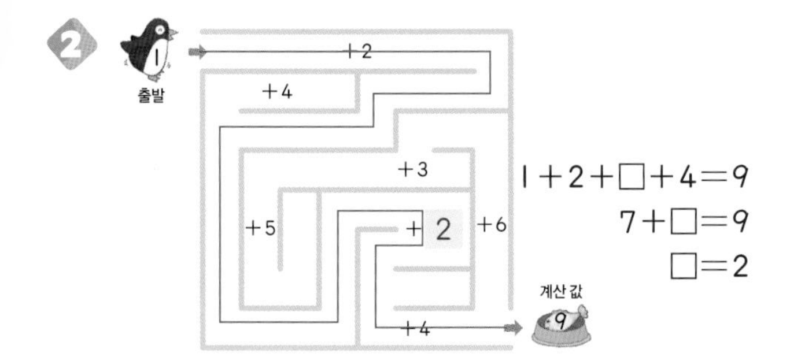

3. (1) 노란색 칸에 들어갈 수를 먼저 구합니다.

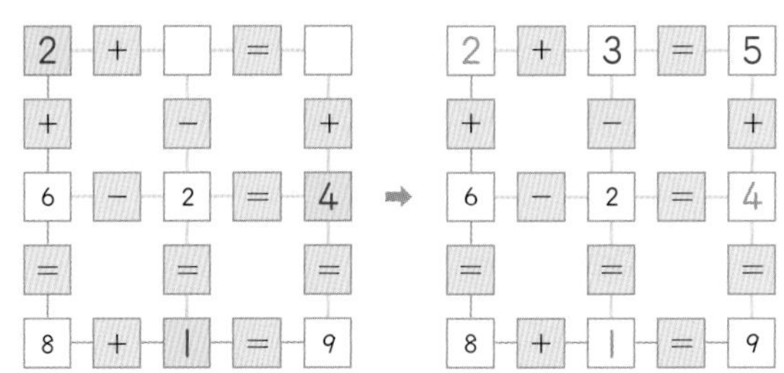

(2) 노란색 칸에 들어갈 수를 먼저 구합니다.

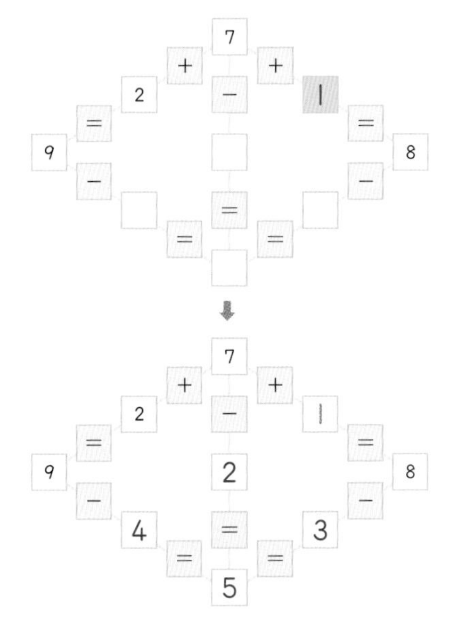

3. 식 만들기

원리탐구 ① 식 완성하기

1부터 6까지의 수를 □ 안에 모두 써넣어 올바른 식이 되도록 2가지 방법으로 만들어 보시오.

방법1 2 − 1 = 4 − 3 = 6 − 5

방법2 4 − 1 = 5 − 2 = 6 − 3

STEP 1 1부터 6까지의 수를 모두 사용하여 두 수의 차가 같은 경우를 3가지씩 찾아 선으로 이어 보시오.

두 수의 차: 1 — 1 2 3 4 5 6 (2−1=1)

두 수의 차: 3 — 1 2 3 4 5 6

STEP 2 STEP1 을 이용하여 방법1, 방법2 를 완성해 보시오.

방법1 2 − 1 = 4 − 3 = 6 − 5

방법2 4 − 1 = 5 − 2 = 6 − 3

20

정답과 풀이 08쪽

유제 주어진 수 카드 6장을 모두 사용하여 두 식이 올바른 식이 되도록 만들어 보시오. (단, 1+2=3, 2+1=3과 같이 같은 수로 만든 덧셈식은 같은 것으로 봅니다.)

2 + 4 = 6

3 + 5 = 8

Lecture 식 완성하기

빈칸에 1, 2, 3, 4를 알맞게 써넣어 올바른 식이 되게 만들 수 있습니다.

□ − □ = □ − □

방법1 1 2 3 4 (4−3=1, 2−1=1) ➡ 4 − 3 = 2 − 1

방법2 1 2 3 4 (4−2=2, 3−1=2) ➡ 4 − 2 = 3 − 1

두 수의 차가 같은 경우를 모두 찾습니다. / 찾은 수를 알맞게 써넣습니다.

21

원리탐구 ①

STEP 1

두 수의 차: 1 — 1 2 3 4 5 6: 2−1=1, 3−2=1, 4−3=1, 5−4=1, 6−5=1

두 수의 차: 3 — 1 2 3 4 5 6: 5−2=3, 4−3=1, 6−5=1

유제 TIP 각 덧셈식에 쓰인 2와 4, 3과 5의 위치를 바꾸어도 정답입니다.

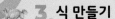

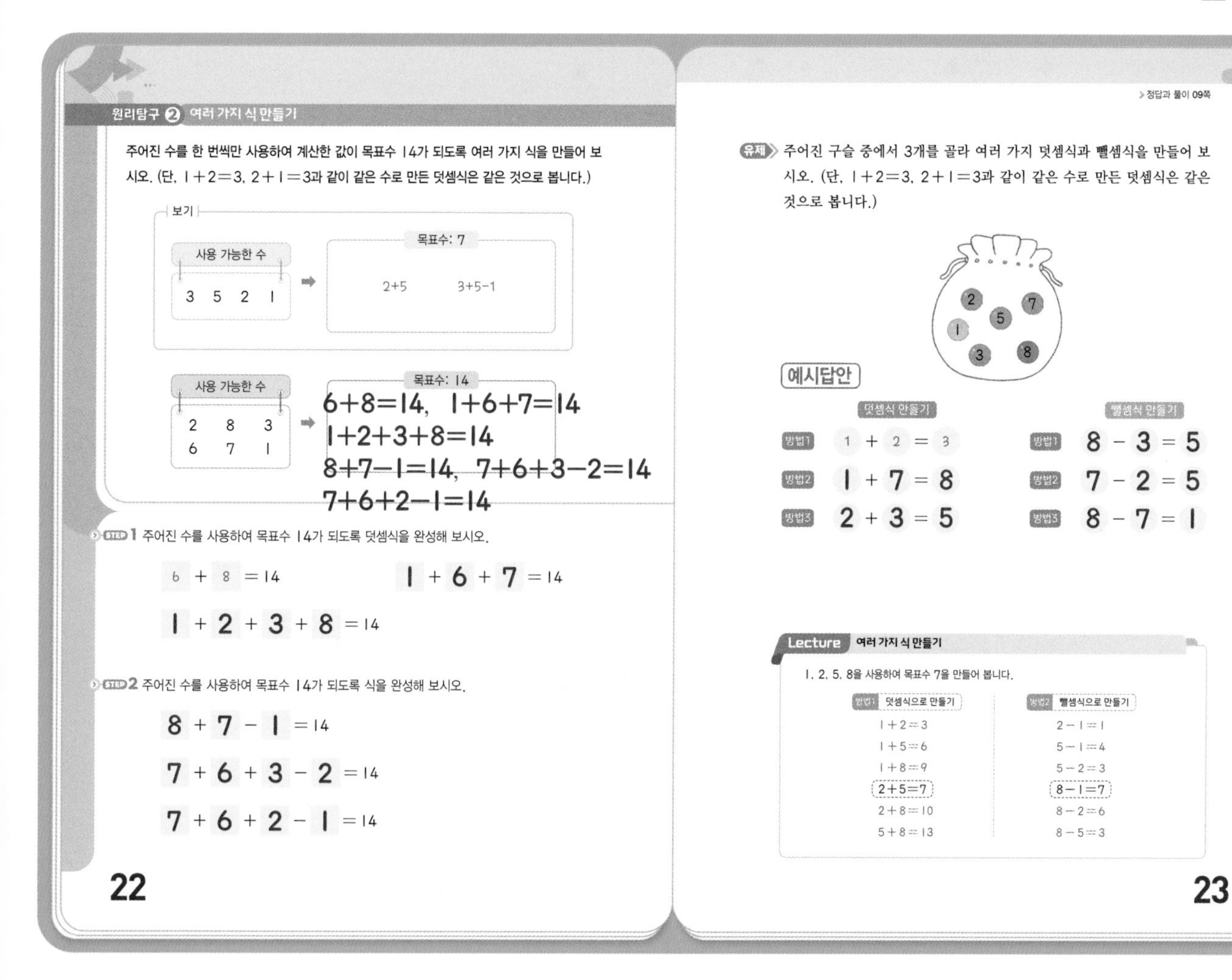

원리탐구 ❷ 여러 가지 식 만들기

주어진 수를 한 번씩만 사용하여 계산한 값이 목표수 14가 되도록 여러 가지 식을 만들어 보시오. (단, 1+2=3, 2+1=3과 같이 같은 수로 만든 덧셈식은 같은 것으로 봅니다.)

보기

사용 가능한 수: 3 5 2 1 ➡ 목표수: 7 — 2+5, 3+5−1

사용 가능한 수: 2 8 3 6 7 1 ➡ 목표수: 14 — 6+8=14, 1+6+7=14, 1+2+3+8=14, 8+7−1=14, 7+6+3−2=14, 7+6+2−1=14

STEP 1 주어진 수를 사용하여 목표수 14가 되도록 덧셈식을 완성해 보시오.

6 + 8 = 14　　1 + 6 + 7 = 14

1 + 2 + 3 + 8 = 14

STEP 2 주어진 수를 사용하여 목표수 14가 되도록 식을 완성해 보시오.

8 + 7 − 1 = 14

7 + 6 + 3 − 2 = 14

7 + 6 + 2 − 1 = 14

22

> 정답과 풀이 09쪽

유제 주어진 구슬 중에서 3개를 골라 여러 가지 덧셈식과 뺄셈식을 만들어 보시오. (단, 1+2=3, 2+1=3과 같이 같은 수로 만든 덧셈식은 같은 것으로 봅니다.)

구슬: 2, 7, 5, 1, 3, 8

예시답안

	덧셈식 만들기		뺄셈식 만들기
방법1	1 + 2 = 3	방법1	8 − 3 = 5
방법2	1 + 7 = 8	방법2	7 − 2 = 5
방법3	2 + 3 = 5	방법3	8 − 7 = 1

Lecture 여러 가지 식 만들기

1, 2, 5, 8을 사용하여 목표수 7을 만들어 봅니다.

방법1 덧셈식으로 만들기	방법2 뺄셈식으로 만들기
1+2=3	2−1=1
1+5=6	5−1=4
1+8=9	5−2=3
2+5=7	8−1=7
2+8=10	8−2=6
5+8=13	8−5=3

23

원리탐구 ❷

STEP 1 TIP 각 덧셈식에 쓰인 수의 위치를 바꾸어도 정답이 됩니다.

유제 TIP 각 덧셈식에 쓰인 수의 위치를 바꾸어도 정답이 됩니다. 이외에도 $2+5=7$, $3+5=8$, $3-1=2$, $5-3=2$ 등의 여러 가지 방법이 있습니다.

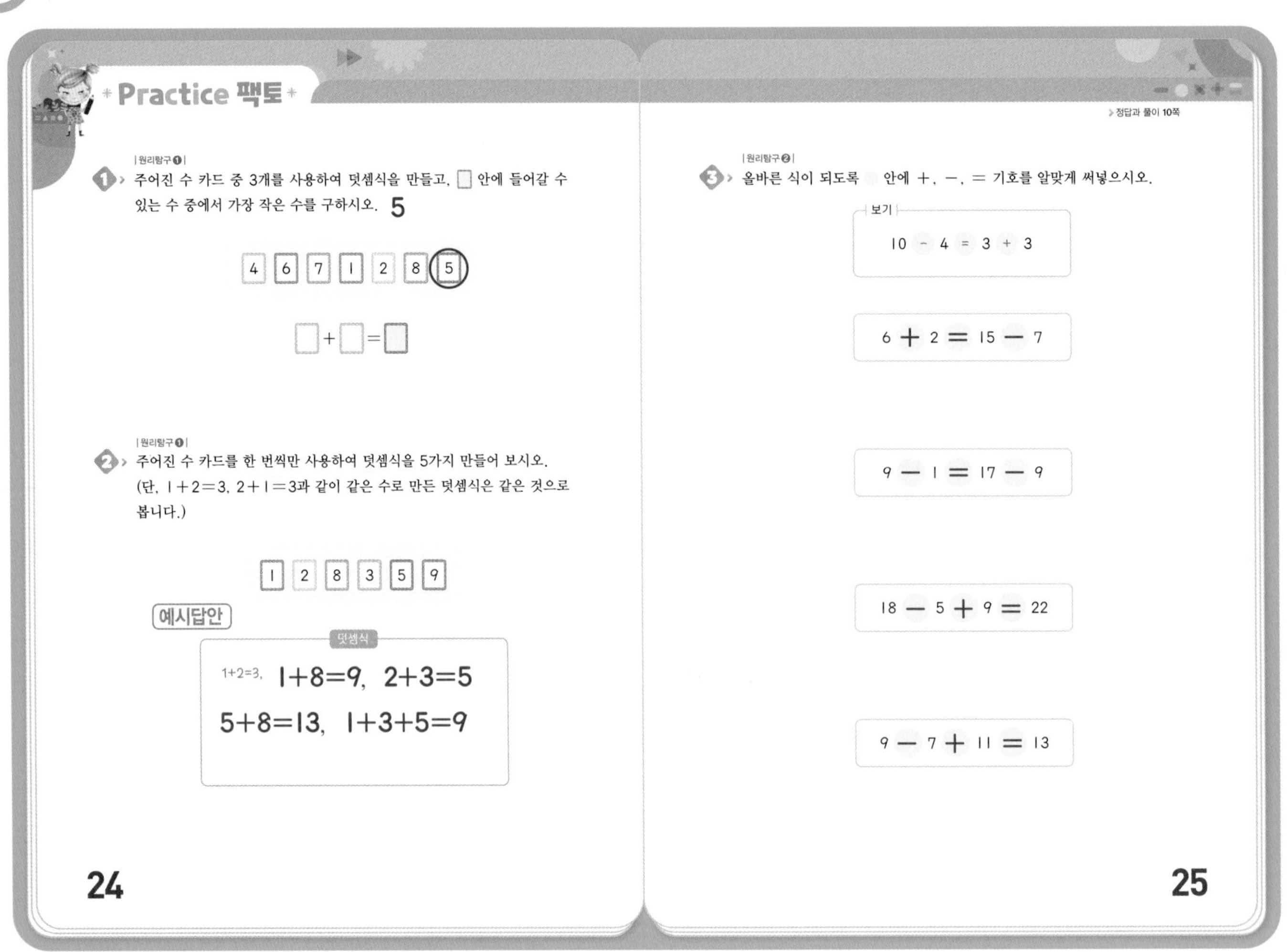

Practice 팩토
정답과 풀이 10쪽
원리탐구 1
1 주어진 수 카드 중 3개를 사용하여 덧셈식을 만들고, □ 안에 들어갈 수 있는 수 중에서 가장 작은 수를 구하시오. 5
4 6 7 1 2 8 5
□+□=□
원리탐구 1
2 주어진 수 카드를 한 번씩만 사용하여 덧셈식을 5가지 만들어 보시오. (단, 1+2=3, 2+1=3과 같이 같은 수로 만든 덧셈식은 같은 것으로 봅니다.)
1 2 8 3 5 9
예시답안
덧셈식
1+2=3, 1+8=9, 2+3=5
5+8=13, 1+3+5=9
24
원리탐구 2
3 올바른 식이 되도록 안에 +, −, = 기호를 알맞게 써넣으시오.
보기
10 − 4 = 3 + 3
6 + 2 = 15 − 7
9 − 1 = 17 − 9
18 − 5 + 9 = 22
9 − 7 + 11 = 13
25

1 주어진 수 카드 3장으로 만들 수 있는 덧셈식은 다음과 같습니다.

$1+4=5$ $1+5=6$ $1+6=7$ $1+7=8$

$2+4=6$ $2+5=7$ $2+6=8$

덧셈식의 결과 값에서 가장 작은 수는 5 입니다.

2 주어진 수 카드로 만들 수 있는 덧셈식은 다음과 같습니다.

$1+2=3$　　$1+2+5=8$

$1+8=9$　　$1+3+5=9$

$2+3=5$　　$1+5+8+9=23$

$3+5=8$

$3+9=12$

$5+8=13$

TIP 수 카드 2장을 사용하여 두 자리 수를 만들 수 있습니다.

1 2 $=12$　　2 3 $=23$

3 +, −의 순서와 위치를 바꾸어 가며 올바른 식이 되도록 만듭니다.

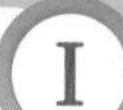

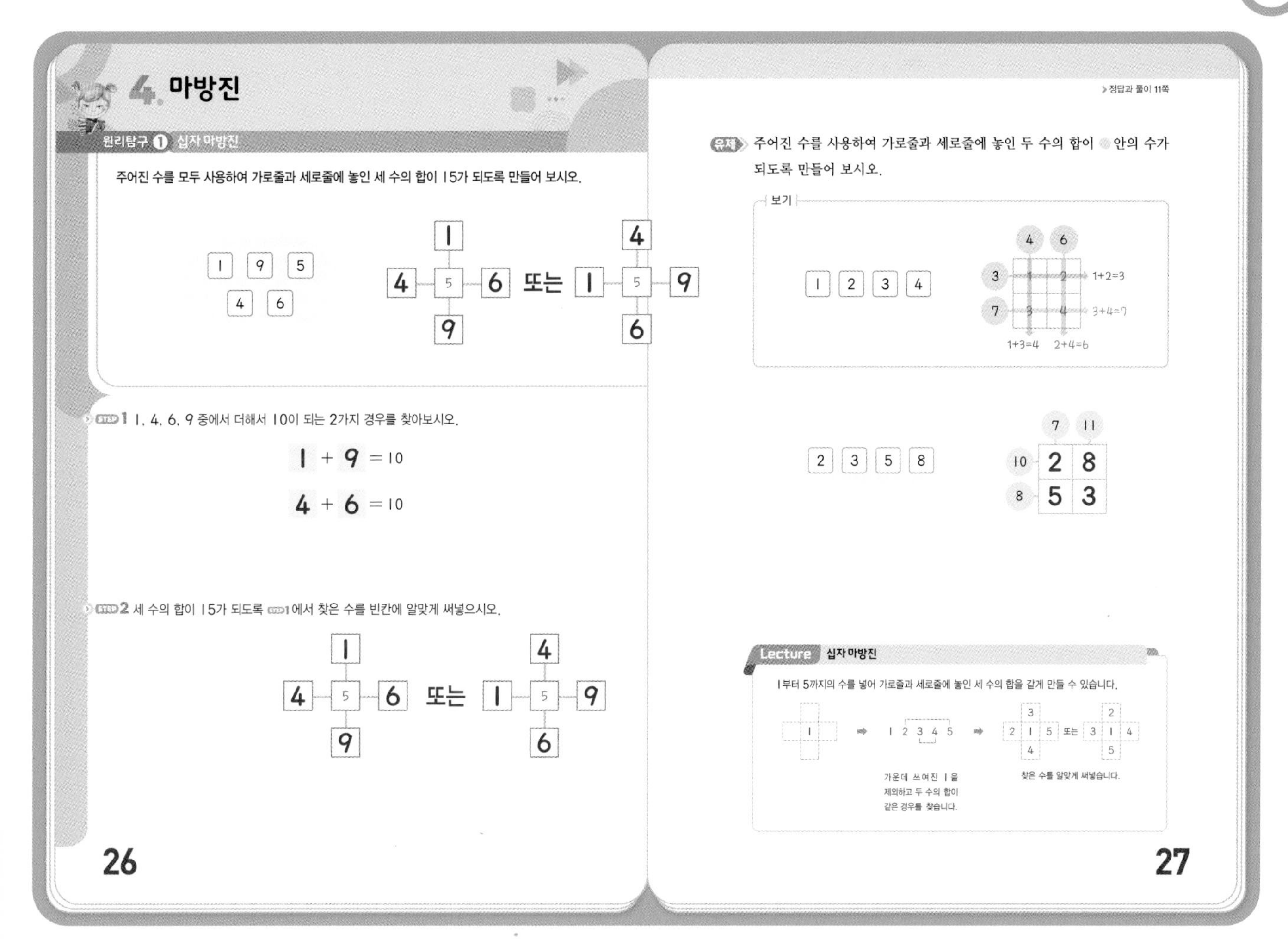

4. 마방진

원리탐구 ① 십자 마방진

주어진 수를 모두 사용하여 가로줄과 세로줄에 놓인 세 수의 합이 15가 되도록 만들어 보시오.

1 9 5 4 6

[세로 1, 5, 9 / 가로 4, 5, 6] 또는 [세로 4, 5, 6 / 가로 1, 5, 9]

STEP 1 1, 4, 6, 9 중에서 더해서 10이 되는 2가지 경우를 찾아보시오.

1 + 9 = 10

4 + 6 = 10

STEP 2 세 수의 합이 15가 되도록 STEP 1에서 찾은 수를 빈칸에 알맞게 써넣으시오.

[세로 1, 5, 9 / 가로 4, 5, 6] 또는 [세로 4, 5, 6 / 가로 1, 5, 9]

26

> 정답과 풀이 11쪽

유제 주어진 수를 사용하여 가로줄과 세로줄에 놓인 두 수의 합이 ● 안의 수가 되도록 만들어 보시오.

보기

1 2 3 4

1+2=3, 3+4=7, 1+3=4, 2+4=6

2 3 5 8

[7, 11 / 10: 2, 8 / 8: 5, 3]

Lecture 십자 마방진

1부터 5까지의 수를 넣어 가로줄과 세로줄에 놓인 세 수의 합을 같게 만들 수 있습니다.

가운데 쓰여진 1을 제외하고 두 수의 합이 같은 경우를 찾습니다.

찾은 수를 알맞게 써넣습니다.

27

원리탐구 ①

STEP 1 작은 수부터 큰 수 순서대로 나열한 후 가운데 수인 5를 중심으로 10이 되는 덧셈식을 찾아봅니다.

1+9=10

1 4 ⑤ 6 9

가운데 수

4+6=10

TIP 각 덧셈식에 쓰인 1과 9, 4와 6의 위치를 바꾸어도 정답입니다.

STEP 2 TIP 1과 9, 4와 6의 위치를 바꾸어도 정답입니다.

유제

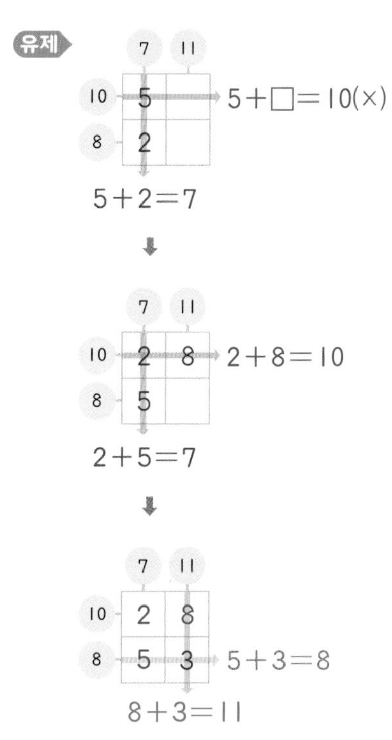

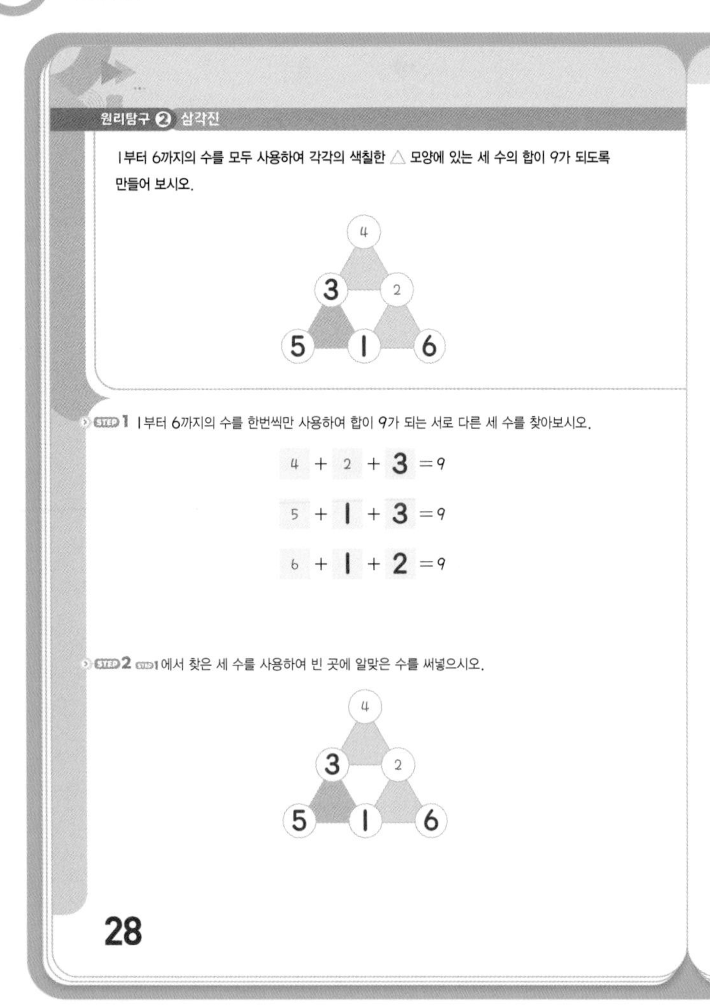
원리탐구 ② 삼각진

1부터 6까지의 수를 모두 사용하여 각각의 색칠한 △ 모양에 있는 세 수의 합이 9가 되도록 만들어 보시오.

STEP 1 1부터 6까지의 수를 한번씩만 사용하여 합이 9가 되는 서로 다른 세 수를 찾아보시오.

4 + 2 + 3 = 9

5 + 1 + 3 = 9

6 + 1 + 2 = 9

STEP 2 STEP 1에서 찾은 세 수를 사용하여 빈 곳에 알맞은 수를 써넣으시오.

28

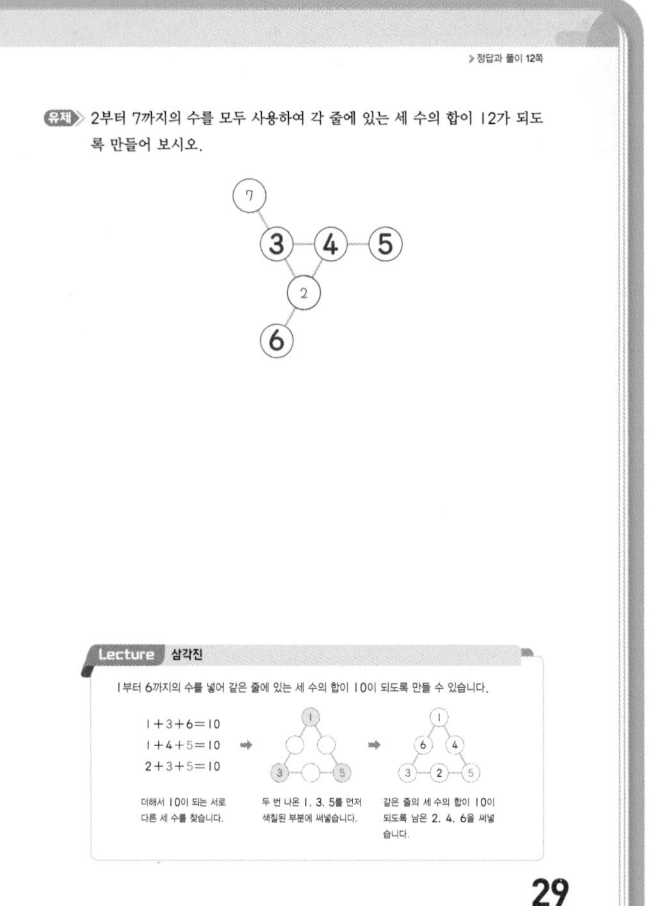
정답과 풀이 12쪽

유제 2부터 7까지의 수를 모두 사용하여 각 줄에 있는 세 수의 합이 12가 되도록 만들어 보시오.

Lecture 삼각진

1부터 6까지의 수를 넣어 같은 줄에 있는 세 수의 합이 10이 되도록 만들 수 있습니다.

1+3+6=10
1+4+5=10
2+3+5=10

더해서 10이 되는 서로 다른 세 수를 찾습니다. → 두 번 나온 1, 3, 5를 먼저 색칠된 부분에 써넣습니다. → 같은 줄의 세 수의 합이 10이 되도록 남은 2, 4, 6을 써넣습니다.

29

원리탐구 ②

STEP 1 TIP 각 덧셈식에 쓰인 1과 3, 1과 2의 위치를 바꾸어도 정답입니다.

STEP 2 STEP 1에서 구한 덧셈식에서 두 번씩 사용된 수는 1, 2, 3이므로 각 △모양의 꼭짓점이 두 번씩 겹치는 부분(◎)에 써넣습니다.

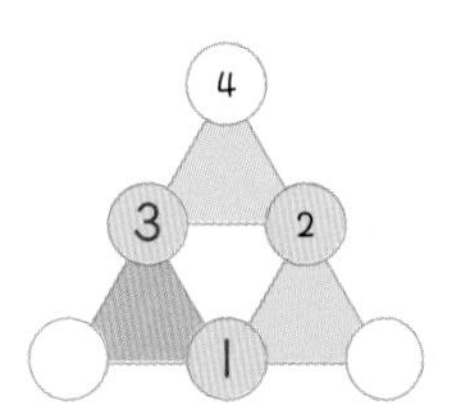

△모양의 세 수의 합이 9가 되도록 나머지 5, 6을 써넣습니다.

유제 세 수를 사용하여 합이 12인 식은 다음과 같습니다.

$2+3+7=12$ $2+4+6=12$

$3+4+5=12$

두 번씩 사용된 수는 2, 3, 4이므로 각 줄에 두 번씩 겹치는 부분(◎)에 써넣습니다.

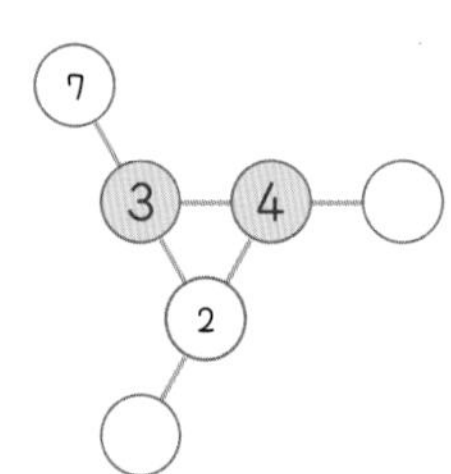

각 줄의 합이 12가 되도록 나머지 5, 6을 써넣습니다.

Practice 팩토

정답과 풀이 13쪽

| 원리탐구 ❶ |

1. 1부터 9까지의 수 중 5개의 수를 사용하여 가로줄과 세로줄에 있는 세 수의 합이 주어진 수가 되도록 만들어 보시오. (예시답안)

(1) 세 수의 합: 16

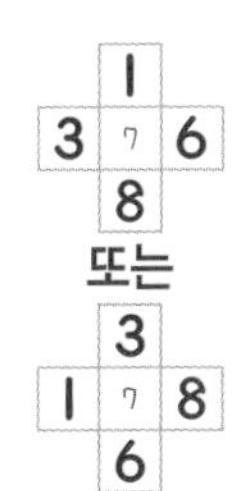

(2) 세 수의 합: 13

2 / 1, 3, 9 / 8 또는 2 / 1, 3, 8 / 9

| 원리탐구 ❷ |

2. 1부터 9까지의 수를 모두 사용하여 각 줄에 있는 세 수의 합이 16이 되도록 만들어 보시오.

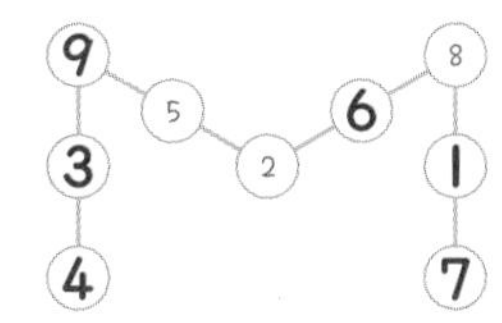

| 원리탐구 ❶ |

3. 2, 4, 6, 8, 10을 모두 사용하여 가로줄과 세로줄에 있는 세 수의 합이 같도록 3가지 방법으로 만들어 보시오. (단, 각각의 방법은 세 수의 합이 모두 달라야 합니다.)

| 원리탐구 ❷ |

4. 1부터 5까지의 수를 모두 사용하여 각각의 색칠한 △ 모양에 있는 세 수의 합이 주어진 수가 되도록 만들어 보시오.

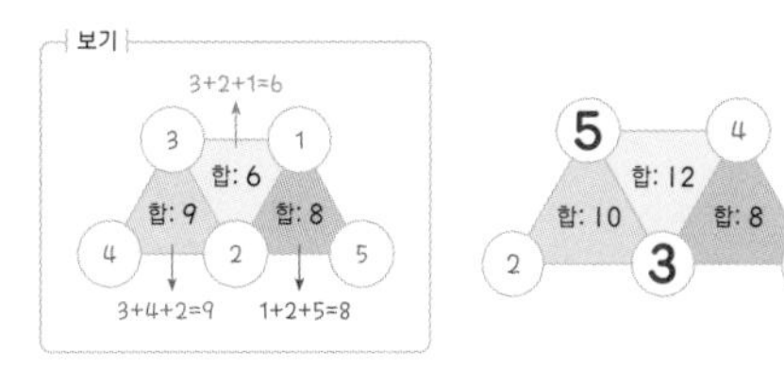

30 31

---

1. (1) 7을 제외한 수 중에서 두 수의 합이 9가 되는 덧셈식은 $1+8=9$, $3+6=9$, $4+5=9$입니다.

1 / 4 7 5 / 8 또는 4 / 1 7 8 / 5, 3 / 4 7 5 / 6 또는 4 / 3 7 6 / 5

TIP 1과 8, 3과 6, 4와 5의 위치를 각각 바꾸어도 정답입니다.

(2) 3을 제외한 수 중에서 두 수의 합이 10이 되는 덧셈식은 $1+9=10$, $2+8=10$, $4+6=10$입니다.

1 / 4 3 6 / 9 또는 4 / 1 3 9 / 6, 2 / 4 3 6 / 8 또는 4 / 2 3 8 / 6

TIP 1과 9, 2와 8, 4와 6의 위치를 각각 바꾸어도 정답입니다.

2. 노란색 칸에 들어갈 수를 먼저 생각해 봅니다.

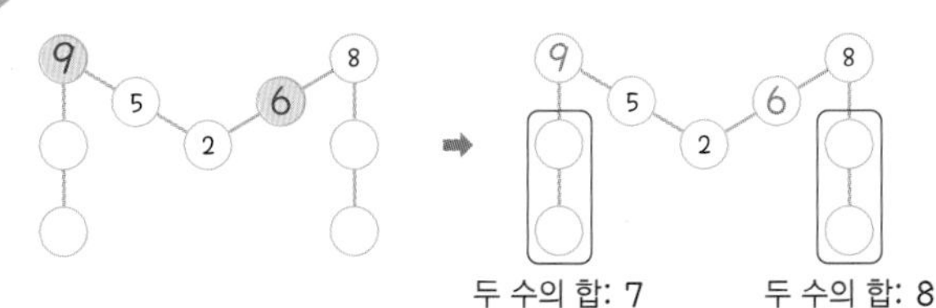

1, 3, 4, 7 중에서 합이 7인 두 수 3과 4, 합이 8인 두 수 1과 7을 빈칸에 써넣습니다.

TIP 3과 4, 1과 7의 위치를 각각 바꾸어도 정답입니다.

3. 〈세 수의 합: 16〉 〈세 수의 합: 18〉 〈세 수의 합: 20〉

② 4 6 8 10 / 2 4 ⑥ 8 10 / 2 4 6 8 ⑩

4 / 6 2 8 / 10, 4 / 2 6 10 / 8, 4 / 2 10 8 / 6

중간에 들어가는 수는 2, 6, 10이므로 나머지 수를 알맞게 써넣습니다.

4. 노란색 칸에 들어갈 수를 먼저 생각해 봅니다.

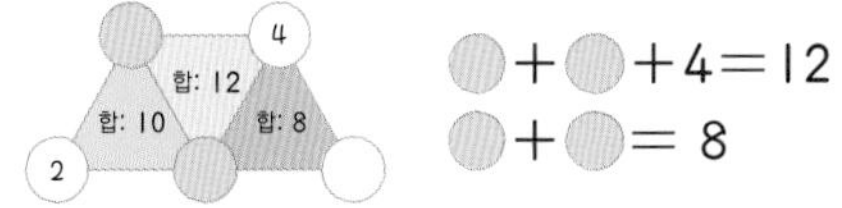

두 수의 합이 8인 수는 3과 5입니다.

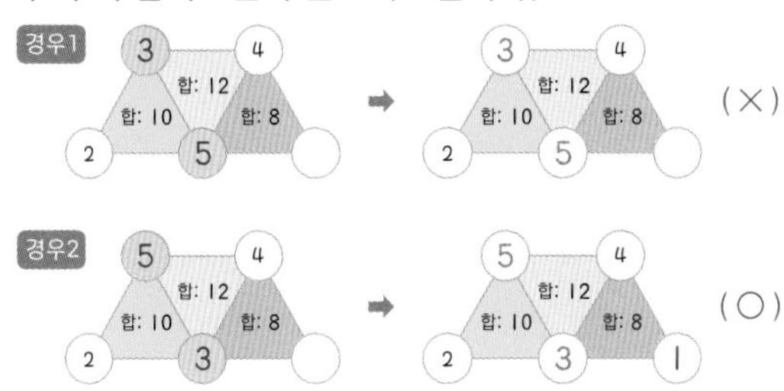

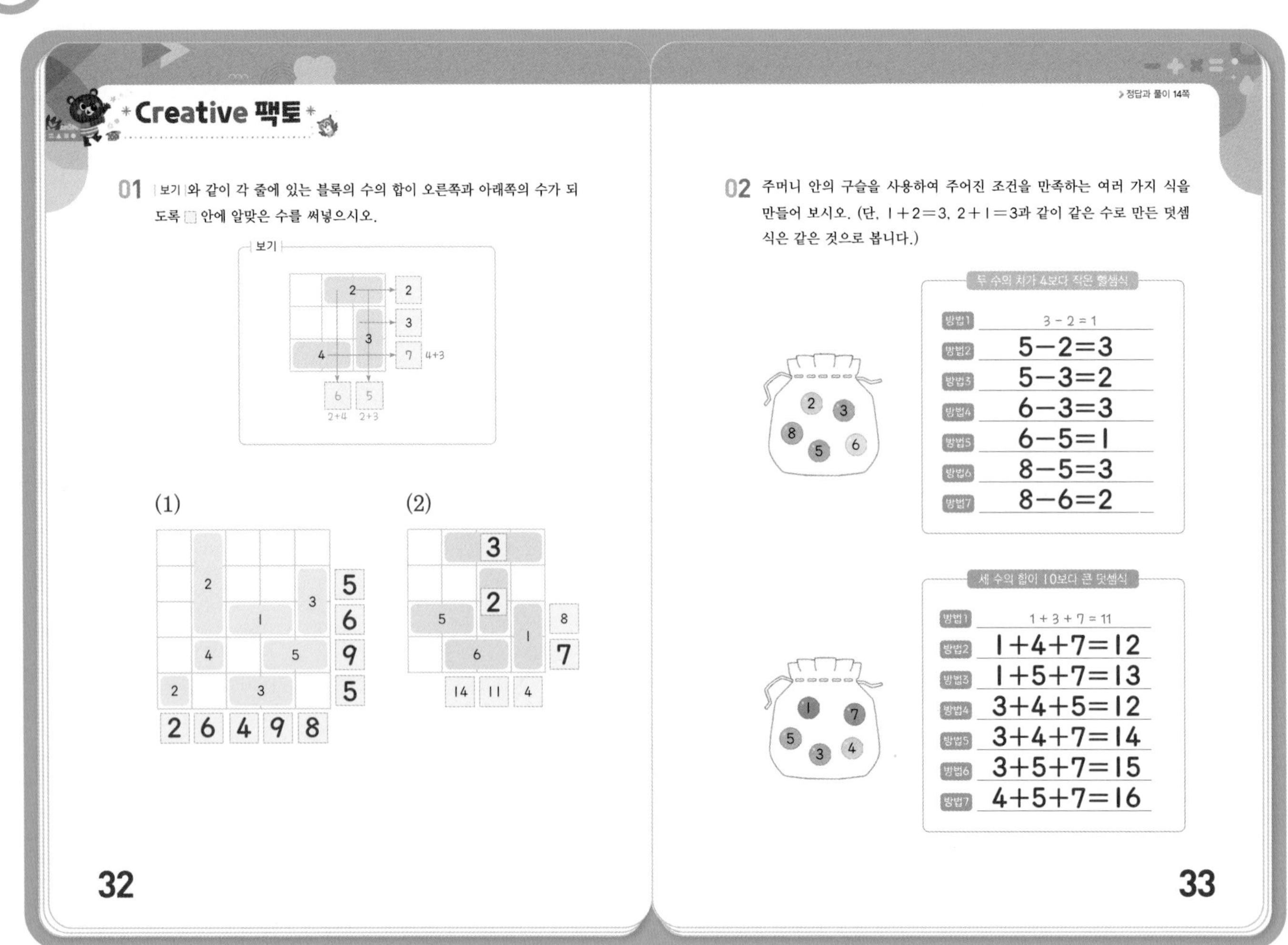

Creative 팩토
정답과 풀이 14쪽
01 보기 와 같이 각 줄에 있는 블록의 수의 합이 오른쪽과 아래쪽의 수가 되도록 □ 안에 알맞은 수를 써넣으시오.
보기
4+3
2+4 2+3
(1)
(2)
02 주머니 안의 구슬을 사용하여 주어진 조건을 만족하는 여러 가지 식을 만들어 보시오. (단, 1+2=3, 2+1=3과 같이 같은 수로 만든 덧셈식은 같은 것으로 봅니다.)
두 수의 차가 4보다 작은 뺄셈식
방법1 3−2=1
방법2 5−2=3
방법3 5−3=2
방법4 6−3=3
방법5 6−5=1
방법6 8−5=3
방법7 8−6=2
세 수의 합이 10보다 큰 덧셈식
방법1 1+3+7=11
방법2 1+4+7=12
방법3 1+5+7=13
방법4 3+4+5=12
방법5 3+4+7=14
방법6 3+5+7=15
방법7 4+5+7=16
32
33

01

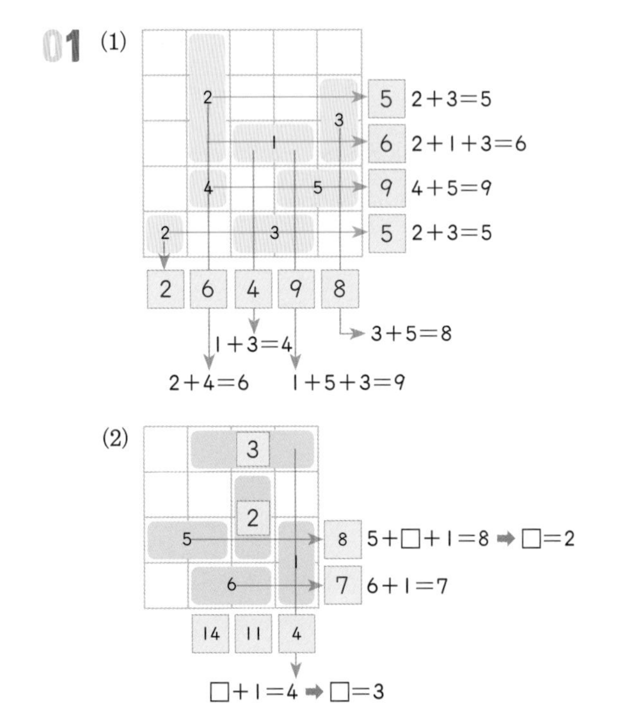

02 TIP 각 덧셈식에 쓰인 세 수의 위치를 바꾸어도 정답입니다.

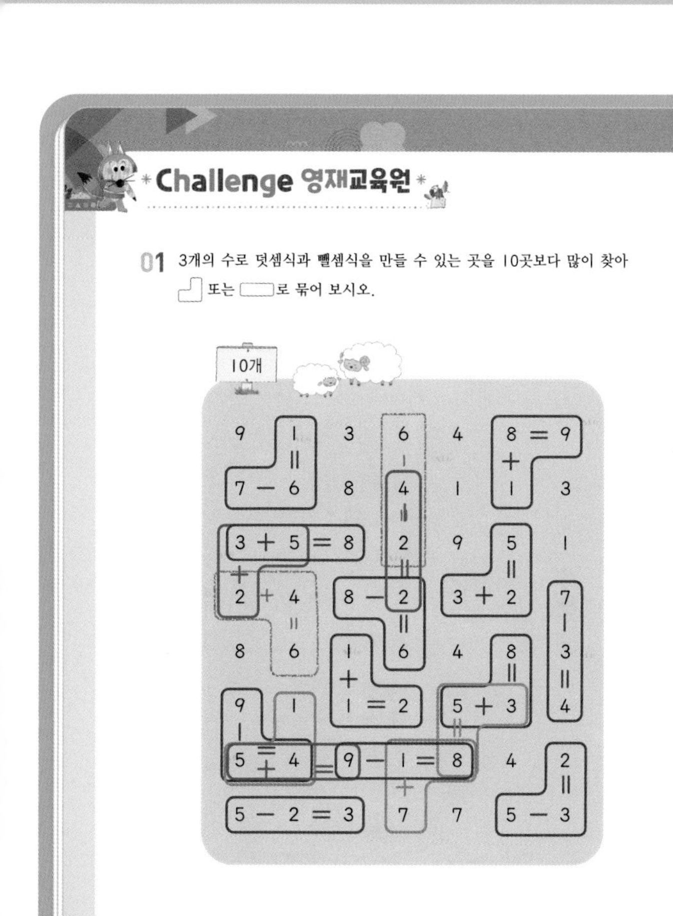

Challenge 영재교육원
01 3개의 수로 덧셈식과 뺄셈식을 만들 수 있는 곳을 10곳보다 많이 찾아 또는 로 묶어 보시오.
10개
34

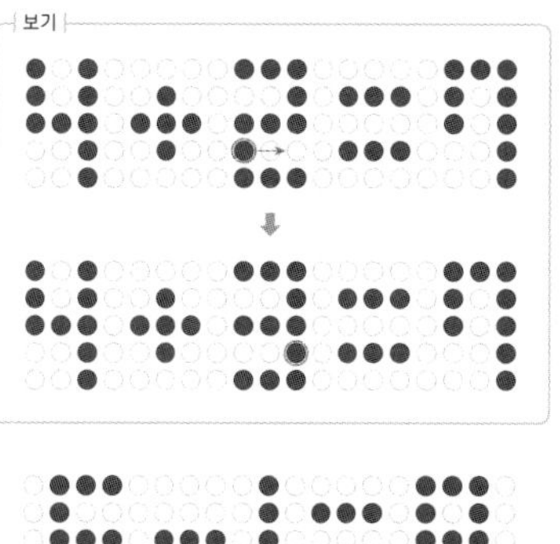

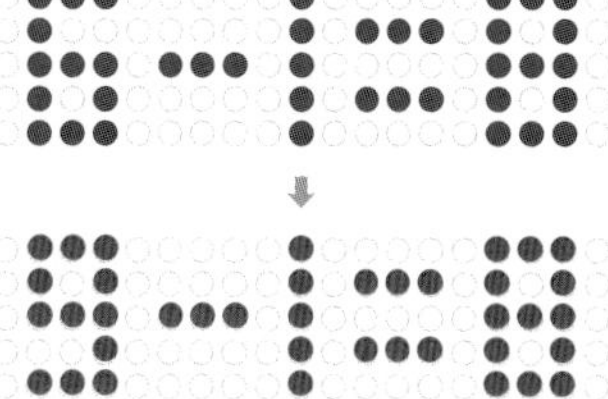

01 TIP 묶은 모양으로 나누어 생각해 봅니다.

• ┘로 묶은 경우

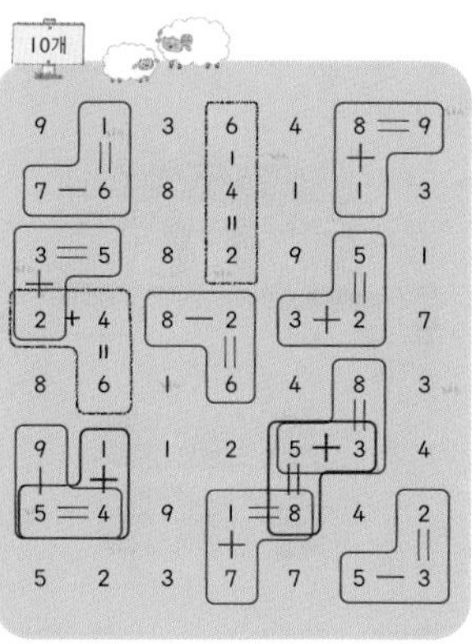

• ▭로 묶은 경우

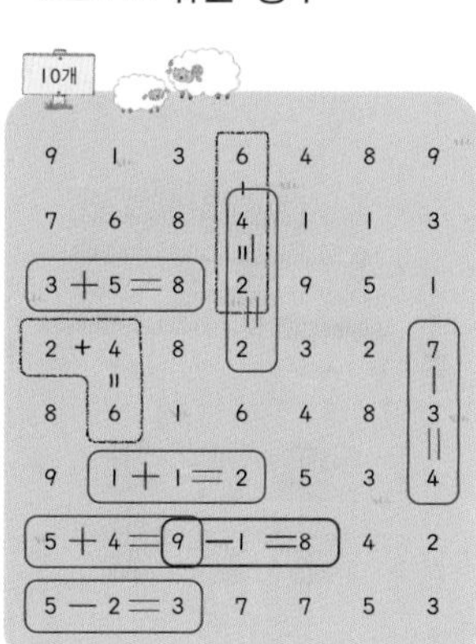

02 전광판의 불을 하나만 움직여서 다른 수를 만들 수 있는 수는 6입니다.

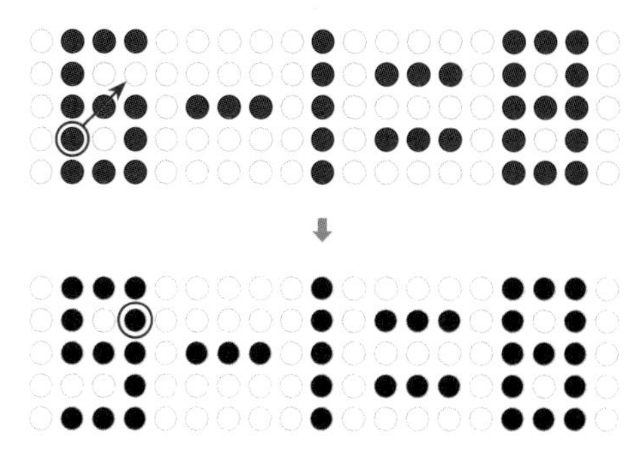

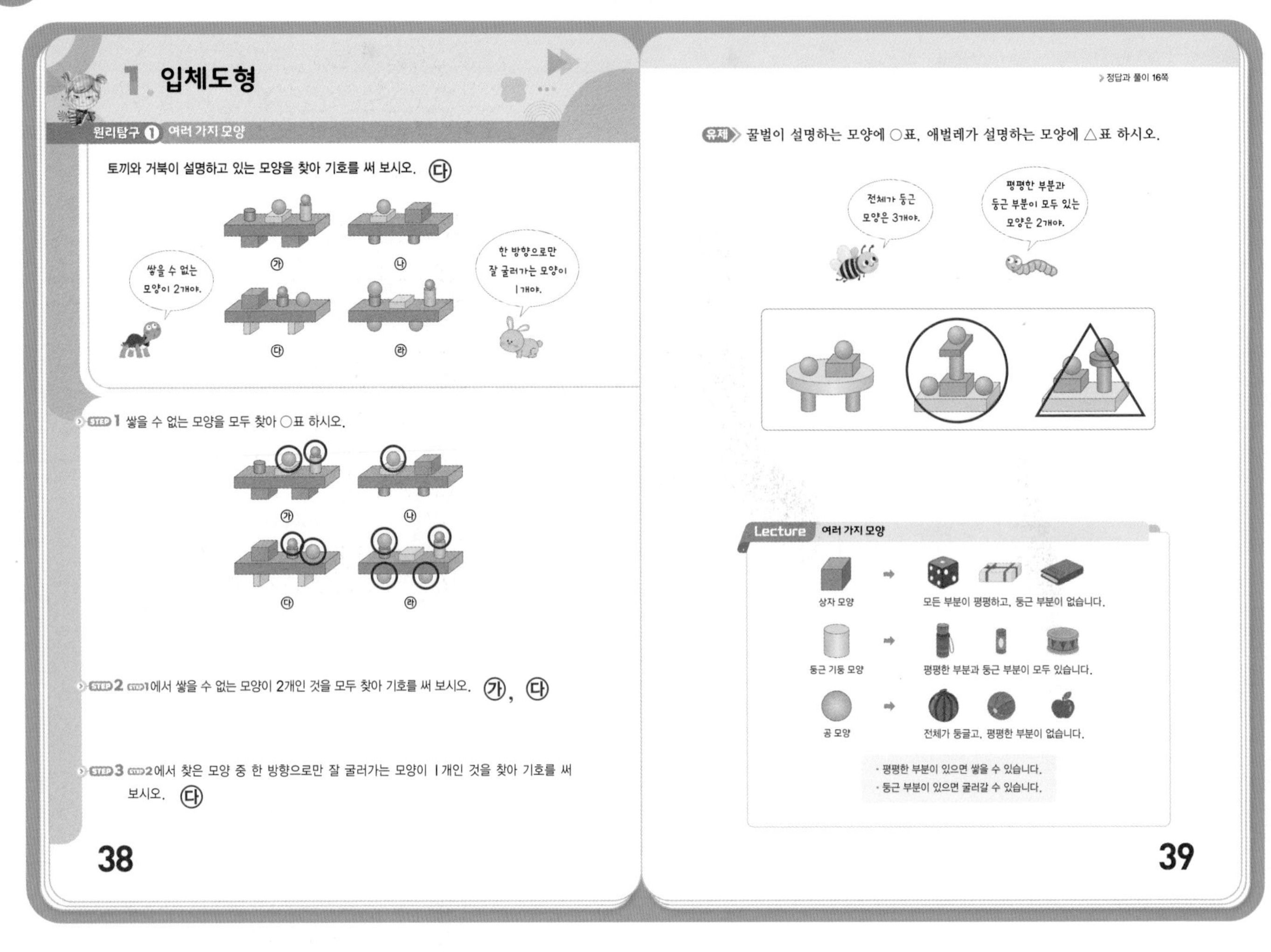

1. 입체도형

원리탐구 ① 여러 가지 모양

토끼와 거북이 설명하고 있는 모양을 찾아 기호를 써 보시오. ㉰

쌓을 수 없는 모양이 2개야.
한 방향으로만 잘 굴러가는 모양이 1개야.
㉮
㉯
㉰
㉱

STEP 1 쌓을 수 없는 모양을 모두 찾아 ○표 하시오.

STEP 2 STEP 1에서 쌓을 수 없는 모양이 2개인 것을 모두 찾아 기호를 써 보시오. ㉮, ㉰

STEP 3 STEP 2에서 찾은 모양 중 한 방향으로만 잘 굴러가는 모양이 1개인 것을 찾아 기호를 써 보시오. ㉰

38

정답과 풀이 16쪽

유제 꿀벌이 설명하는 모양에 ○표, 애벌레가 설명하는 모양에 △표 하시오.

전체가 둥근 모양은 3개야.
평평한 부분과 둥근 부분이 모두 있는 모양은 2개야.

Lecture 여러 가지 모양

상자 모양	➡	모든 부분이 평평하고, 둥근 부분이 없습니다.
둥근 기둥 모양	➡	평평한 부분과 둥근 부분이 모두 있습니다.
공 모양	➡	전체가 둥글고, 평평한 부분이 없습니다.

· 평평한 부분이 있으면 쌓을 수 있습니다.
· 둥근 부분이 있으면 굴러갈 수 있습니다.

39

원리탐구 ①

STEP 1 쌓을 수 없는 모양은 ◯ 모양입니다.

STEP 2 쌓을 수 없는 ◯ 모양의 개수를 세어 봅니다.
㉮: 2개, ㉯: 1개, ㉰: 2개, ㉱: 4개
따라서 쌓을 수 없는 모양이 2개인 것은 ㉮, ㉰입니다.

STEP 3 한 방향으로만 잘 굴러가는 모양은 ▯ 모양입니다.

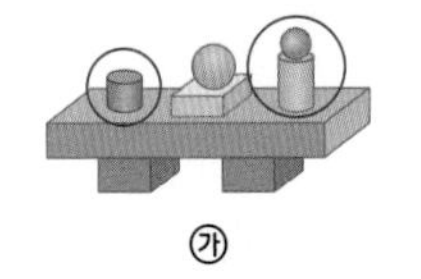

㉮

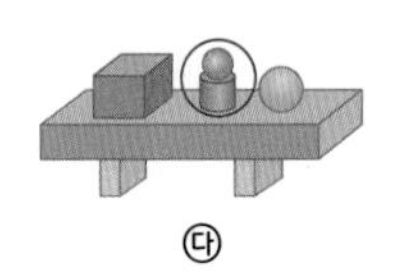

㉰

한 방향으로만 잘 굴러가는 모양이 1개인 것은 ㉰입니다.

유제 꿀벌이 설명하는 모양은 ◯ 모양 3개를 사용한 것이고,
애벌레가 설명하는 모양은 ▯ 모양 2개를 사용한 것입니다.

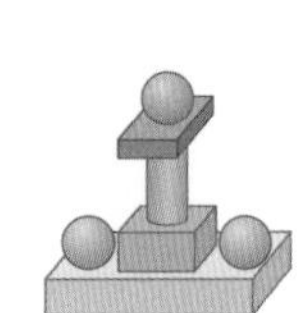

◯ 모양: 2개
▯ 모양: 3개

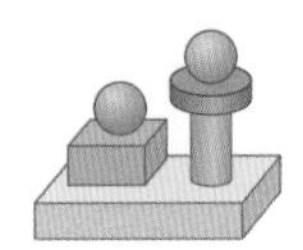

◯ 모양: 3개 ➡ 꿀벌
▯ 모양: 1개

◯ 모양: 2개
▯ 모양: 2개 ➡ 애벌레

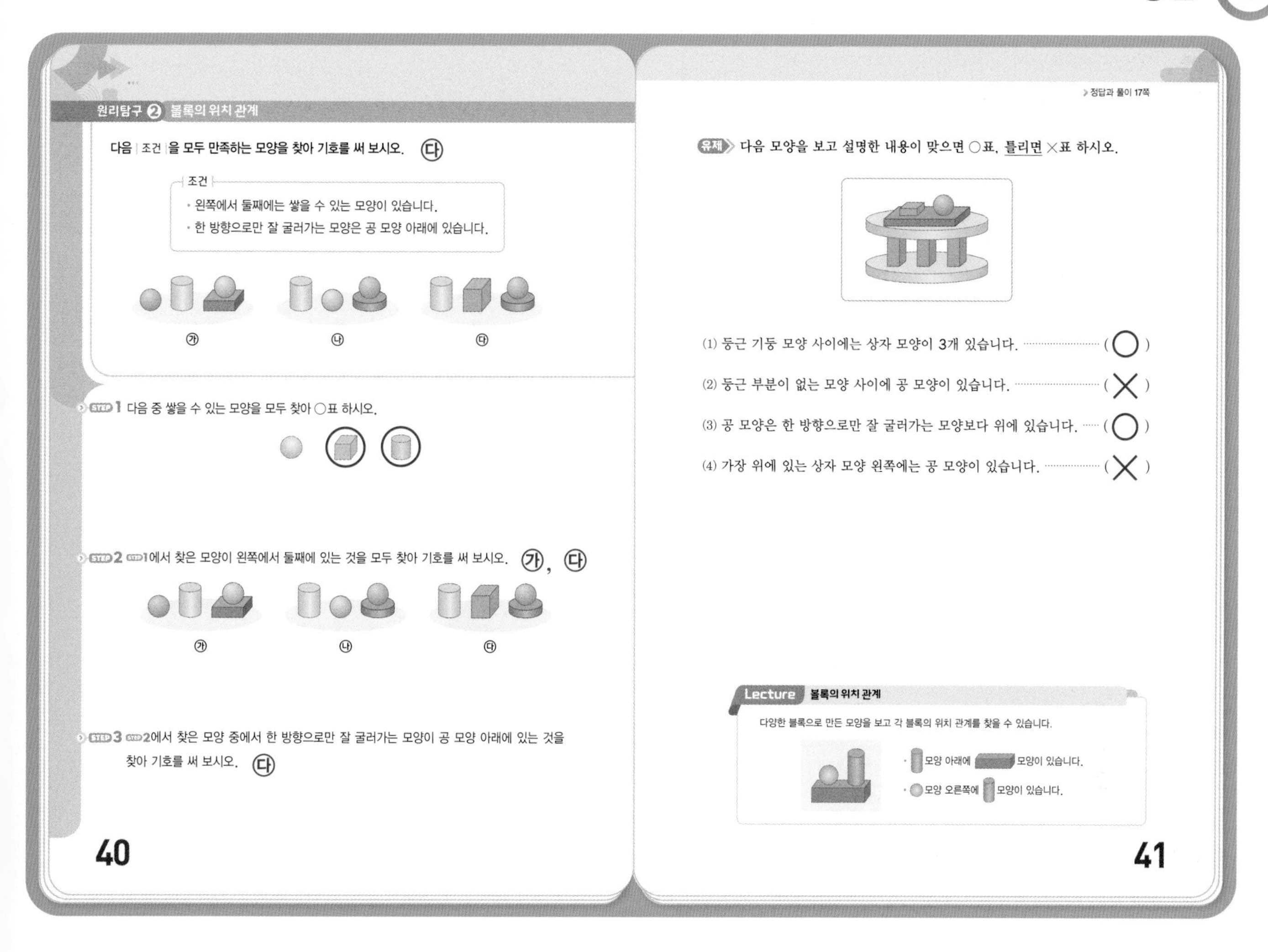

원리탐구 ❷

STEP 1 쌓을 수 있는 모양은 평평한 부분이 있는 (상자) 모양과 (둥근 기둥) 모양입니다.

STEP 2 (상자) 모양과 (둥근 기둥) 모양이 왼쪽에서 둘째에 있는 것은 ㉮와 ㉰입니다.

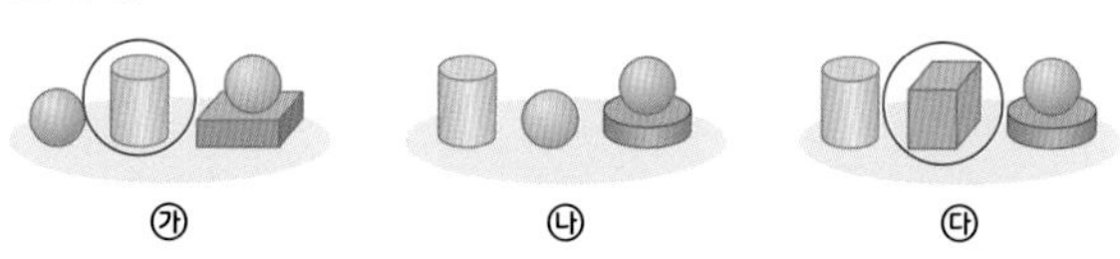

STEP 3 ㉮와 ㉰ 중에서 한 방향으로만 잘 굴러가는 모양(둥근 기둥)이 공 모양(공) 아래에 있는 것은 ㉰입니다.

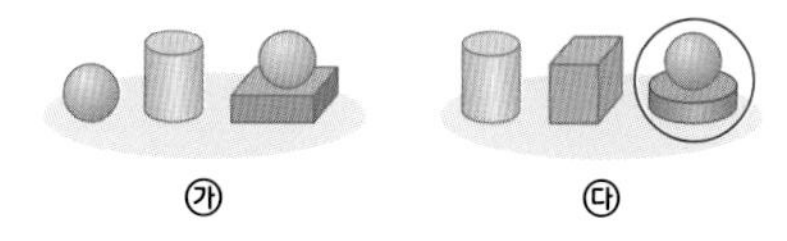

유제 (2) 둥근 부분이 없는 모양(상자) 오른쪽 옆이나 위에 공 모양(공)이 있습니다.

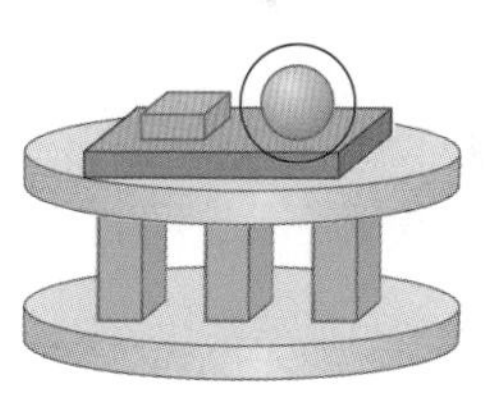

(4) 가장 위에 있는 상자 모양(상자) 오른쪽에는 공 모양(공)이 있습니다.

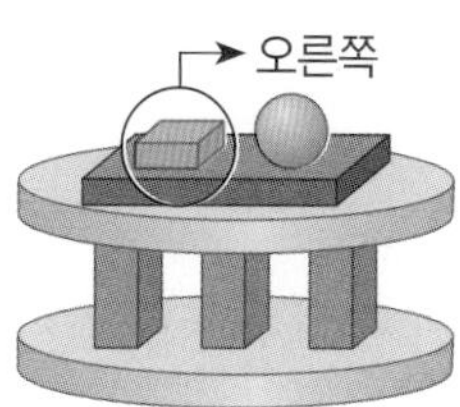

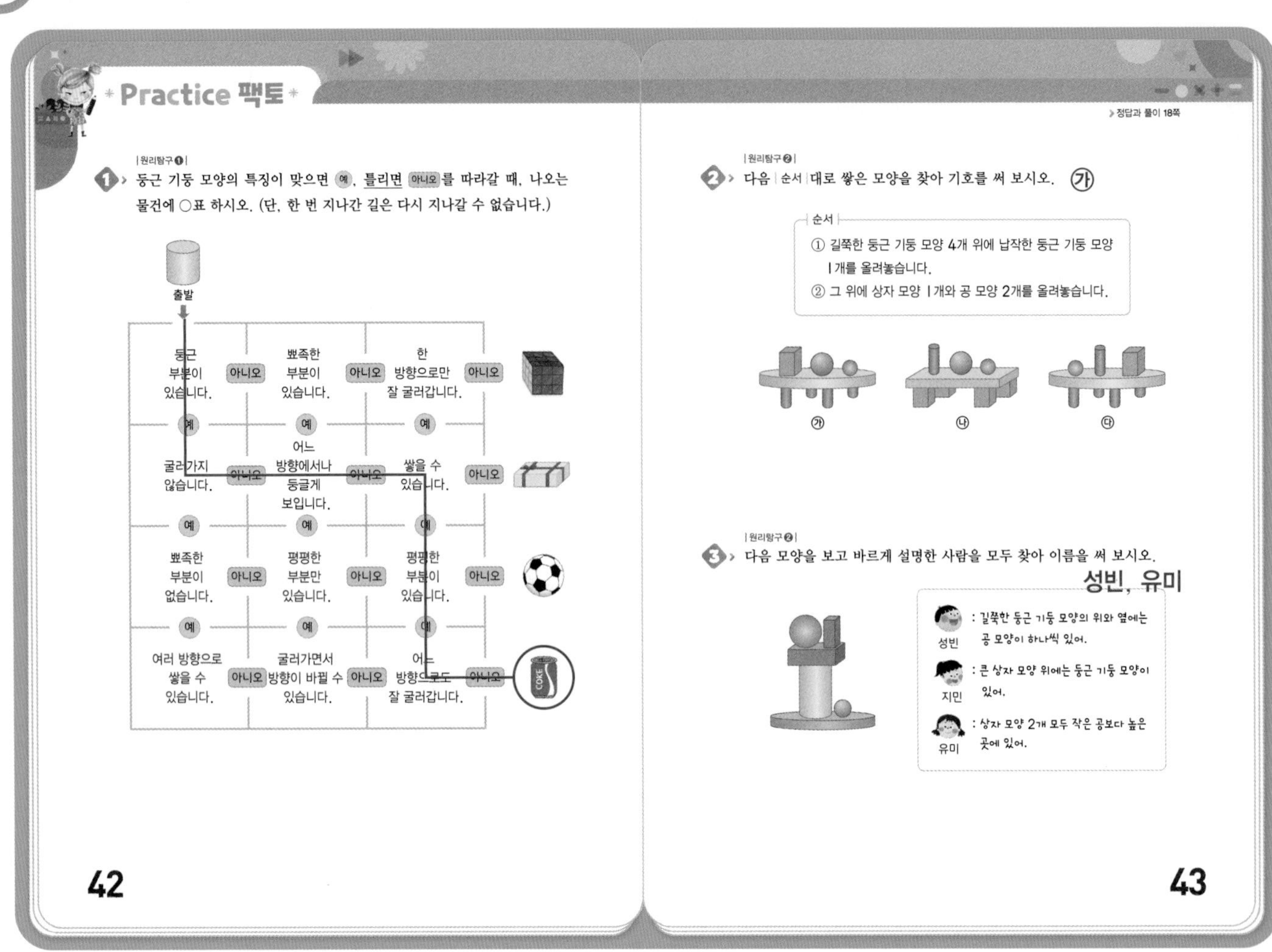

Practice 팩토
42
43
정답과 풀이 18쪽
1 둥근 기둥 모양의 특징이 맞으면 예, 틀리면 아니오를 따라갈 때, 나오는 물건에 ○표 하시오. (단, 한 번 지나간 길은 다시 지나갈 수 없습니다.)
출발
둥근 부분이 있습니다.
뾰족한 부분이 있습니다.
한 방향으로만 잘 굴러갑니다.
굴러가지 않습니다.
어느 방향에서나 둥글게 보입니다.
쌓을 수 있습니다.
뾰족한 부분이 없습니다.
평평한 부분만 있습니다.
평평한 부분이 있습니다.
여러 방향으로 쌓을 수 있습니다.
굴러가면서 방향이 바뀔 수 있습니다.
어느 방향으로도 잘 굴러갑니다.
2 다음 순서대로 쌓은 모양을 찾아 기호를 써 보시오. ㉮
순서
① 길쭉한 둥근 기둥 모양 4개 위에 납작한 둥근 기둥 모양 1개를 올려놓습니다.
② 그 위에 상자 모양 1개와 공 모양 2개를 올려놓습니다.
3 다음 모양을 보고 바르게 설명한 사람을 모두 찾아 이름을 써 보시오. 성빈, 유미
성빈: 길쭉한 둥근 기둥 모양의 위와 옆에는 공 모양이 하나씩 있어.
지민: 큰 상자 모양 위에는 둥근 기둥 모양이 있어.
유미: 상자 모양 2개 모두 작은 공보다 높은 곳에 있어.

1
- 둥근 기둥 모양은 둥근 부분이 있습니다.
- 둥근 기둥 모양은 한 방향으로 잘 굴러갑니다.
- 어느 방향에서나 둥글게 보이는 것은 공 모양입니다.
- 둥근 기둥 모양은 쌓을 수 있습니다.
- 둥근 기둥 모양은 평평한 부분이 있습니다.
- 어느 방향으로도 잘 굴러가는 것은 공 모양입니다.

2 ① 길쭉한 둥근 기둥 모양 4개 위에 납작한 둥근 기둥 모양 1개를 올려놓은 것은 ㉮와 ㉰입니다.

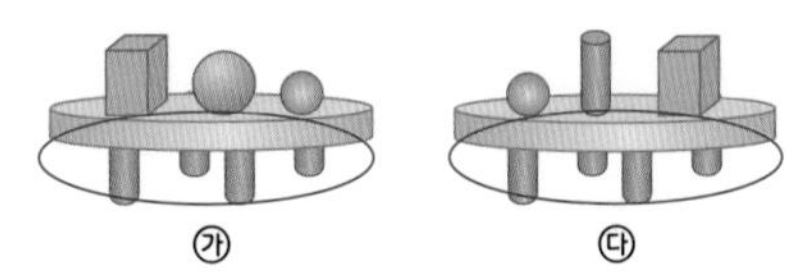

② 그 위에 상자 모양 1개와 공 모양 2개를 올려놓은 것은 ㉮입니다.

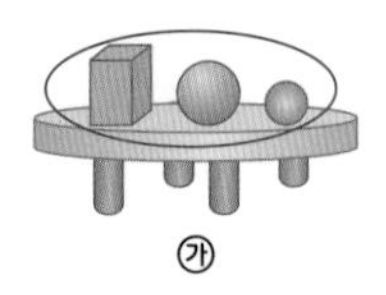

3 큰 상자 모양 위에는 공 모양과 작은 상자 모양이 있으므로 지민이의 설명이 틀렸습니다.

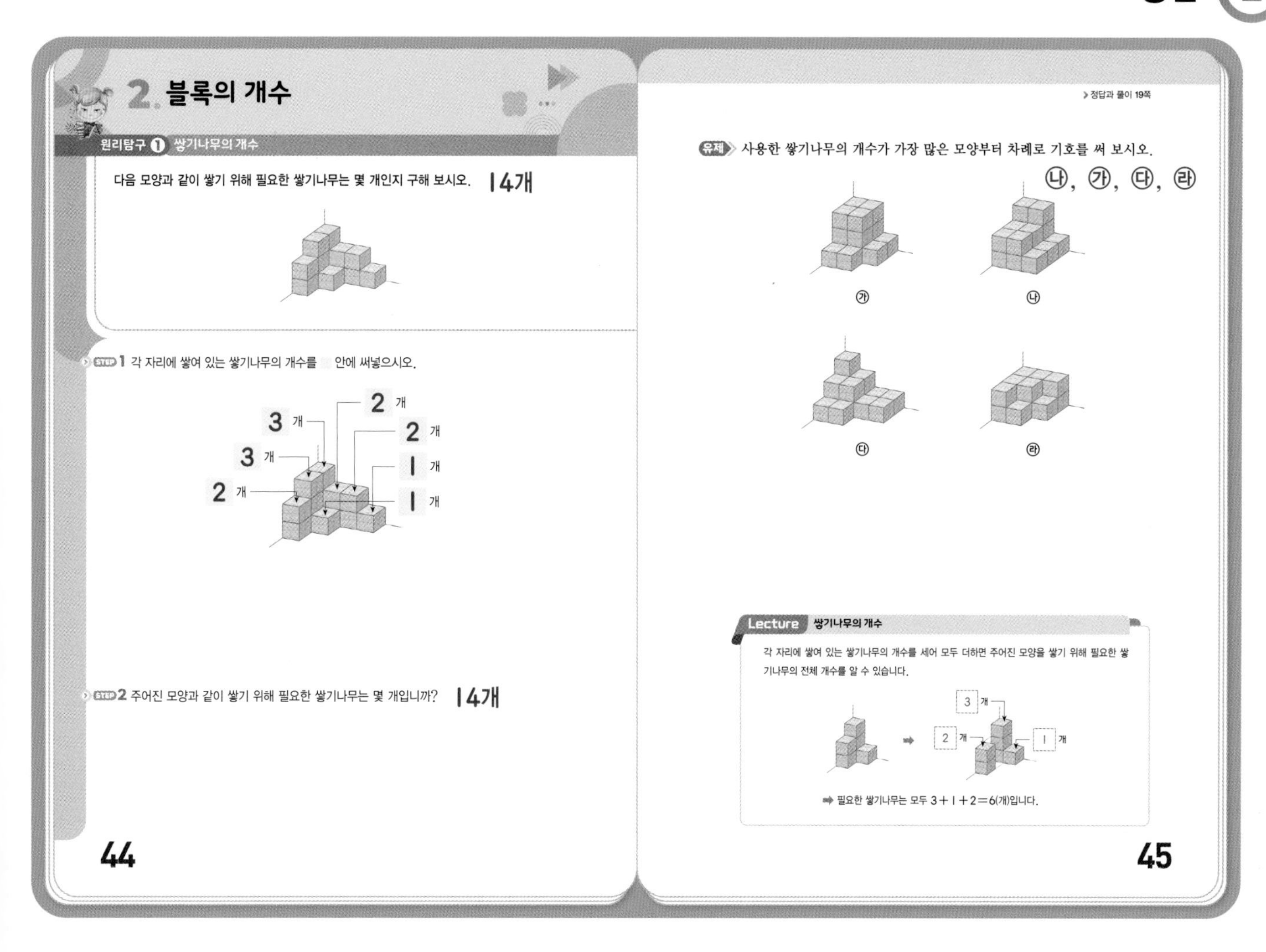

원리탐구 ❶

STEP 1 쌓기나무가 각 자리에 몇 층으로 쌓여 있는지 세어 봅니다.

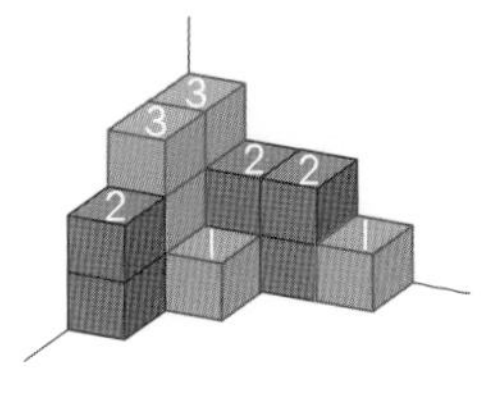

STEP 2 $3+2+2+1+3+1+2=14$(개)

유제 쌓기나무가 각 자리에 몇 층으로 쌓여 있는지 세어 보고 전체 쌓기나무의 개수를 구해 봅니다.

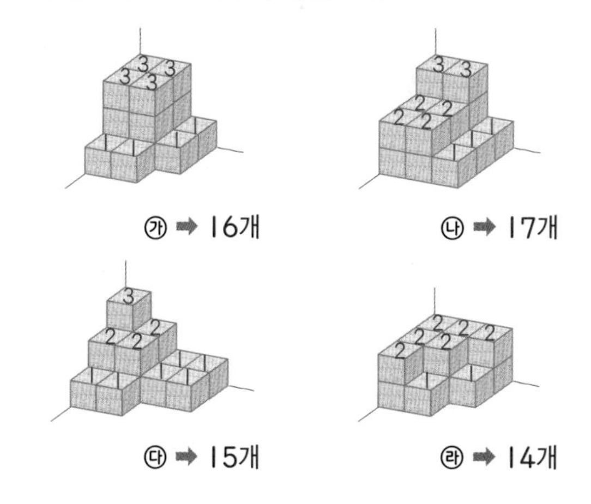

따라서 쌓기나무의 개수가 가장 많은 모양부터 차례로 기호를 쓰면 ㉯, ㉮, ㉰, ㉱입니다.

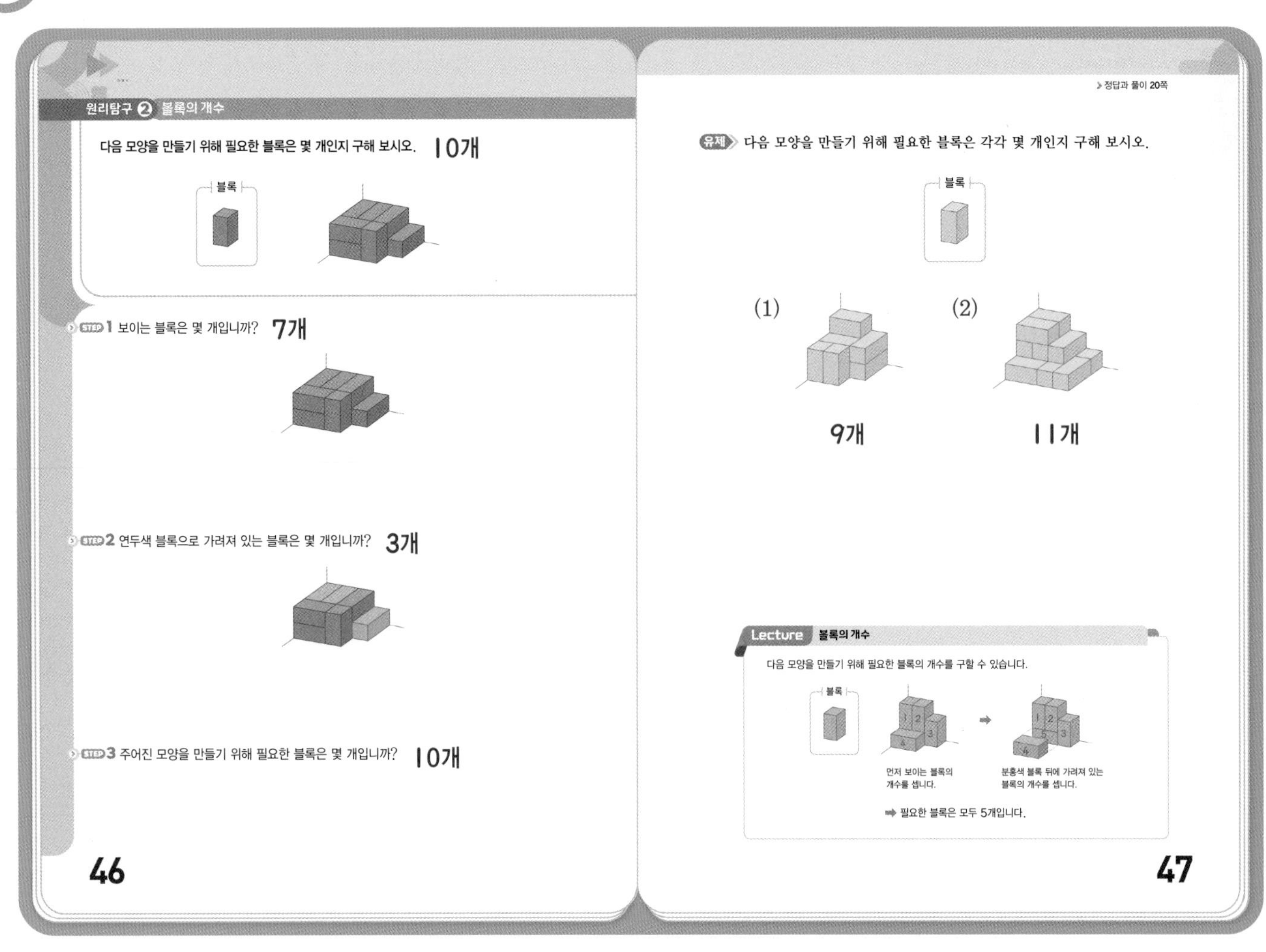

원리탐구 ② 블록의 개수
다음 모양을 만들기 위해 필요한 블록은 몇 개인지 구해 보시오. 10개
STEP 1 보이는 블록은 몇 개입니까? 7개
STEP 2 연두색 블록으로 가려져 있는 블록은 몇 개입니까? 3개
STEP 3 주어진 모양을 만들기 위해 필요한 블록은 몇 개입니까? 10개
46
정답과 풀이 20쪽
유제 다음 모양을 만들기 위해 필요한 블록은 각각 몇 개인지 구해 보시오.
(1) 9개
(2) 11개
Lecture 블록의 개수
다음 모양을 만들기 위해 필요한 블록의 개수를 구할 수 있습니다.
먼저 보이는 블록의 개수를 셉니다.
분홍색 블록 뒤에 가려져 있는 블록의 개수를 셉니다.
➡ 필요한 블록은 모두 5개입니다.
47

원리탐구 ②

STEP 1 보이는 블록을 세어 보면 7개입니다.

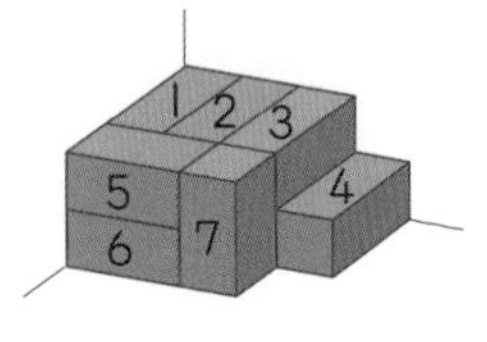

STEP 2 연두색 블록으로 가려져 있는 블록은 3개입니다.

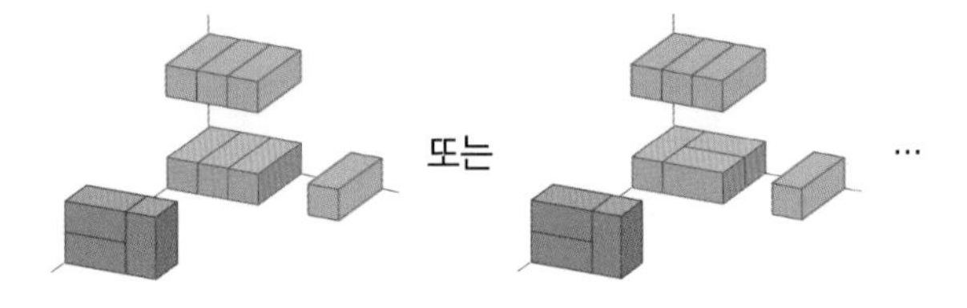

STEP 3 (필요한 블록의 개수)

=(보이는 블록의 개수)+(보이지 않는 블록의 개수)

=7+3=10(개)

유제 보이는 블록의 개수와 보이지 않는 블록의 개수를 나누어 셉니다.

(1)

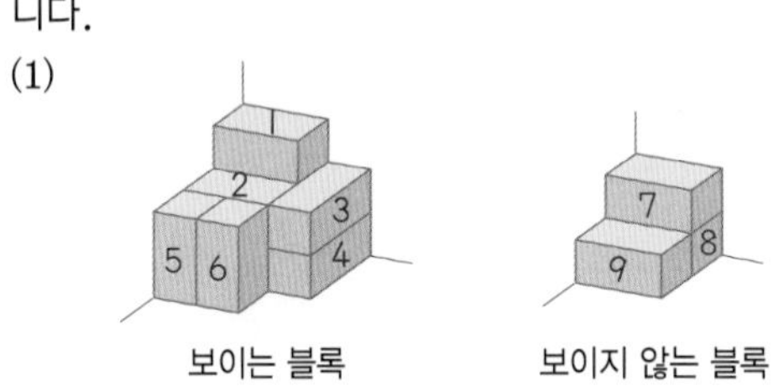

따라서 필요한 블록의 개수는 6+3=9(개)입니다.

(2)

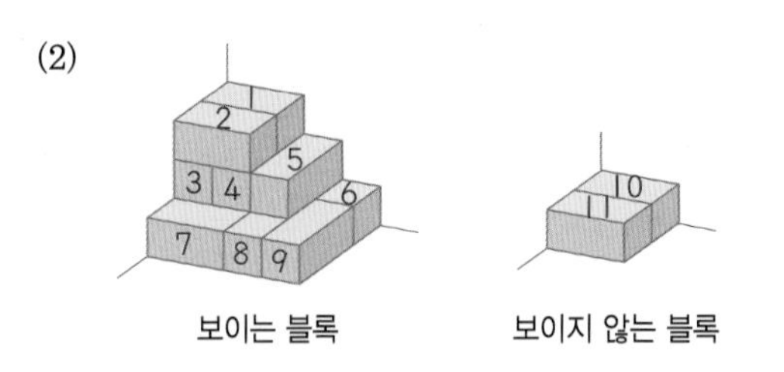

따라서 필요한 블록의 개수는 9+2=11(개)입니다.

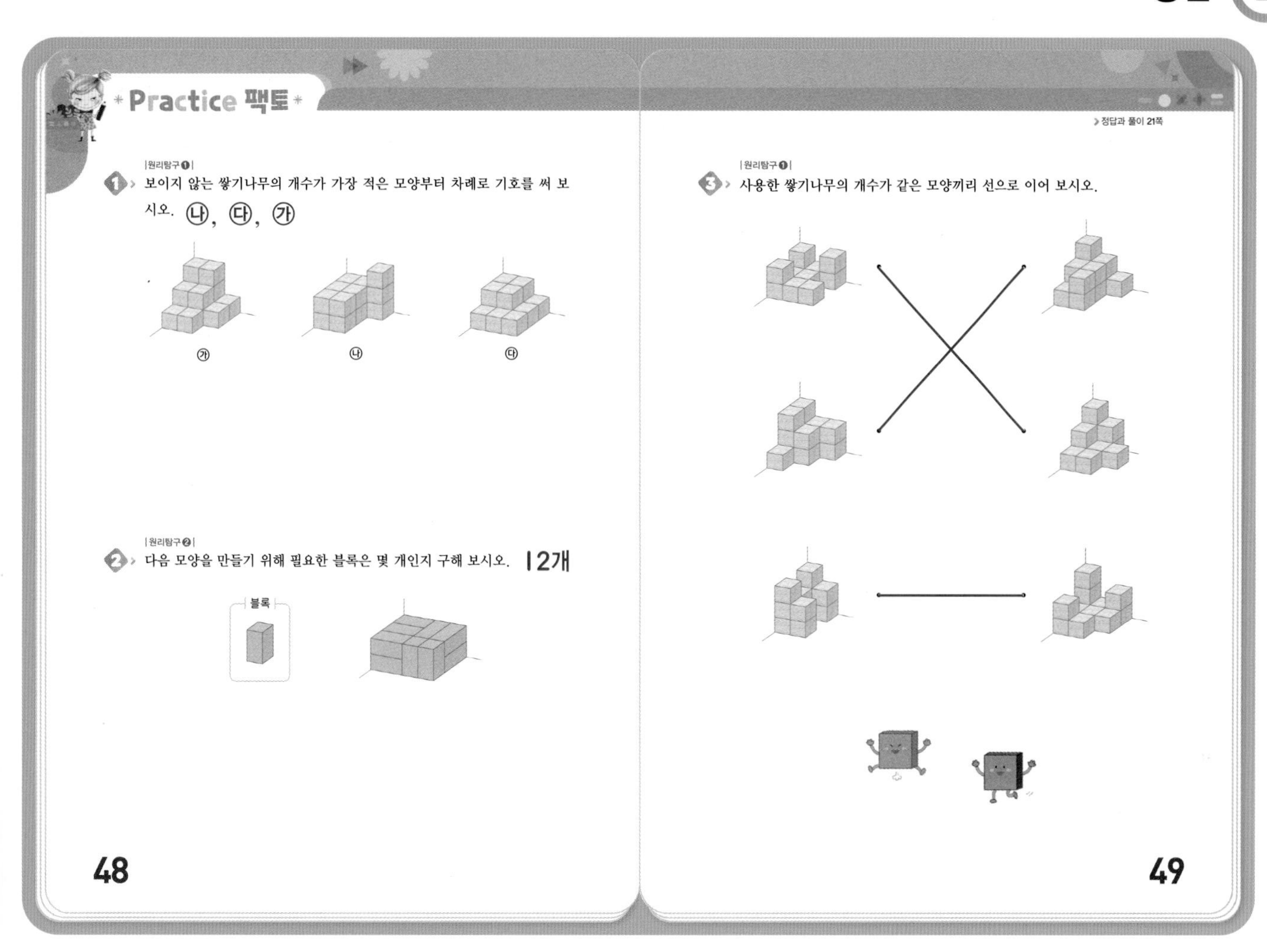

Practice 팩토
정답과 풀이 21쪽
원리탐구❶
1 보이지 않는 쌓기나무의 개수가 가장 적은 모양부터 차례로 기호를 써 보시오. ㉯, ㉰, ㉮
㉮
㉯
㉰
원리탐구❷
2 다음 모양을 만들기 위해 필요한 블록은 몇 개인지 구해 보시오. 12개
블록
원리탐구❶
3 사용한 쌓기나무의 개수가 같은 모양끼리 선으로 이어 보시오.
48
49

1 보이지 않는 쌓기나무의 개수를 각 자리의 위에 써 보면 다음과 같습니다.

㉮ ➡ 5개

㉯ ➡ 3개

㉰ ➡ 4개

2

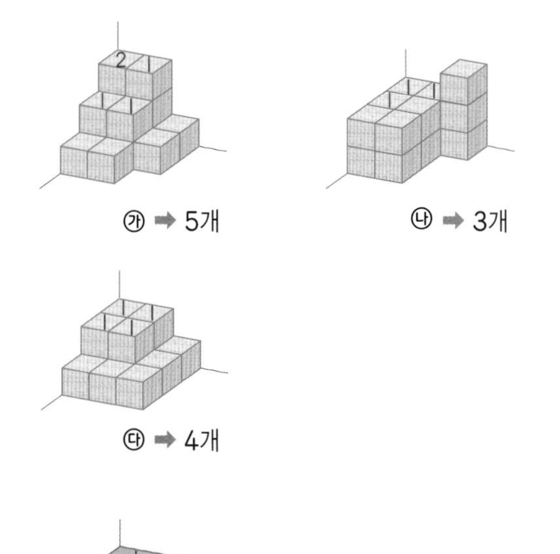

보이는 블록 보이지 않는 블록

따라서 필요한 블록의 개수는 $9+3=12$(개)입니다.

3

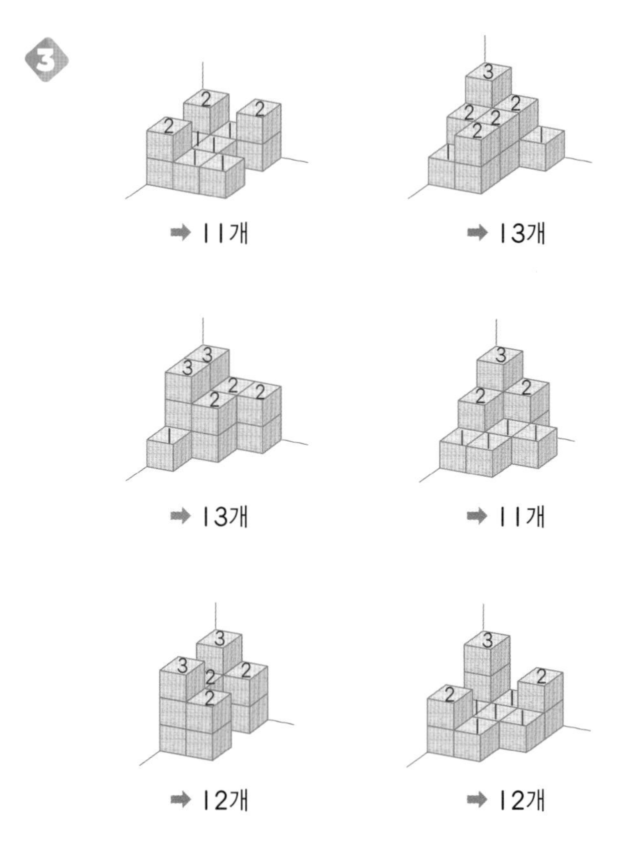

➡ 11개 ➡ 13개

➡ 13개 ➡ 11개

➡ 12개 ➡ 12개

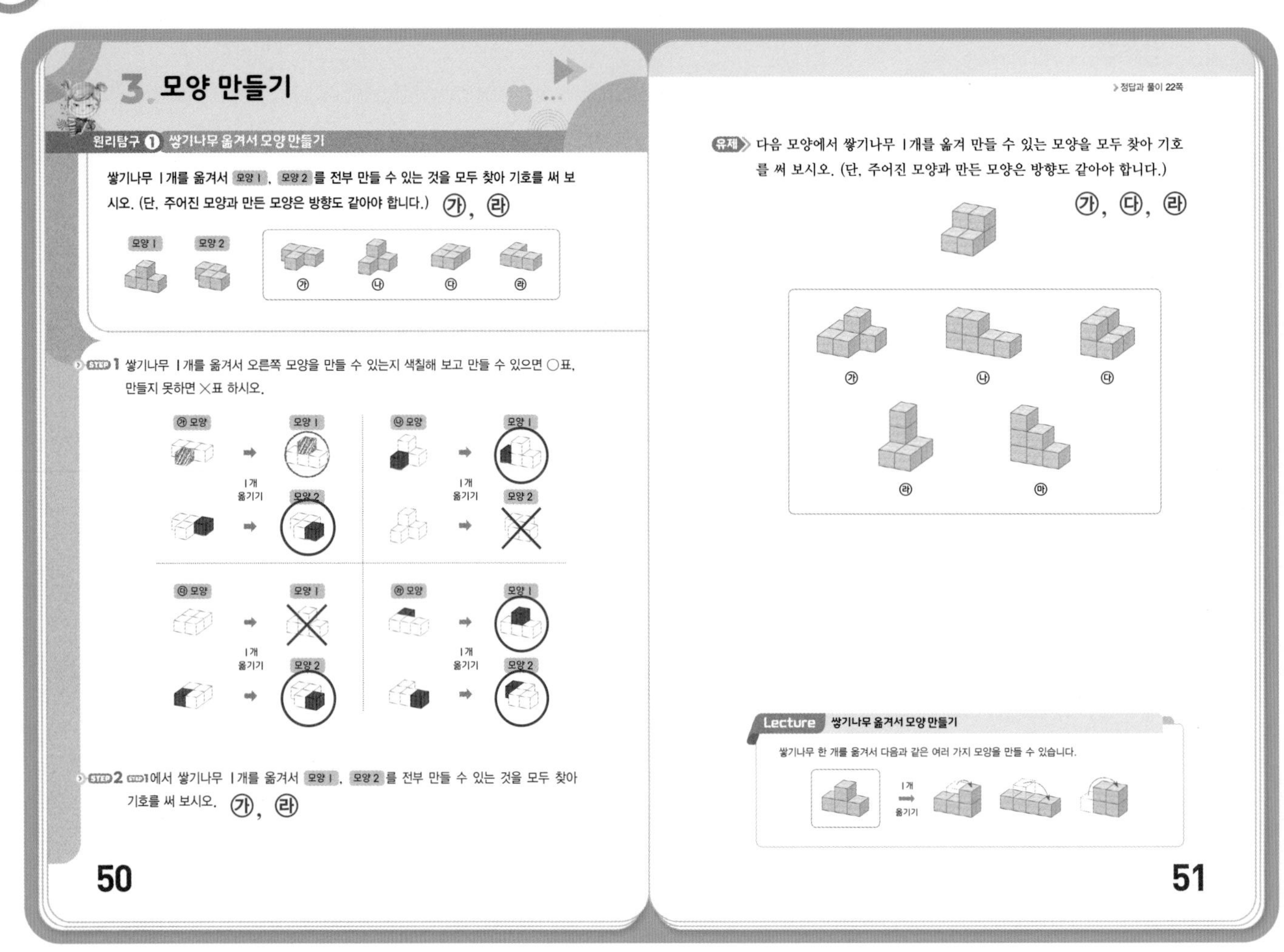

3. 모양 만들기
원리탐구 ① 쌓기나무 옮겨서 모양 만들기
쌓기나무 1개를 옮겨서 모양 1, 모양 2를 전부 만들 수 있는 것을 모두 찾아 기호를 써 보시오. (단, 주어진 모양과 만든 모양은 방향도 같아야 합니다.) ㉮, ㉱
STEP 1 쌓기나무 1개를 옮겨서 오른쪽 모양을 만들 수 있는지 색칠해 보고 만들 수 있으면 ○표, 만들지 못하면 ×표 하시오.
STEP 2 STEP 1에서 쌓기나무 1개를 옮겨서 모양 1, 모양 2를 전부 만들 수 있는 것을 모두 찾아 기호를 써 보시오. ㉮, ㉱
50
유제 다음 모양에서 쌓기나무 1개를 옮겨 만들 수 있는 모양을 모두 찾아 기호를 써 보시오. (단, 주어진 모양과 만든 모양은 방향도 같아야 합니다.)
㉮, ㉰, ㉱
Lecture 쌓기나무 옮겨서 모양 만들기
쌓기나무 한 개를 옮겨서 다음과 같은 여러 가지 모양을 만들 수 있습니다.
51

원리탐구 ①

STEP 1 ㉮, ㉯, ㉰, ㉱의 쌓기나무를 1개씩 옮기면서 모양 1 과 모양 2 를 만들 수 있는지 알아봅니다.

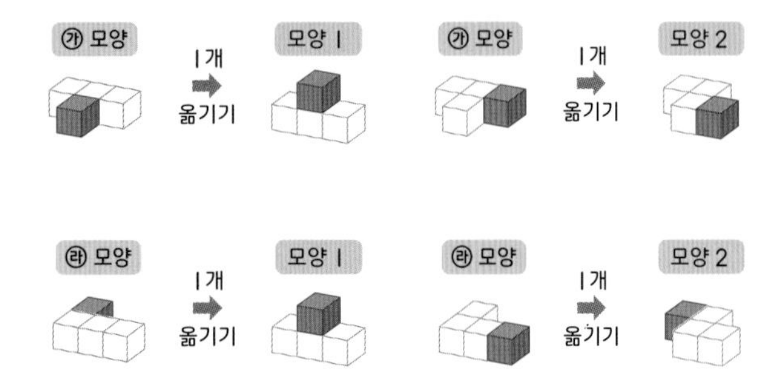

유제 주어진 모양을 만들기 위해 옮길 쌓기나무 한 개를 색칠해 보면 다음과 같습니다.

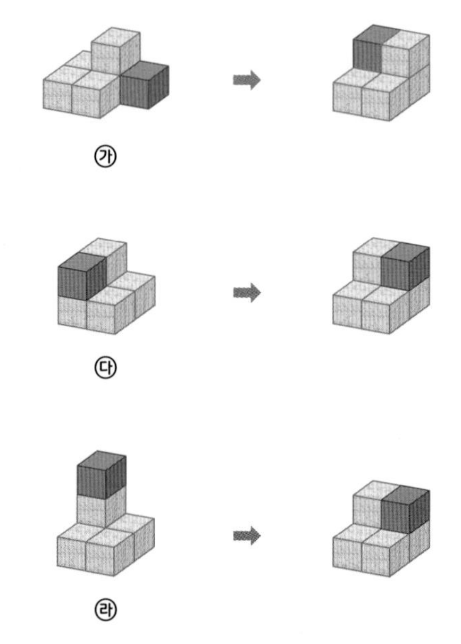

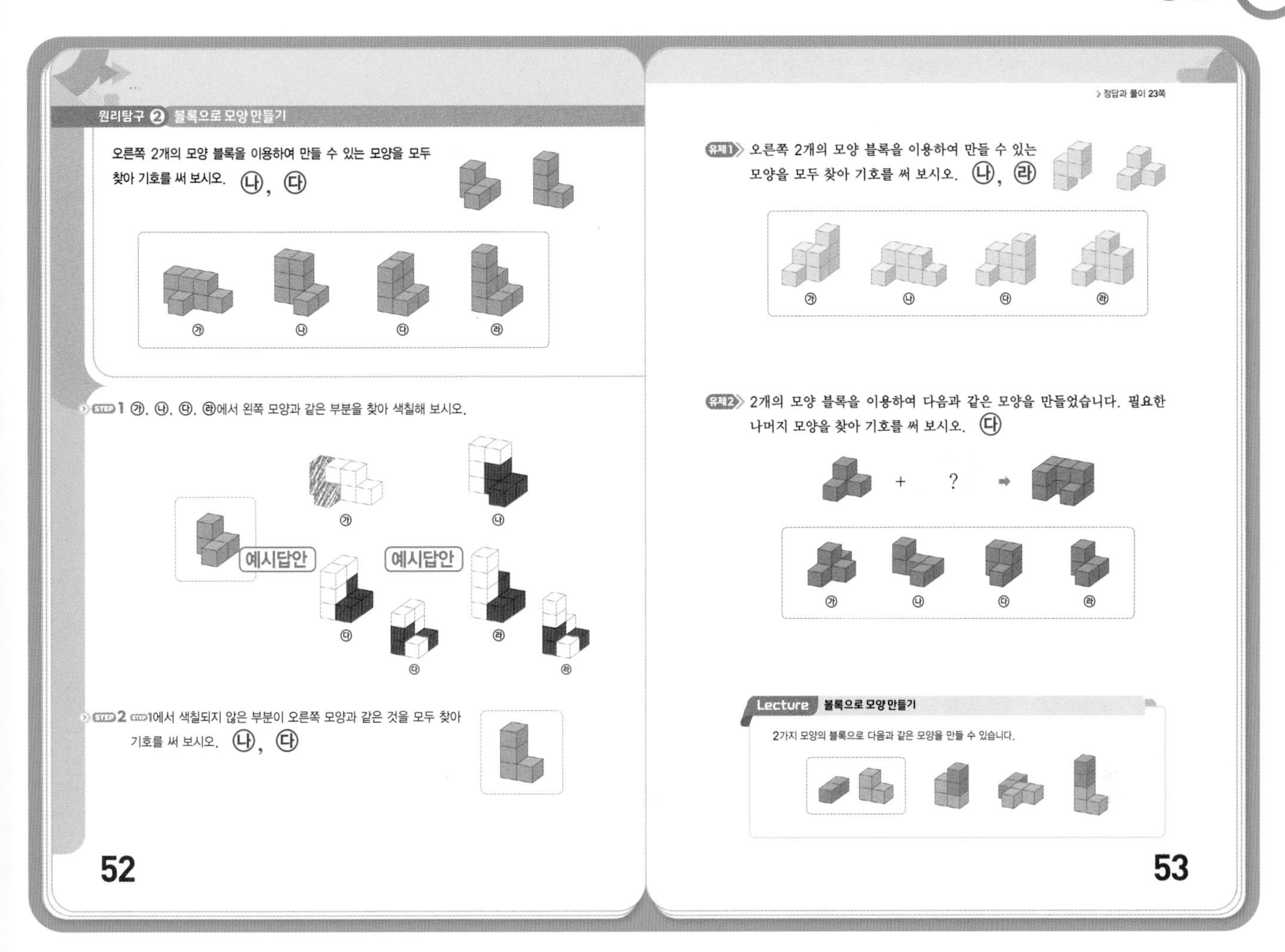

원리탐구 ❷ 블록으로 모양 만들기
오른쪽 2개의 모양 블록을 이용하여 만들 수 있는 모양을 모두 찾아 기호를 써 보시오. ㉯, ㉰
㉮ ㉯ ㉰ ㉱
STEP 1 ㉮, ㉯, ㉰, ㉱에서 왼쪽 모양과 같은 부분을 찾아 색칠해 보시오.
예시답안
예시답안
STEP 2 STEP1에서 색칠되지 않은 부분이 오른쪽 모양과 같은 것을 모두 찾아 기호를 써 보시오. ㉯, ㉰
52
정답과 풀이 23쪽
유제1 오른쪽 2개의 모양 블록을 이용하여 만들 수 있는 모양을 모두 찾아 기호를 써 보시오. ㉯, ㉱
유제2 2개의 모양 블록을 이용하여 다음과 같은 모양을 만들었습니다. 필요한 나머지 모양을 찾아 기호를 써 보시오. ㉰
Lecture 블록으로 모양 만들기
2가지 모양의 블록으로 다음과 같은 모양을 만들 수 있습니다.
53

원리탐구 ❷

STEP 2 TIP STEP 01에서 답을 찾는 방법에 따라 STEP 02에서 답을 잘못 찾을 수도 있습니다. 이때는 STEP 01에서 답을 찾을 수 있는 방법을 다양하게 생각해 보도록 지도합니다.

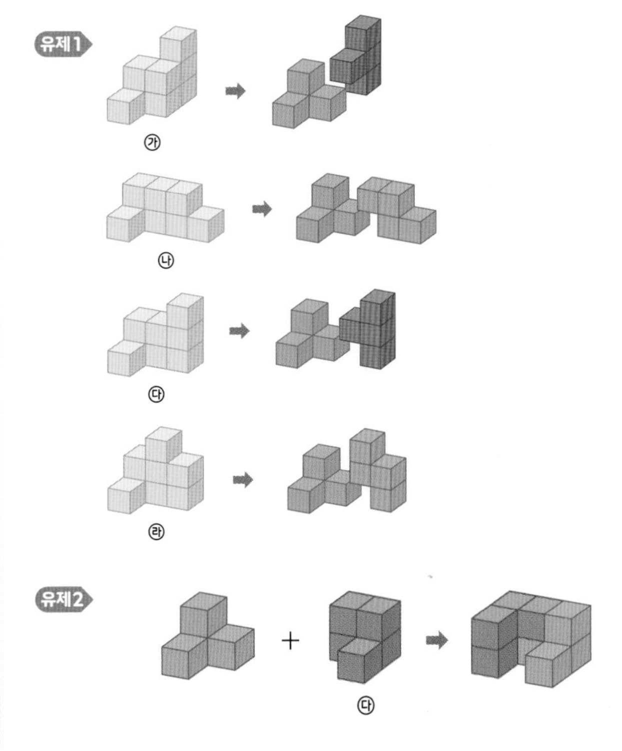

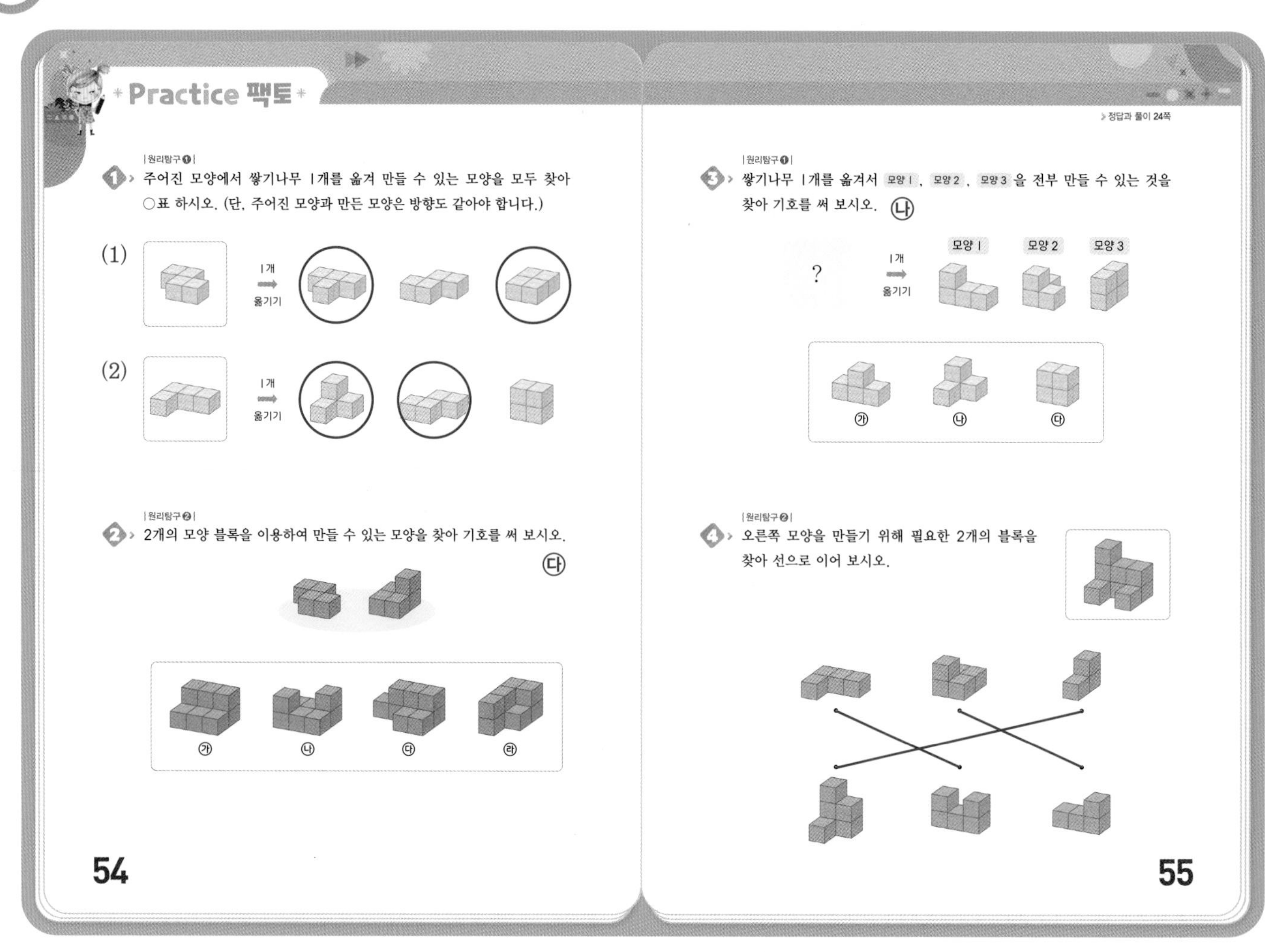
* Practice 팩토 *

정답과 풀이 24쪽

|원리탐구 ❶|

1 주어진 모양에서 쌓기나무 1개를 옮겨 만들 수 있는 모양을 모두 찾아 ○표 하시오. (단, 주어진 모양과 만든 모양은 방향도 같아야 합니다.)

(1) 1개 옮기기

(2) 1개 옮기기

|원리탐구 ❷|

2 2개의 모양 블록을 이용하여 만들 수 있는 모양을 찾아 기호를 써 보시오. ㉰

㉮ ㉯ ㉰ ㉱

54

|원리탐구 ❶|

3 쌓기나무 1개를 옮겨서 모양 1, 모양 2, 모양 3 을 전부 만들 수 있는 것을 찾아 기호를 써 보시오. ㉯

? 1개 옮기기 모양 1 모양 2 모양 3

㉮ ㉯ ㉰

|원리탐구 ❷|

4 오른쪽 모양을 만들기 위해 필요한 2개의 블록을 찾아 선으로 이어 보시오.

55

1 주어진 모양을 만들기 위해 옮길 쌓기나무 한 개를 분홍색으로 칠해 보면 다음과 같습니다.

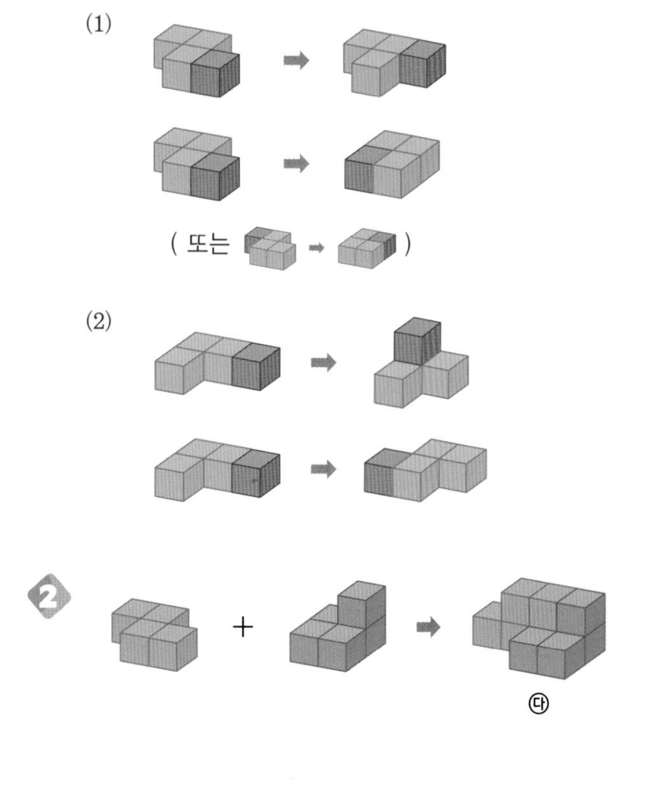

3 주어진 모양을 만들기 위해 옮길 쌓기나무 한 개를 연두색으로 칠해 보면 다음과 같습니다.

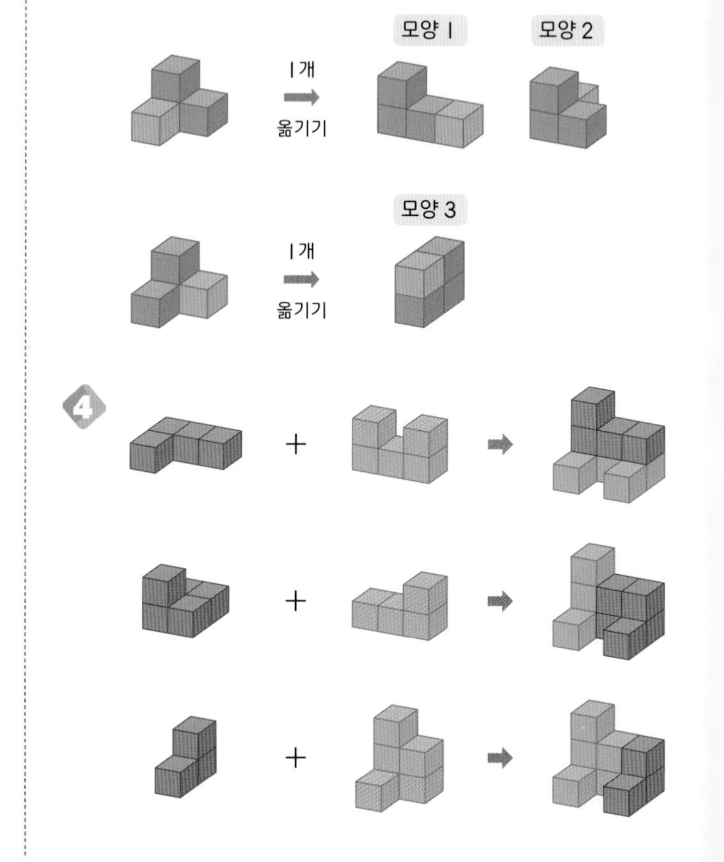

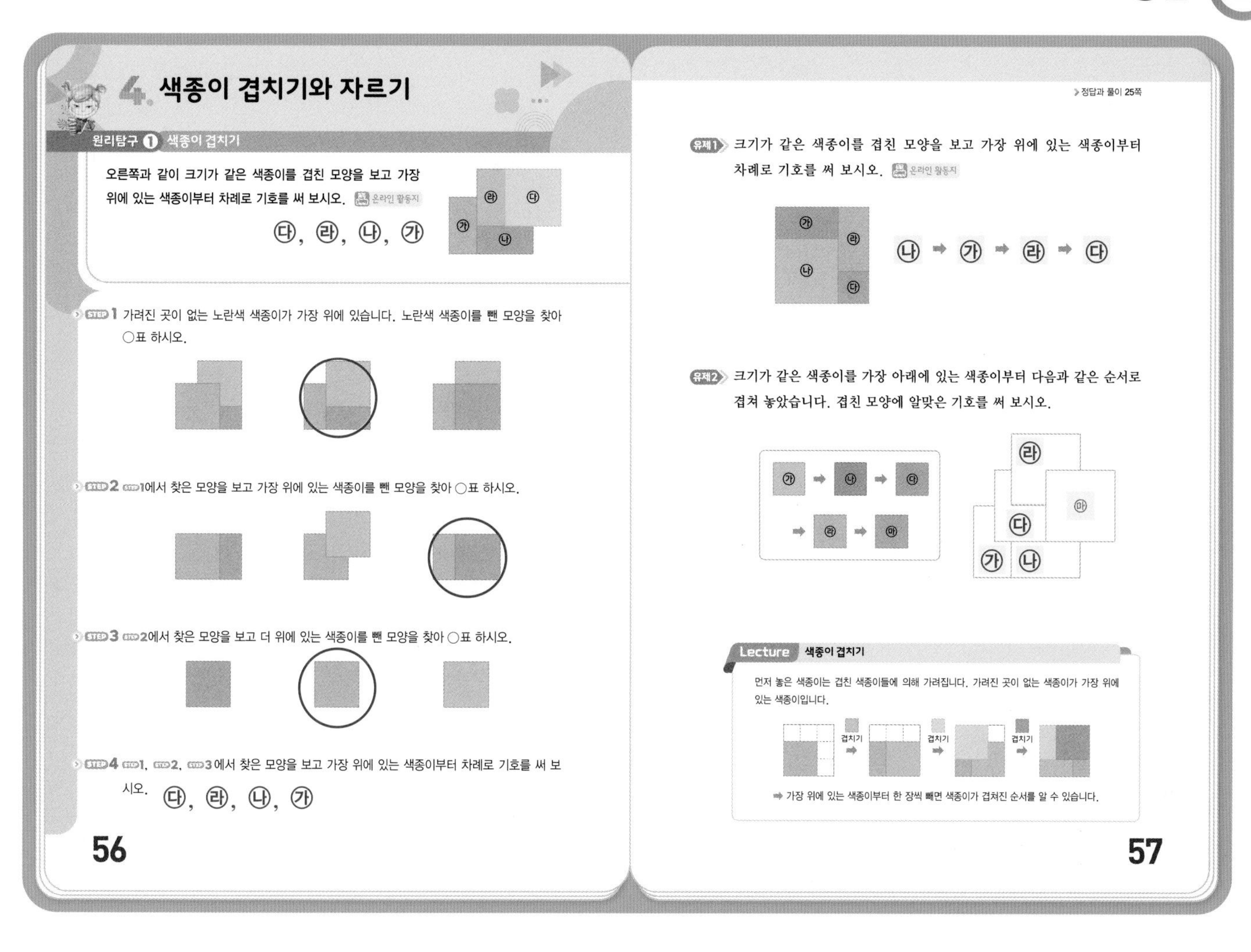

4. 색종이 겹치기와 자르기

원리탐구 ❶ 색종이 겹치기

오른쪽과 같이 크기가 같은 색종이를 겹친 모양을 보고 가장 위에 있는 색종이부터 차례로 기호를 써 보시오. 온라인 활동지

㉰, ㉱, ㉯, ㉮

STEP 1 가려진 곳이 없는 노란색 색종이가 가장 위에 있습니다. 노란색 색종이를 뺀 모양을 찾아 ○표 하시오.

STEP 2 STEP 1에서 찾은 모양을 보고 가장 위에 있는 색종이를 뺀 모양을 찾아 ○표 하시오.

STEP 3 STEP 2에서 찾은 모양을 보고 더 위에 있는 색종이를 뺀 모양을 찾아 ○표 하시오.

STEP 4 STEP 1, STEP 2, STEP 3에서 찾은 모양을 보고 가장 위에 있는 색종이부터 차례로 기호를 써 보시오. ㉰, ㉱, ㉯, ㉮

56

정답과 풀이 25쪽

유제1 크기가 같은 색종이를 겹친 모양을 보고 가장 위에 있는 색종이부터 차례로 기호를 써 보시오. 온라인 활동지

㉯ ➡ ㉮ ➡ ㉱ ➡ ㉰

유제2 크기가 같은 색종이를 가장 아래에 있는 색종이부터 다음과 같은 순서로 겹쳐 놓았습니다. 겹친 모양에 알맞은 기호를 써 보시오.

㉮ ➡ ㉯ ➡ ㉰ ➡ ㉱ ➡ ㉲

Lecture 색종이 겹치기

먼저 놓은 색종이는 겹친 색종이들에 의해 가려집니다. 가려진 곳이 없는 색종이가 가장 위에 있는 색종이입니다.

겹치기 ➡ 겹치기 ➡ 겹치기 ➡

➡ 가장 위에 있는 색종이부터 한 장씩 빼면 색종이가 겹쳐진 순서를 알 수 있습니다.

57

원리탐구 ❶

가려진 곳이 없는 색종이가 가장 위에 있는 것입니다. 가장 위에 있는 색종이부터 한 장씩 빼 봅니다.

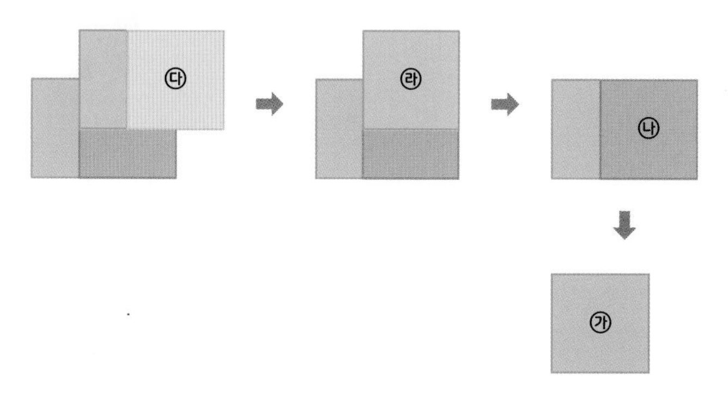

유제1 가려진 곳이 없는 색종이가 가장 위에 있는 것입니다. 가장 위에 있는 색종이부터 한 장씩 빼 봅니다.

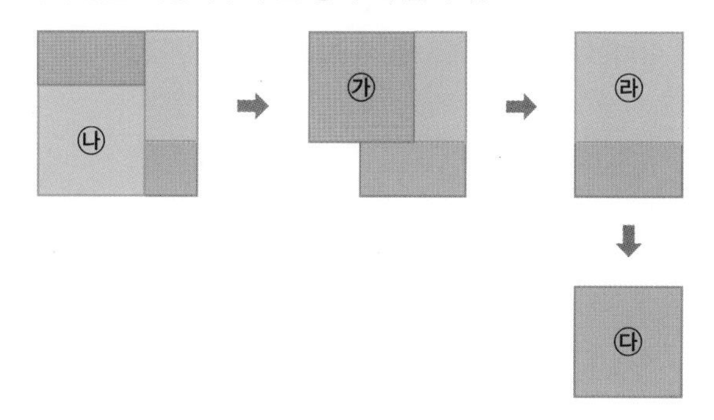

유제2 가장 위에 있는 색종이부터 한 장씩 빼 봅니다.

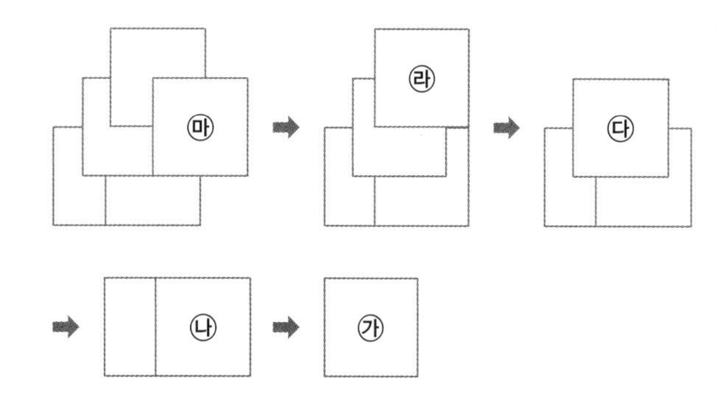

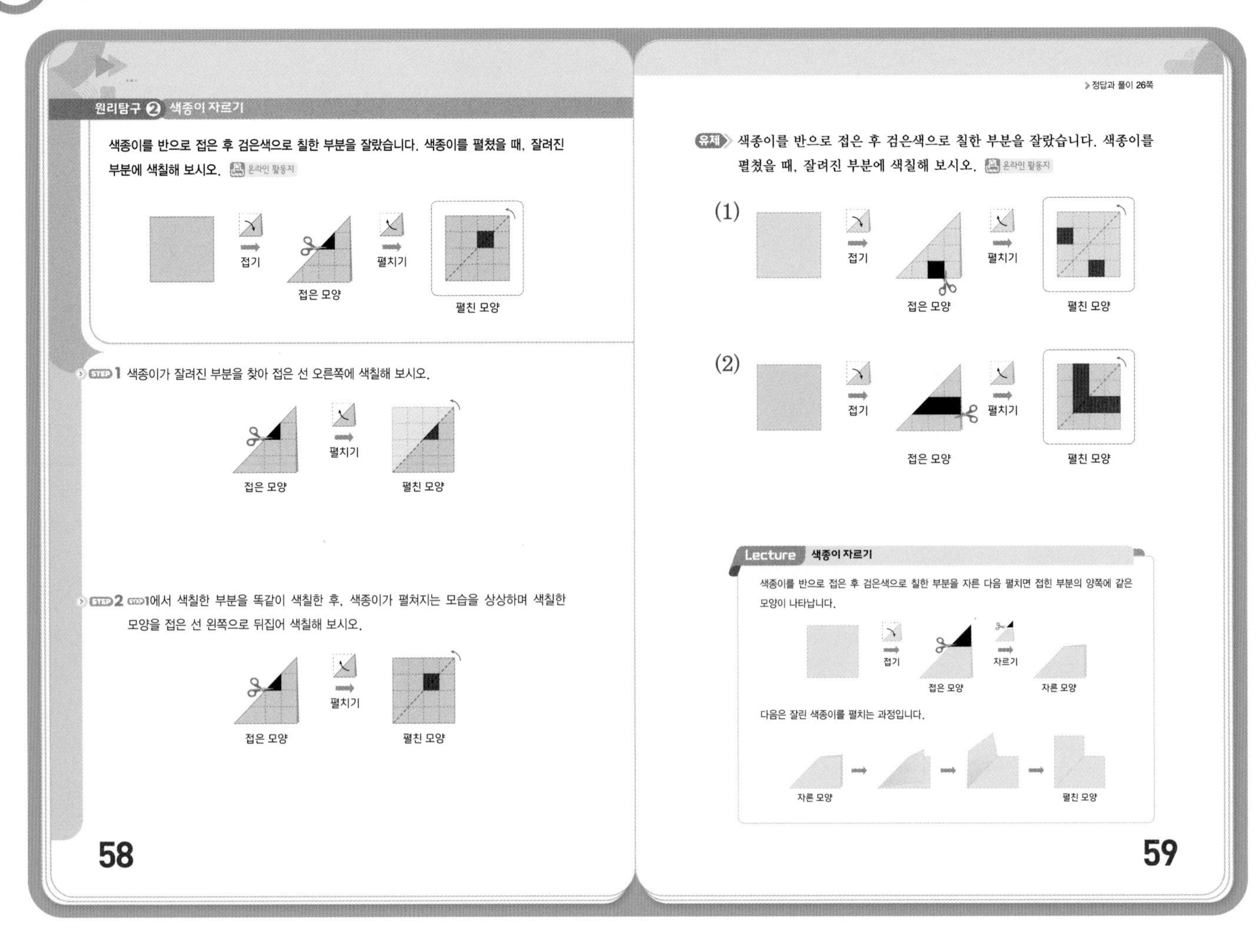

원리탐구 ②

색종이를 반으로 접은 후 검은색으로 칠한 부분을 자른 다음 펼치면 잘려진 부분은 접은 선을 기준으로 대칭입니다.

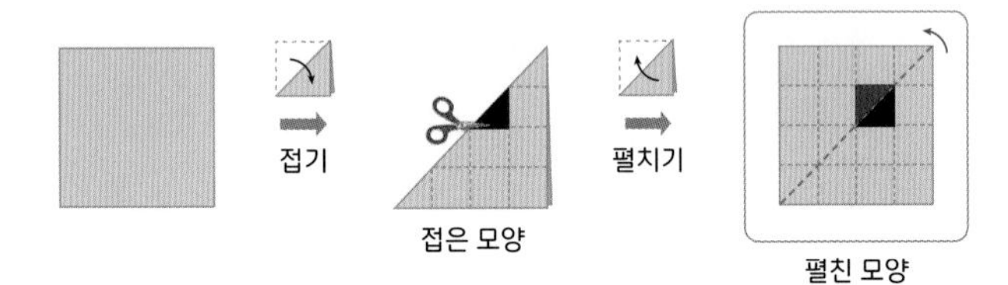

유제 접은 선의 오른쪽에 색종이가 잘려진 부분을 찾아 색칠한 후 색칠한 모양을 접은 선 왼쪽으로 뒤집어 색칠해 봅니다.

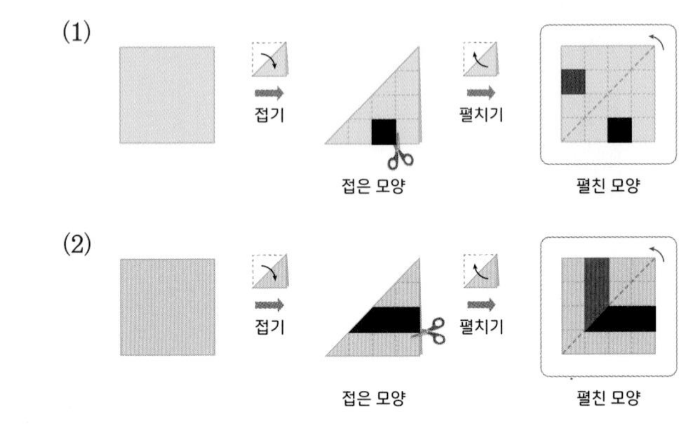

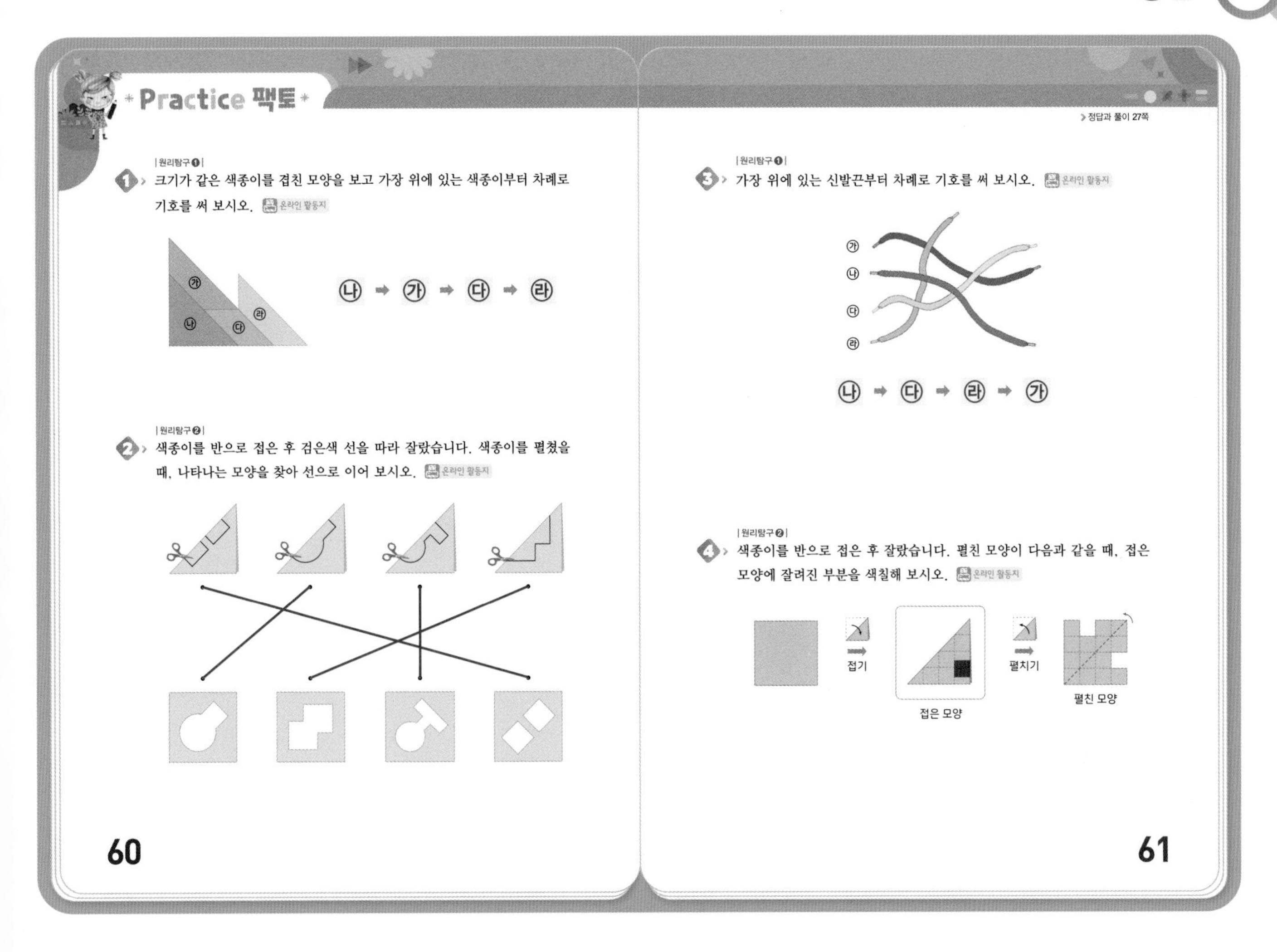

Practice 팩토
정답과 풀이 27쪽
|원리탐구❶|
1 크기가 같은 색종이를 겹친 모양을 보고 가장 위에 있는 색종이부터 차례로 기호를 써 보시오. 온라인 활동지
㉮
㉯
㉰
㉱
㉯ ➡ ㉮ ➡ ㉰ ➡ ㉱
|원리탐구❷|
2 색종이를 반으로 접은 후 검은색 선을 따라 잘랐습니다. 색종이를 펼쳤을 때, 나타나는 모양을 찾아 선으로 이어 보시오. 온라인 활동지
|원리탐구❶|
3 가장 위에 있는 신발끈부터 차례로 기호를 써 보시오. 온라인 활동지
㉮
㉯
㉰
㉱
㉯ ➡ ㉰ ➡ ㉱ ➡ ㉮
|원리탐구❷|
4 색종이를 반으로 접은 후 잘랐습니다. 펼친 모양이 다음과 같을 때, 접은 모양에 잘려진 부분을 색칠해 보시오. 온라인 활동지
접기
펼치기
접은 모양
펼친 모양
60
61

1 가려진 곳이 없는 색종이가 가장 위에 있는 것입니다. 가장 위에 있는 색종이부터 한 장씩 빼 봅니다.

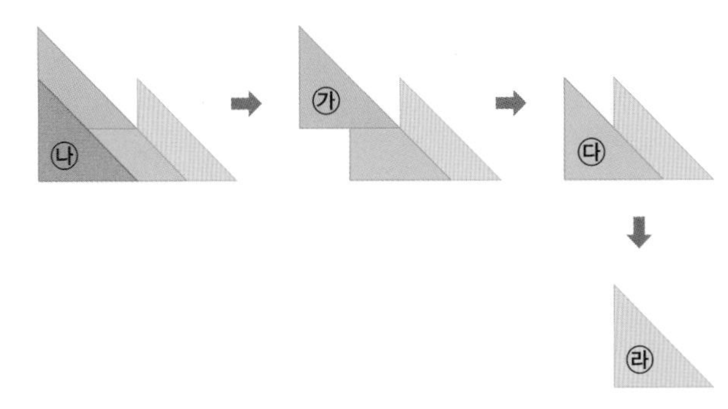

2 색종이를 펼친 모양에 ⁄ 방향으로 접는 선을 그어, 접는 선의 오른쪽 부분과 같은 모양을 찾아봅니다.

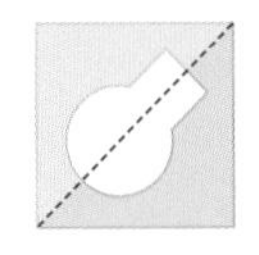
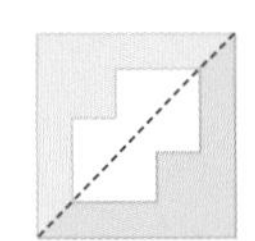

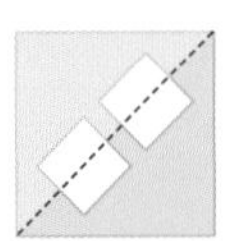

3 가려진 곳이 없는 신발끈이 가장 위에 있는 것입니다. 가장 위에 있는 신발끈부터 한 개씩 빼 봅니다.

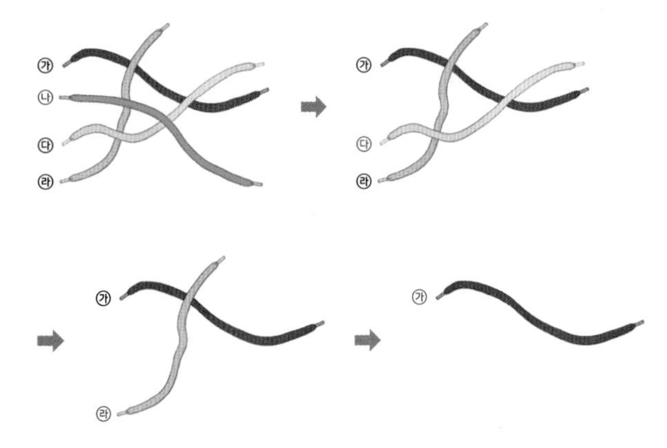

4 색종이를 펼친 모양에 ⁄ 방향으로 접는 선을 그어, 접는 선의 오른쪽 부분과 접은 모양을 비교하여 잘려진 부분을 찾아봅니다.

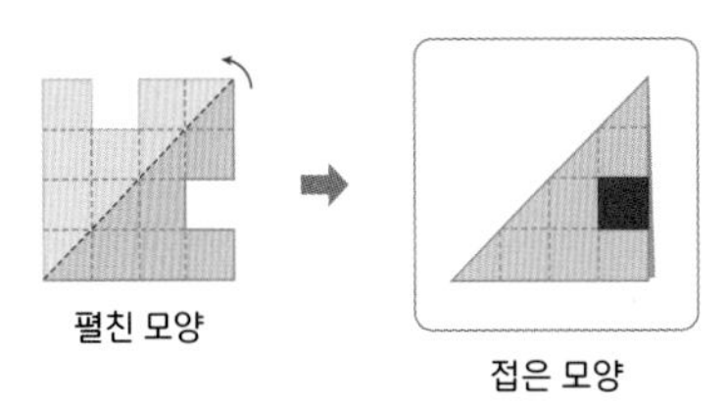

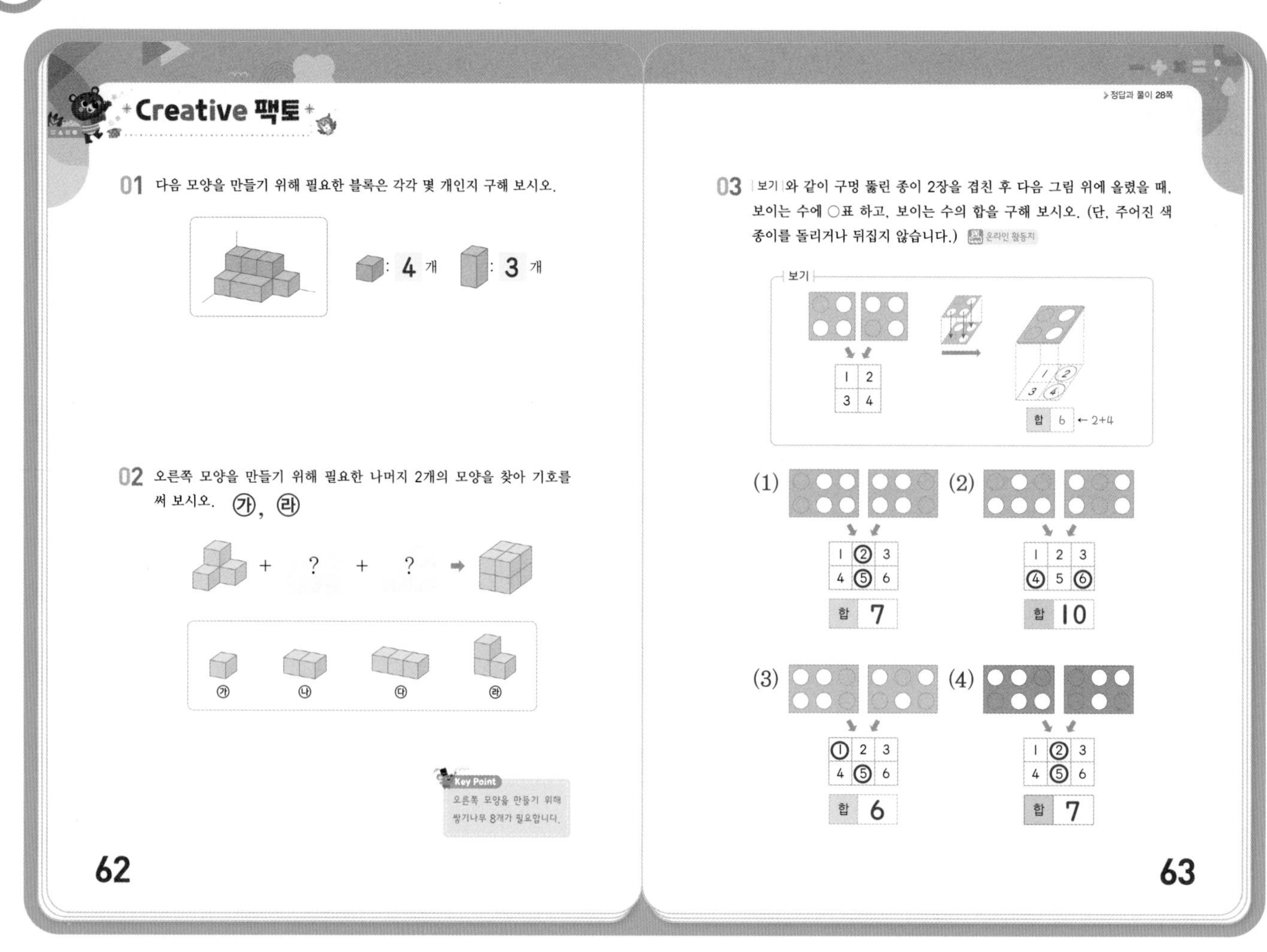
Creative 팩토

> 정답과 풀이 28쪽

01 다음 모양을 만들기 위해 필요한 블록은 각각 몇 개인지 구해 보시오.

: 4 개 : 3 개

02 오른쪽 모양을 만들기 위해 필요한 나머지 2개의 모양을 찾아 기호를 써 보시오. ㉮, ㉱

+ ? + ? ➡

㉮ ㉯ ㉰ ㉱

Key Point
오른쪽 모양을 만들기 위해 쌓기나무 8개가 필요합니다.

62

03 보기 와 같이 구멍 뚫린 종이 2장을 겹친 후 다음 그림 위에 올렸을 때, 보이는 수에 ○표 하고, 보이는 수의 합을 구해 보시오. (단, 주어진 색 종이를 돌리거나 뒤집지 않습니다.) 온라인 활동지

보기
합 6 ← 2+4

(1) 합 7
(2) 합 10
(3) 합 6
(4) 합 7

63

01 보이지 않는 곳에 있는 블록의 종류를 알아보면 다음과 같습니다.

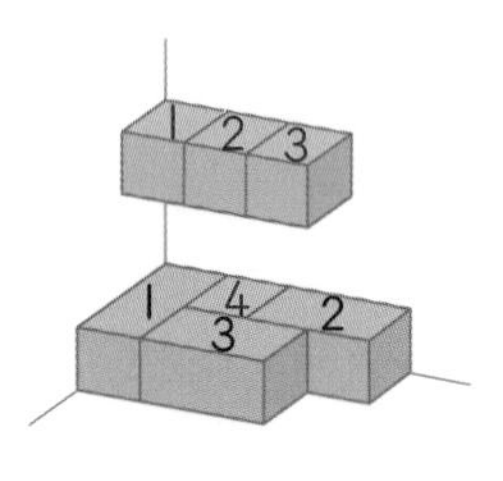

02

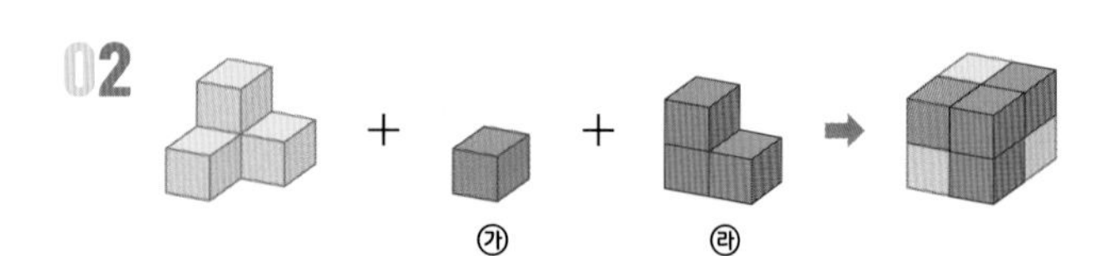

03 구멍 뚫린 종이 2장을 겹쳤을 때의 모양은 다음과 같습니다.

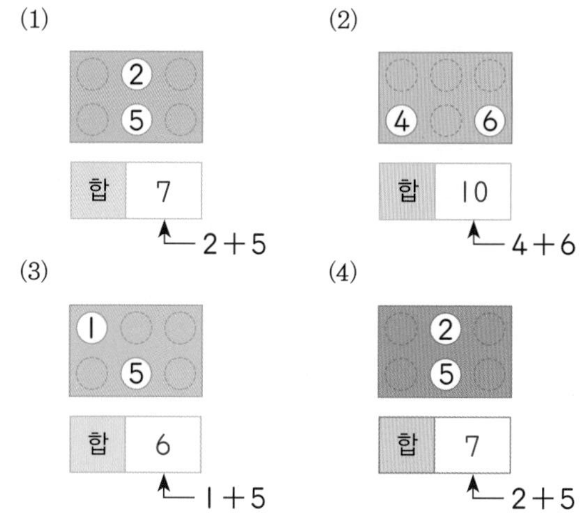

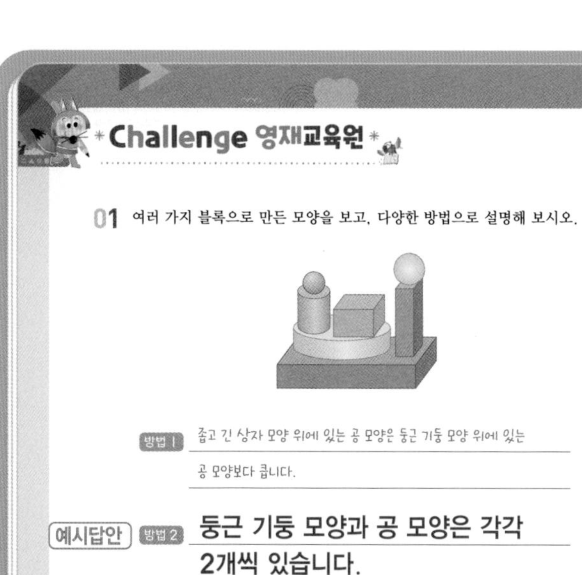

Challenge 영재교육원

01 여러 가지 블록으로 만든 모양을 보고, 다양한 방법으로 설명해 보시오.

방법 1 좁고 긴 상자 모양 위에 있는 공 모양은 둥근 기둥 모양 위에 있는 공 모양보다 큽니다.

예시답안 방법 2 둥근 기둥 모양과 공 모양은 각각 2개씩 있습니다.

예시답안 방법 3 납작한 둥근 기둥 모양 아래에는 납작한 상자 모양이 있습니다.

예시답안 방법 4 둥근 기둥 모양과 길쭉한 상자 모양 사이에 상자 모양이 있습니다.

64

정답과 풀이 29쪽

02 2개의 모양 블록을 이용하여 만든 모양을 보고 안의 블록에 알맞게 색칠해 보시오.

보기

(1)

(2) 예시답안 / 예시답안

(3)

65

01 이 외에도 답은 여러 가지입니다.

예시답안

• 가장 높은 곳에 공 모양이 있습니다.

TIP 둥근 기둥 모양, 상자 모양, 공 모양이 여러 개이므로 각 모양의 특징을 넣어 설명하면 좋습니다.

예 둥근 기둥 모양 ➡ 납작한 둥근 기둥 모양
상자 모양 ➡ 길쭉한 상자 모양

02 (1)

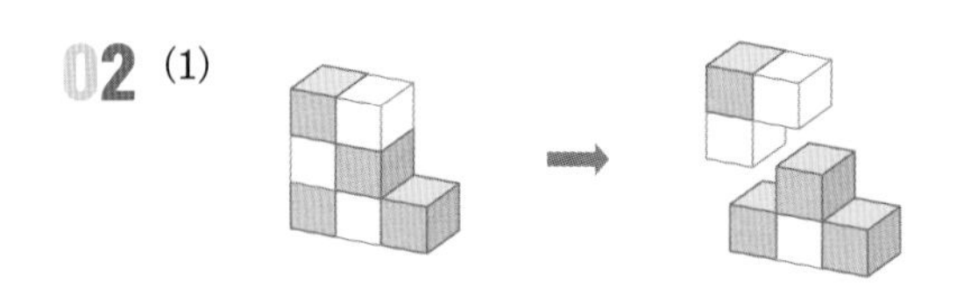

(2)

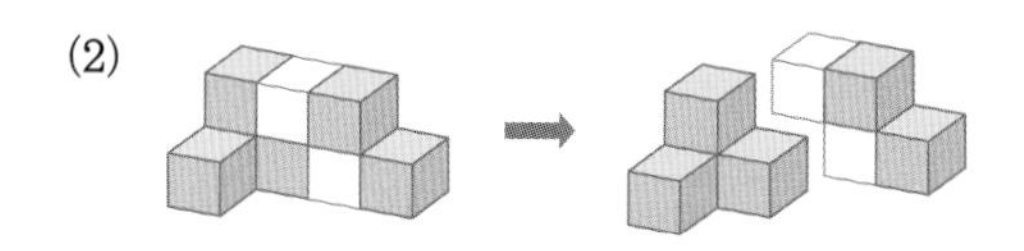

(3)

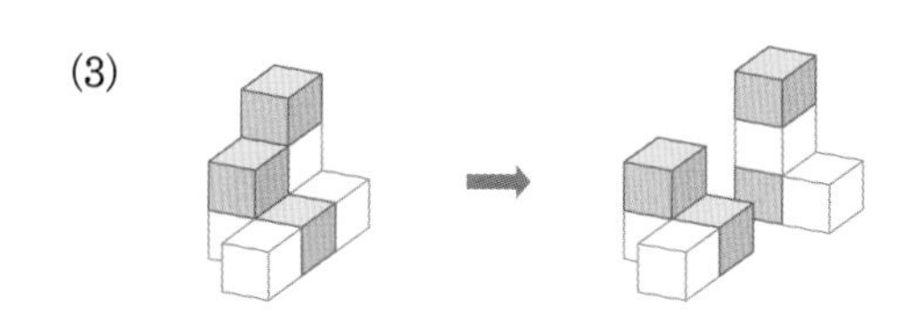

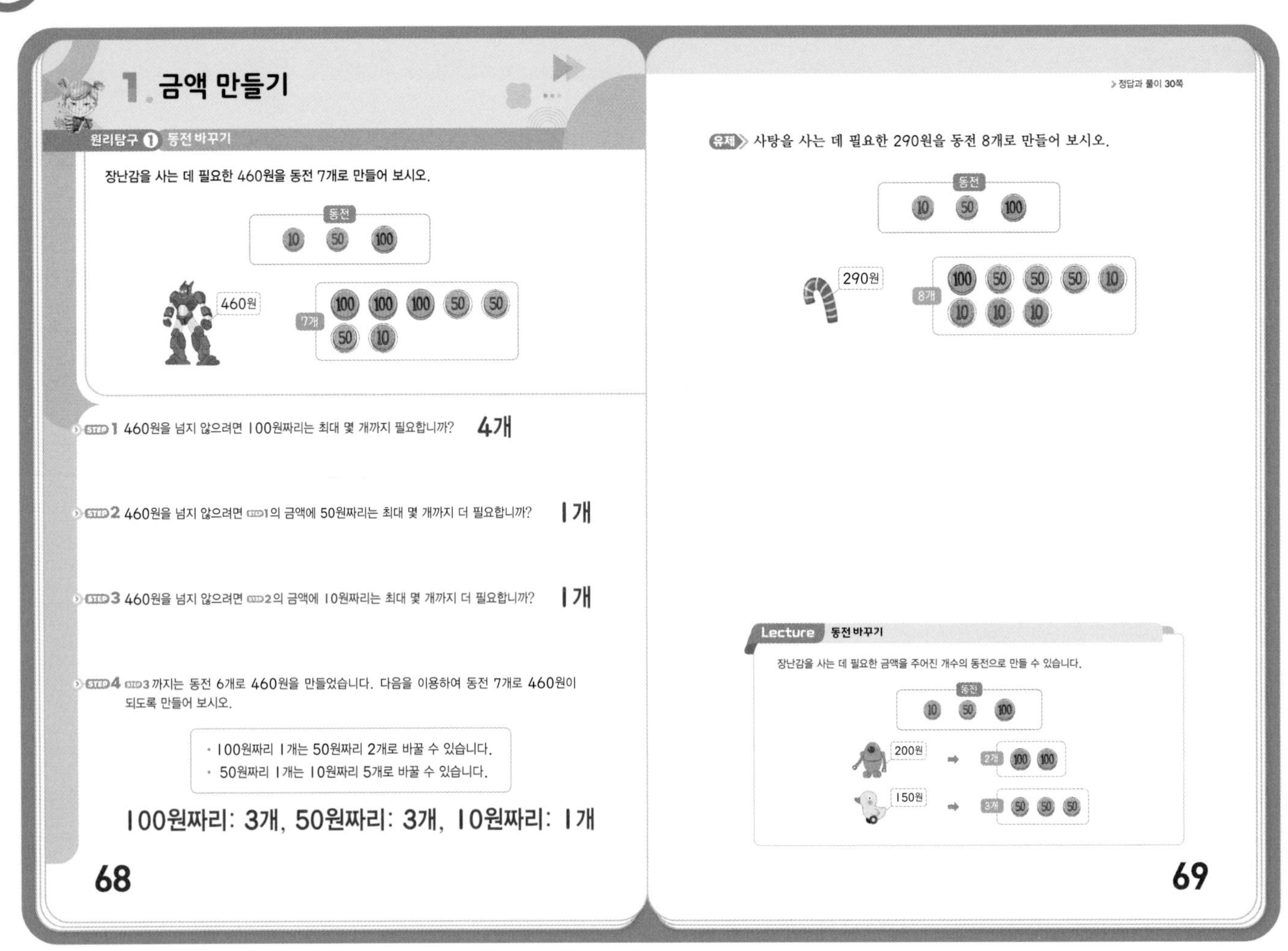

1. 금액 만들기
원리탐구 ① 동전 바꾸기
장난감을 사는 데 필요한 460원을 동전 7개로 만들어 보시오.
STEP 1 460원을 넘지 않으려면 100원짜리는 최대 몇 개까지 필요합니까? 4개
STEP 2 460원을 넘지 않으려면 STEP1의 금액에 50원짜리는 최대 몇 개까지 더 필요합니까? 1개
STEP 3 460원을 넘지 않으려면 STEP2의 금액에 10원짜리는 최대 몇 개까지 더 필요합니까? 1개
STEP 4 STEP3 까지는 동전 6개로 460원을 만들었습니다. 다음을 이용하여 동전 7개로 460원이 되도록 만들어 보시오.
100원짜리: 3개, 50원짜리: 3개, 10원짜리: 1개
68
유제 사탕을 사는 데 필요한 290원을 동전 8개로 만들어 보시오.
Lecture 동전 바꾸기
69

원리탐구 ①

STEP 1 460원을 넘지 않으려면 100원짜리는 최대 4개까지 필요합니다.

STEP 2 100원짜리 동전 4개는 400원이므로, 460원을 넘지 않으려면 50원짜리는 최대 1개까지 필요합니다.

STEP 3 100원짜리 동전 4개와 50원짜리 동전 1개는 450원이므로, 460원을 넘지 않으려면 10원짜리는 최대 1개까지 필요합니다.

STEP 4

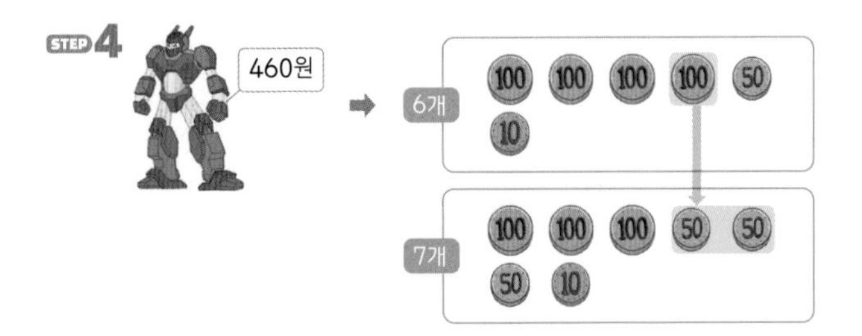

유제 290원을 최소의 동전 개수로 만든 다음 조건에 맞게 동전을 바꿉니다.

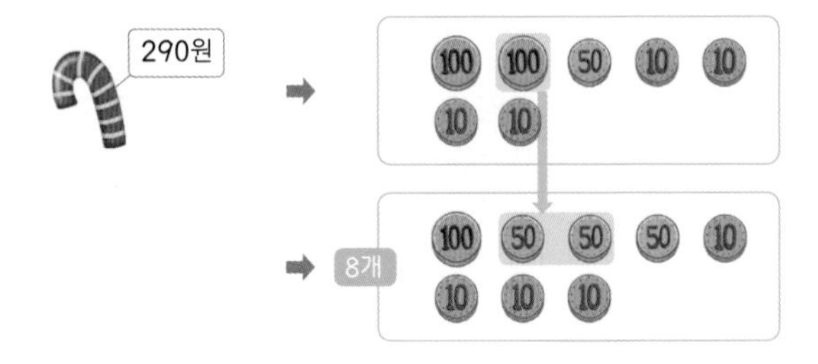

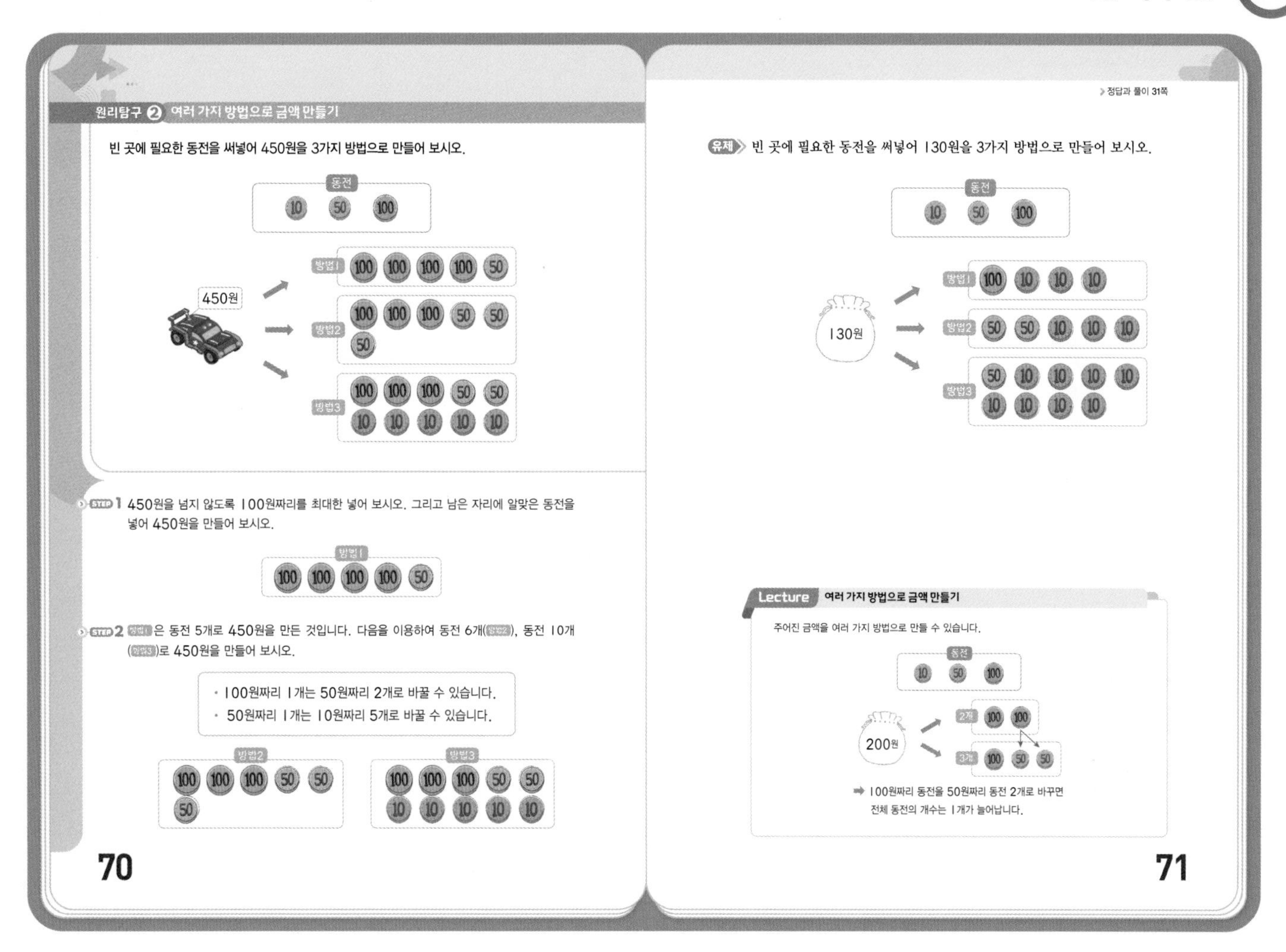
원리탐구 ❷ 여러 가지 방법으로 금액 만들기

빈 곳에 필요한 동전을 써넣어 450원을 3가지 방법으로 만들어 보시오.

동전: 10, 50, 100

450원

방법1: 100 100 100 100 50

방법2: 100 100 100 50 50 50

방법3: 100 100 100 50 50 10 10 10 10 10

STEP 1 450원을 넘지 않도록 100원짜리를 최대한 넣어 보시오. 그리고 남은 자리에 알맞은 동전을 넣어 450원을 만들어 보시오.

방법1: 100 100 100 100 50

STEP 2 방법1은 동전 5개로 450원을 만든 것입니다. 다음을 이용하여 동전 6개(방법2), 동전 10개(방법3)로 450원을 만들어 보시오.

- 100원짜리 1개는 50원짜리 2개로 바꿀 수 있습니다.
- 50원짜리 1개는 10원짜리 5개로 바꿀 수 있습니다.

방법2: 100 100 100 50 50 50

방법3: 100 100 100 50 50 10 10 10 10 10

70

정답과 풀이 31쪽

유제 빈 곳에 필요한 동전을 써넣어 130원을 3가지 방법으로 만들어 보시오.

동전: 10, 50, 100

130원

방법1: 100 10 10 10

방법2: 50 50 10 10 10

방법3: 50 10 10 10 10 10 10 10 10

Lecture 여러 가지 방법으로 금액 만들기

주어진 금액을 여러 가지 방법으로 만들 수 있습니다.

동전: 10, 50, 100

200원 — 2개: 100 100 / 3개: 100 50 50

➡ 100원짜리 동전을 50원짜리 동전 2개로 바꾸면 전체 동전의 개수는 1개가 늘어납니다.

71

원리탐구 ❷

450원을 최소의 동전 개수로 만든 다음 주어진 조건에 맞게 동전을 바꿉니다.

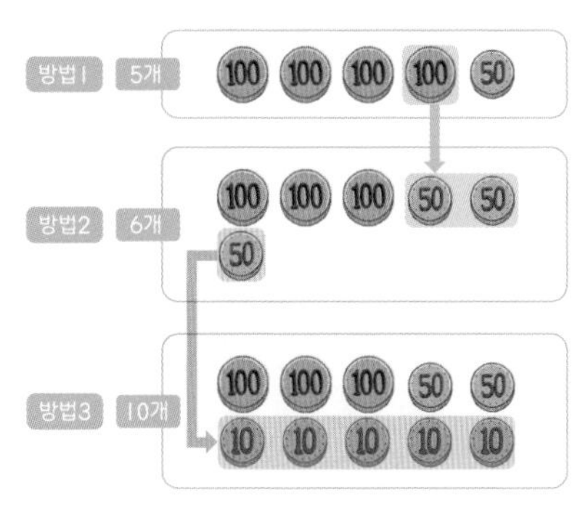

유제 130원을 최소의 동전 개수로 만든 다음 주어진 조건에 맞게 동전을 바꿉니다.

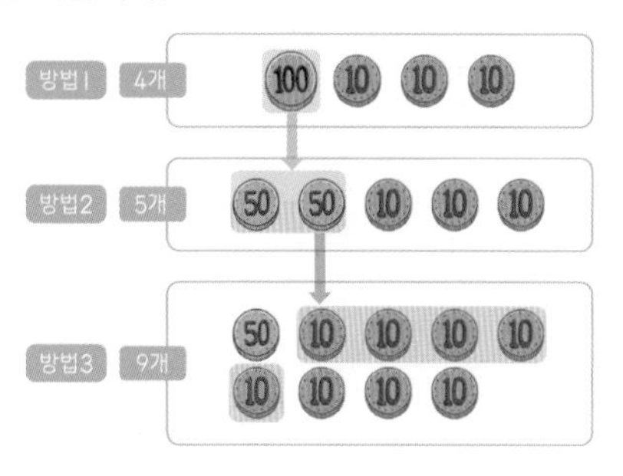

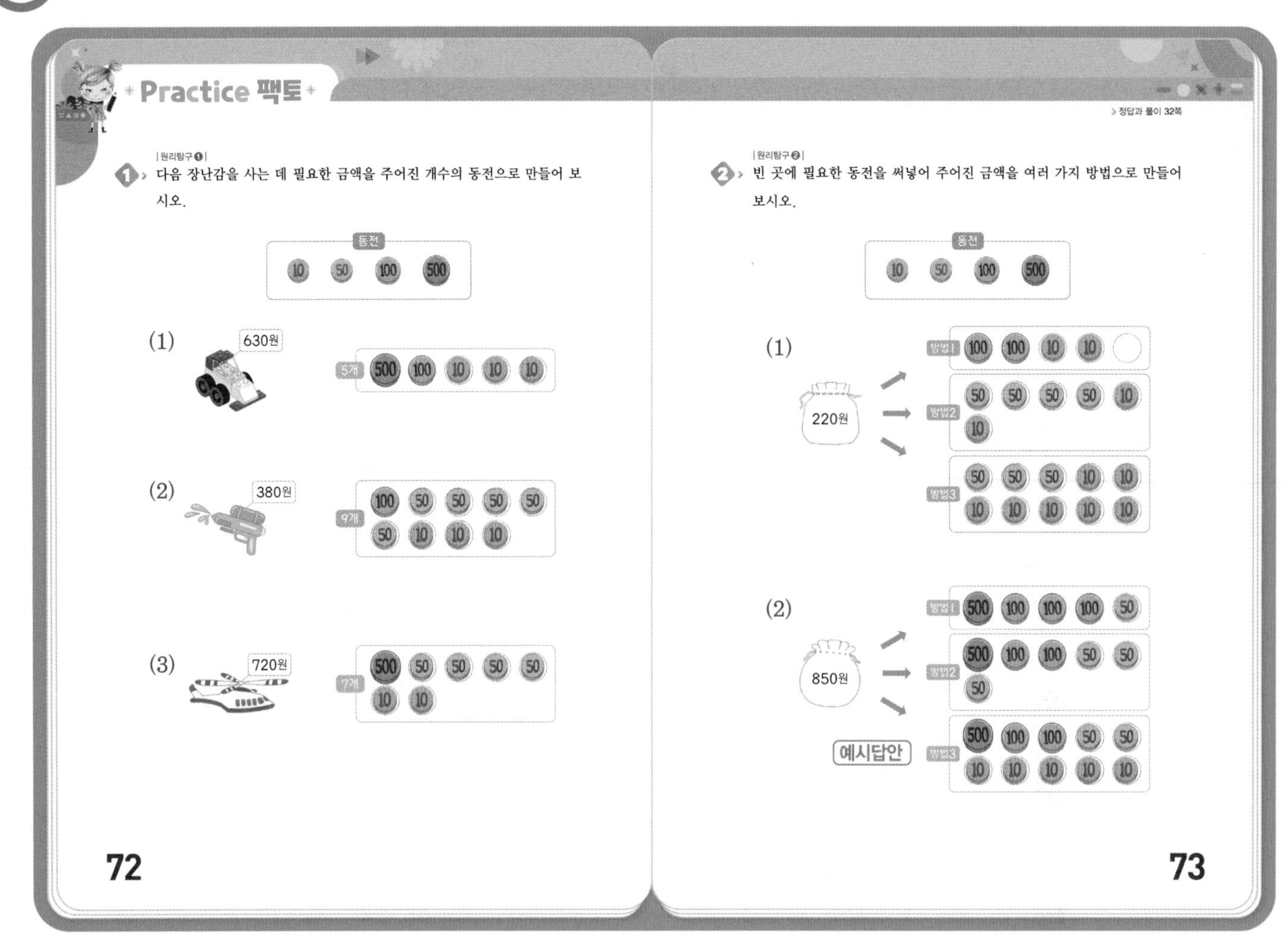

Practice 팩토
정답과 풀이 32쪽
원리탐구❶
1 다음 장난감을 사는 데 필요한 금액을 주어진 개수의 동전으로 만들어 보시오.
동전
(1) 630원 5개
(2) 380원 9개
(3) 720원 7개
72
원리탐구❷
2 빈 곳에 필요한 동전을 써넣어 주어진 금액을 여러 가지 방법으로 만들어 보시오.
동전
(1) 220원 방법1 방법2 방법3
(2) 850원 방법1 방법2 방법3
예시답안
73

1 주어진 금액을 최소의 동전 개수로 만든 다음 조건에 맞게 동전을 바꿉니다.

(2) 380원 만들기

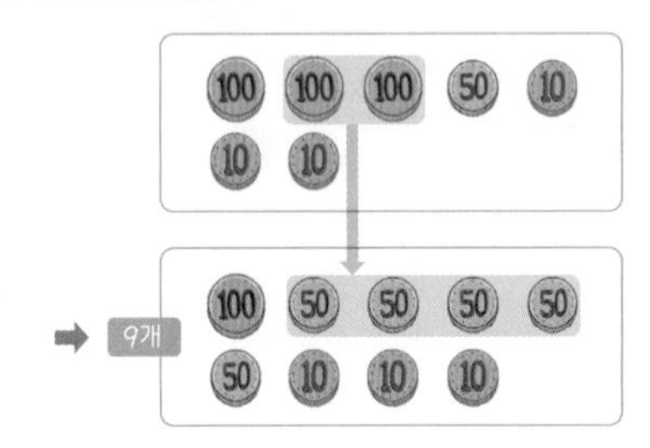

(3) 720원 만들기

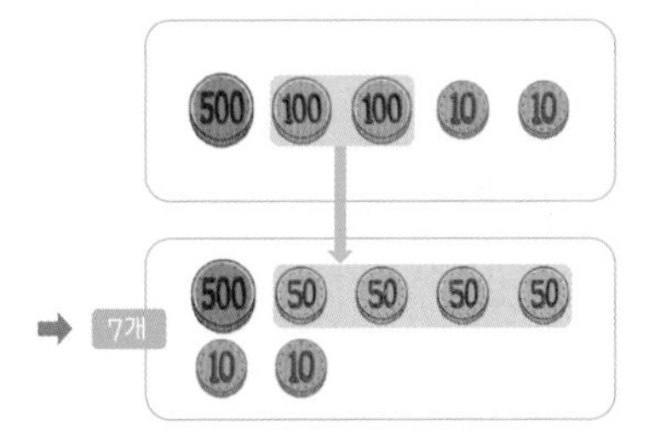

2 주어진 금액을 최소의 동전 개수로 만든 다음 조건에 맞게 동전을 바꿉니다.

(1) 220원 만들기

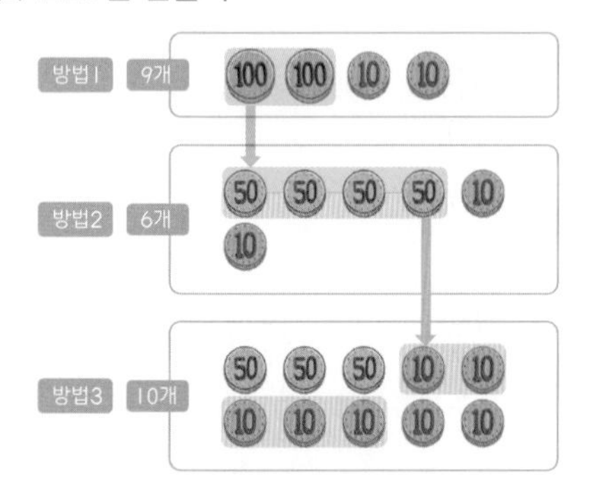

(2) 850원 만들기

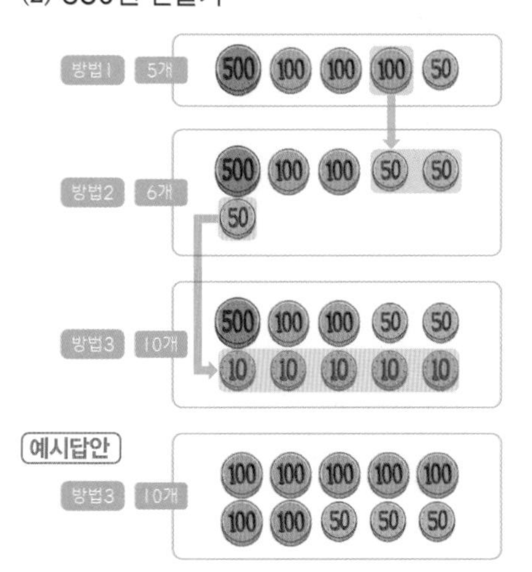

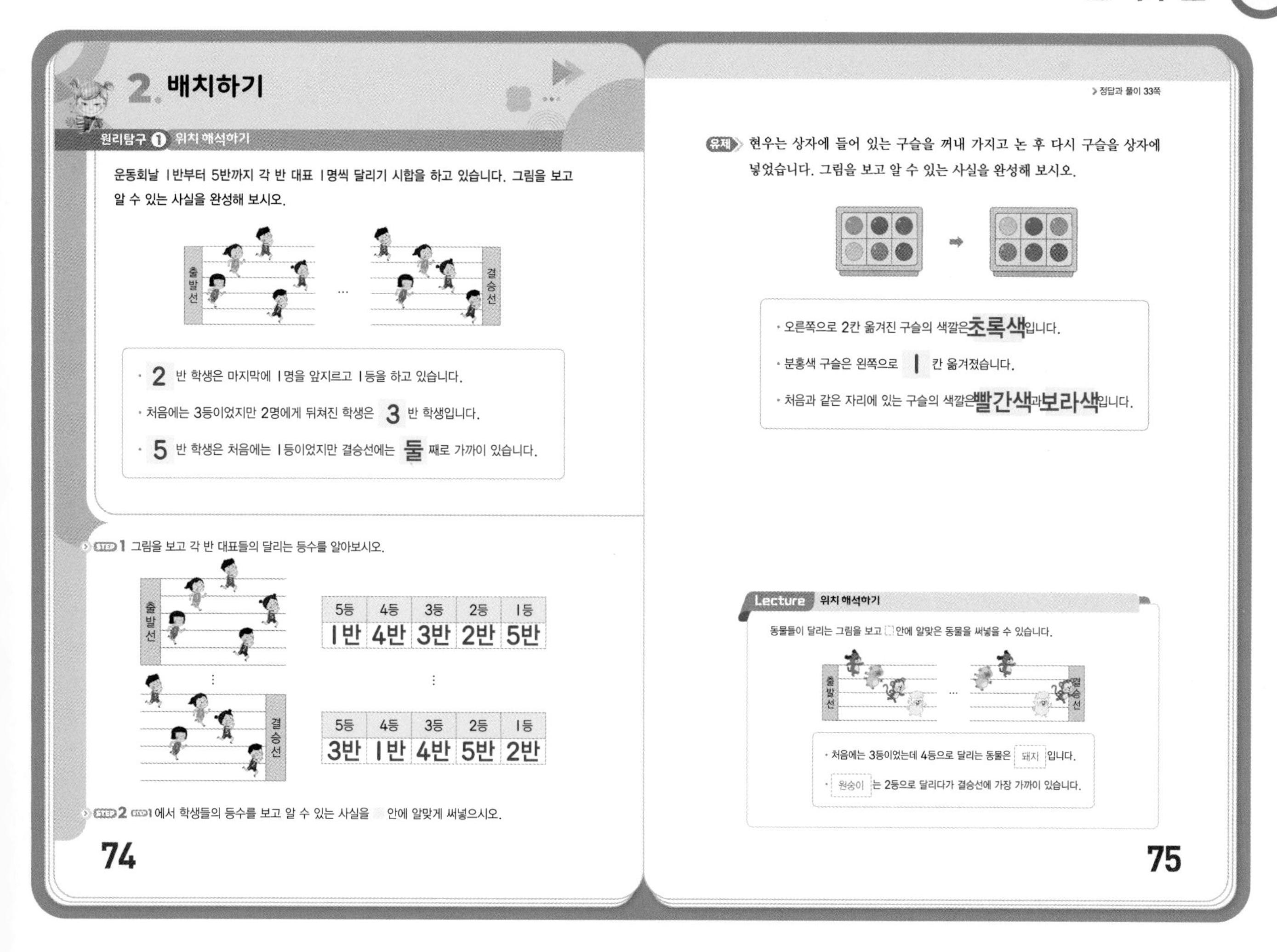

2. 배치하기

원리탐구 ❶ 위치 해석하기

운동회날 1반부터 5반까지 각 반 대표 1명씩 달리기 시합을 하고 있습니다. 그림을 보고 알 수 있는 사실을 완성해 보시오.

- 2 반 학생은 마지막에 1명을 앞지르고 1등을 하고 있습니다.
- 처음에는 3등이었지만 2명에게 뒤쳐진 학생은 3 반 학생입니다.
- 5 반 학생은 처음에는 1등이었지만 결승선에는 둘 째로 가까이 있습니다.

STEP 1 그림을 보고 각 반 대표들의 달리는 등수를 알아보시오.

5등	4등	3등	2등	1등
1반	4반	3반	2반	5반

5등	4등	3등	2등	1등
3반	1반	4반	5반	2반

STEP 2 STEP 1에서 학생들의 등수를 보고 알 수 있는 사실을 안에 알맞게 써넣으시오.

74

> 정답과 풀이 33쪽

유제 현우는 상자에 들어 있는 구슬을 꺼내 가지고 논 후 다시 구슬을 상자에 넣었습니다. 그림을 보고 알 수 있는 사실을 완성해 보시오.

- 오른쪽으로 2칸 옮겨진 구슬의 색깔은 초록색입니다.
- 분홍색 구슬은 왼쪽으로 1 칸 옮겨졌습니다.
- 처음과 같은 자리에 있는 구슬의 색깔은 빨간색과 보라색입니다.

Lecture 위치 해석하기

동물들이 달리는 그림을 보고 □ 안에 알맞은 동물을 써넣을 수 있습니다.

- 처음에는 3등이었는데 4등으로 달리는 동물은 돼지 입니다.
- 원숭이 는 2등으로 달리다가 결승선에 가장 가까이 있습니다.

75

원리탐구 ❶

STEP 1

STEP 2
- 1명을 앞질러 1등이 되려면 처음에는 2등이었어야 하므로 2반 학생입니다.
- 3등이다가 2명에게 뒤쳐져 5등이 된 학생은 3반 학생입니다.
- 처음에는 1등이었던 학생은 5반 학생입니다. 5반 학생은 결승선에서 둘째로 가까이 있습니다.

유제
- 왼쪽 상자에서 가장 왼쪽에 있어야 오른쪽으로 2칸 옮길 수 있습니다.
- 분홍색 구슬은 왼쪽으로 1칸 옮겨졌습니다.
- 왼쪽과 오른쪽 상자에서 같은 위치에 있는 구슬의 색깔은 빨간색과 보라색입니다.

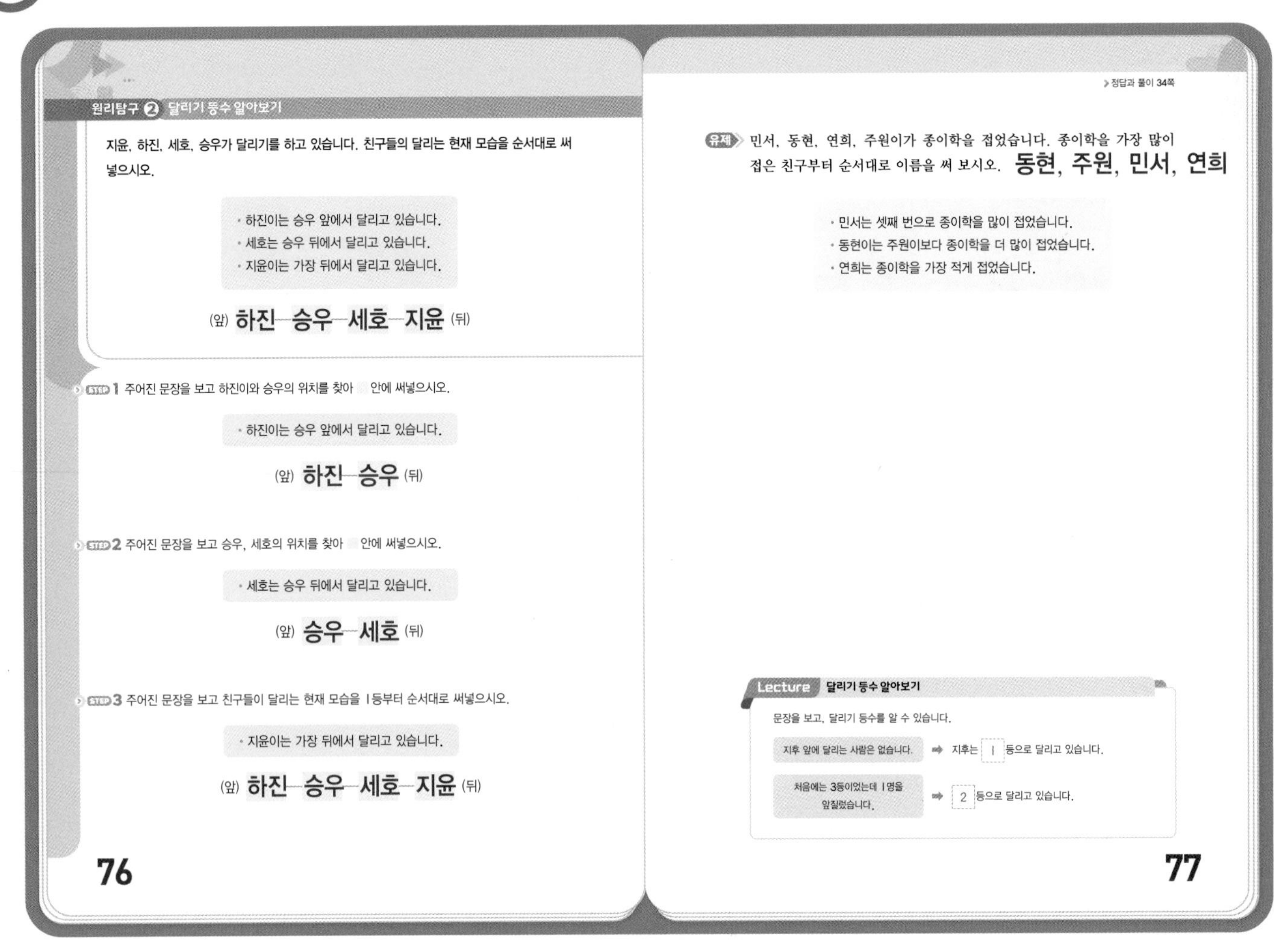

원리탐구 ❷ 달리기 등수 알아보기

지윤, 하진, 세호, 승우가 달리기를 하고 있습니다. 친구들의 달리는 현재 모습을 순서대로 써넣으시오.

- 하진이는 승우 앞에서 달리고 있습니다.
- 세호는 승우 뒤에서 달리고 있습니다.
- 지윤이는 가장 뒤에서 달리고 있습니다.

(앞) 하진 — 승우 — 세호 — 지윤 (뒤)

STEP 1 주어진 문장을 보고 하진이와 승우의 위치를 찾아 안에 써넣으시오.

- 하진이는 승우 앞에서 달리고 있습니다.

(앞) 하진 — 승우 (뒤)

STEP 2 주어진 문장을 보고 승우, 세호의 위치를 찾아 안에 써넣으시오.

- 세호는 승우 뒤에서 달리고 있습니다.

(앞) 승우 — 세호 (뒤)

STEP 3 주어진 문장을 보고 친구들이 달리는 현재 모습을 1등부터 순서대로 써넣으시오.

- 지윤이는 가장 뒤에서 달리고 있습니다.

(앞) 하진 — 승우 — 세호 — 지윤 (뒤)

76

정답과 풀이 34쪽

유제 민서, 동현, 연희, 주원이가 종이학을 접었습니다. 종이학을 가장 많이 접은 친구부터 순서대로 이름을 써 보시오. 동현, 주원, 민서, 연희

- 민서는 셋째 번으로 종이학을 많이 접었습니다.
- 동현이는 주원이보다 종이학을 더 많이 접었습니다.
- 연희는 종이학을 가장 적게 접었습니다.

Lecture 달리기 등수 알아보기

문장을 보고, 달리기 등수를 알 수 있습니다.

지후 앞에 달리는 사람은 없습니다. ➡ 지후는 1 등으로 달리고 있습니다.

처음에는 3등이었는데 1명을 앞질렀습니다. ➡ 2 등으로 달리고 있습니다.

77

원리탐구 ❷

STEP 1 하진이가 승우 앞에서 달리고 있으므로 하진이가 승우 앞에 있습니다.
➡ 하진 — 승우

STEP 2 세호는 승우 뒤에서 달리고 있으므로 세호가 승우 뒤에 있습니다.
➡ 하진 — 승우 — 세호

STEP 3 지윤이가 가장 뒤에서 달리고 있으므로 4등으로 나타내고, 나머지 세 칸에 하진 — 승우 — 세호 순서대로 써넣습니다.
➡ 하진 — 승우 — 세호 — 지윤

유제 • 동현이는 주원이보다 종이학을 더 많이 접었습니다.
➡ 동현 > 주원
• 연희는 종이학을 가장 적게 접었습니다.
➡ 연희가 넷째로 많이 접었습니다.

따라서 종이학을 가장 많이 접은 친구부터 순서대로 이름을 쓰면 동현, 주원, 민서, 연희입니다.

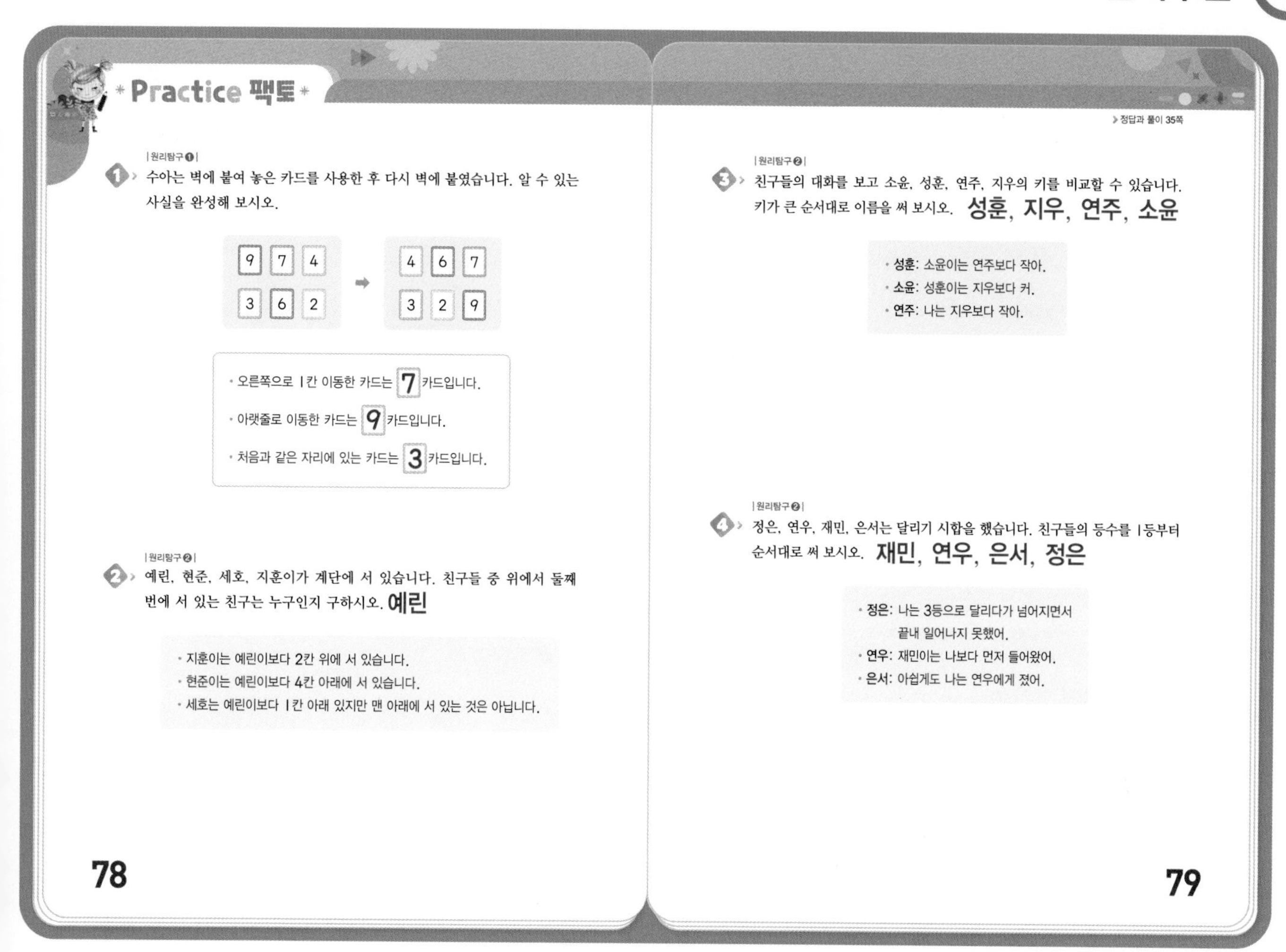

Practice 팩토

정답과 풀이 35쪽

| 원리탐구 ❶ |

1. 수아는 벽에 붙여 놓은 카드를 사용한 후 다시 벽에 붙였습니다. 알 수 있는 사실을 완성해 보시오.

9	7	4
3	6	2

➡

4	6	7
3	2	9

- 오른쪽으로 1칸 이동한 카드는 7 카드입니다.
- 아랫줄로 이동한 카드는 9 카드입니다.
- 처음과 같은 자리에 있는 카드는 3 카드입니다.

| 원리탐구 ❷ |

2. 예린, 현준, 세호, 지훈이가 계단에 서 있습니다. 친구들 중 위에서 둘째 번에 서 있는 친구는 누구인지 구하시오. 예린

- 지훈이는 예린이보다 2칸 위에 서 있습니다.
- 현준이는 예린이보다 4칸 아래에 서 있습니다.
- 세호는 예린이보다 1칸 아래 있지만 맨 아래에 서 있는 것은 아닙니다.

78

| 원리탐구 ❷ |

3. 친구들의 대화를 보고 소윤, 성훈, 연주, 지우의 키를 비교할 수 있습니다. 키가 큰 순서대로 이름을 써 보시오. 성훈, 지우, 연주, 소윤

- 성훈: 소윤이는 연주보다 작아.
- 소윤: 성훈이는 지우보다 커.
- 연주: 나는 지우보다 작아.

| 원리탐구 ❷ |

4. 정은, 연우, 재민, 은서는 달리기 시합을 했습니다. 친구들의 등수를 1등부터 순서대로 써 보시오. 재민, 연우, 은서, 정은

- 정은: 나는 3등으로 달리다가 넘어지면서 끝내 일어나지 못했어.
- 연우: 재민이는 나보다 먼저 들어왔어.
- 은서: 아쉽게도 나는 연우에게 졌어.

79

- 오른쪽으로 1칸 이동하려면 가장 왼쪽이나 가운데 있는 카드이어야 합니다.
  ➡ 9, 7, 3, 6 카드를 확인해 보면 오른쪽으로 1칸 이동한 카드는 7 카드입니다.
- 아랫줄로 이동하려면 윗줄에 있는 카드이어야 합니다.
  ➡ 9, 7, 4 카드를 확인해 보면 아랫줄로 이동한 카드는 9 카드입니다.

2. 문장을 보고 그림으로 나타내어 봅니다.
- 지훈이는 예린이보다 2칸 위에 서 있습니다.
- 현준이는 예린이보다 4칸 아래에 서 있습니다.
- 세호는 예린이보다 1칸 아래에 서 있지만 맨 아래에 서 있는 것은 아니므로 예린이와 현준이 사이에 서 있습니다.

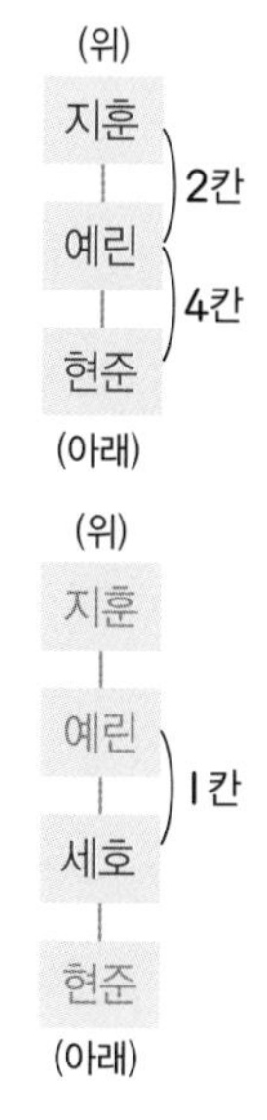

- 소윤이는 연주보다 작아. ➡ 연주 > 소윤
- 성훈이는 지우보다 커. ➡ 성훈 > 지우
- 연주는 지우보다 작아. ➡ 지우 > 연주

성훈 > 지우 > 연주 > 소윤이므로 키가 큰 순서대로 이름을 쓰면 성훈, 지우, 연주, 소윤입니다.

- 정은이는 3등으로 달리다가 넘어지면서 끝내 일어나지 못했으므로 4등입니다.
- 재민이는 연우보다 먼저 들어 왔습니다.
  ➡ 재민 — 연우
- 은서는 연우보다 늦게 들어 왔습니다.
  ➡ 재민 — 연우 — 은서

따라서 1등부터 순서대로 쓰면 재민, 연우, 은서, 정은이입니다.

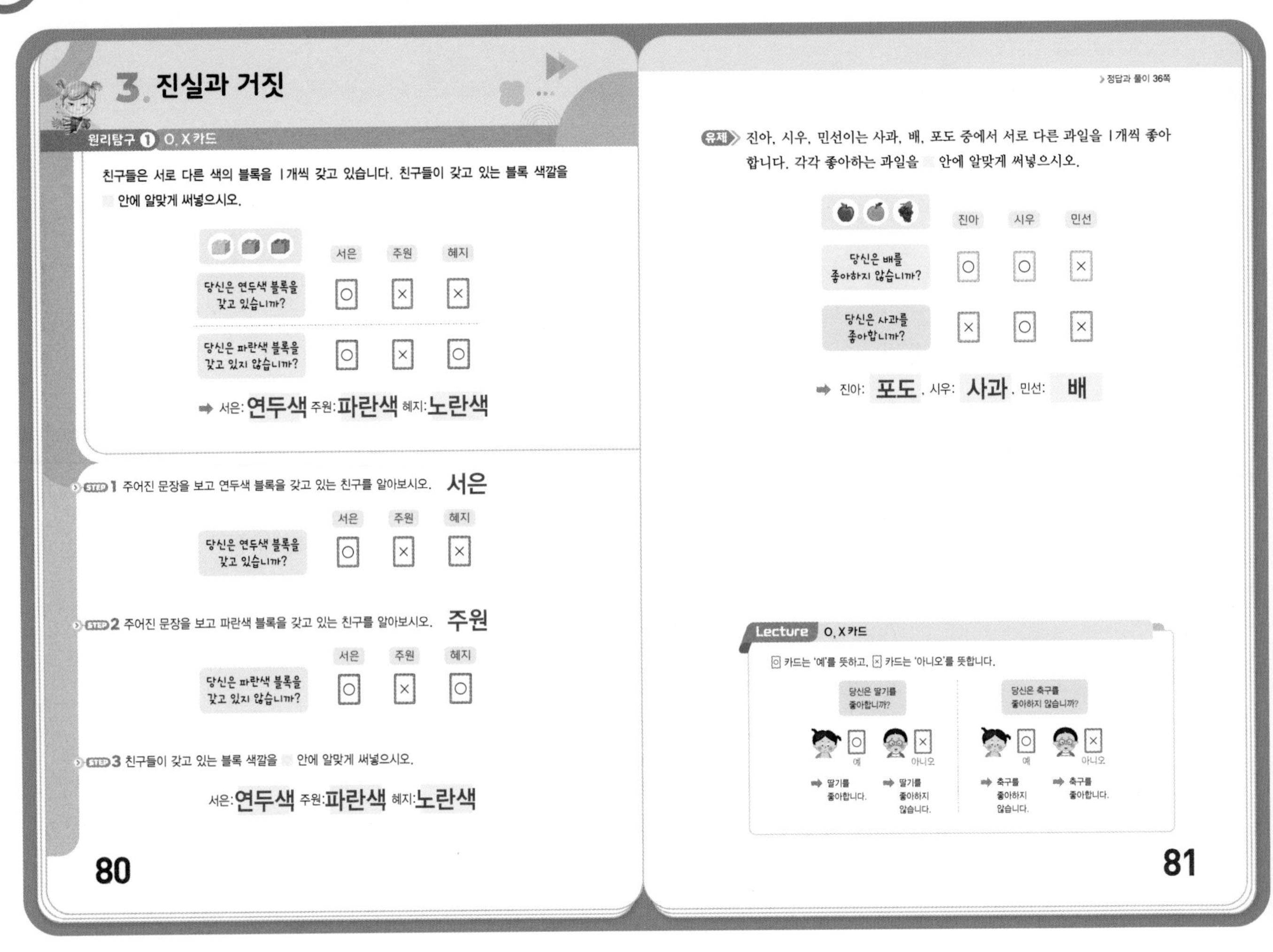

원리탐구 ①

STEP 1 연두색 블록을 갖고 있습니까?라는 질문의 답이 '예'인 사람은 서은이입니다.
➡ 서은이는 연두색 블록을 갖고 있습니다.

STEP 2 파란색 블록을 갖고 있지 않습니까?라는 질문의 답이 '아니오'인 사람은 주원입니다.
➡ 주원이는 파란색 블록을 갖고 있습니다.

STEP 3 서은이는 연두색 블록, 주원이는 파란색 블록을 갖고 있으므로 혜지는 노란색 블록을 갖고 있습니다.

유제
- 배를 좋아하지 않습니까?라는 질문의 답이 '아니오'인 사람은 민선이입니다.
  ➡ 민선이는 배를 좋아합니다.
- 사과를 좋아합니까?라는 질문의 답이 '예'인 사람은 시우입니다.
  ➡ 시우는 사과를 좋아합니다.

민선이는 배, 시우는 사과를 좋아하므로 진아는 포도를 좋아합니다.

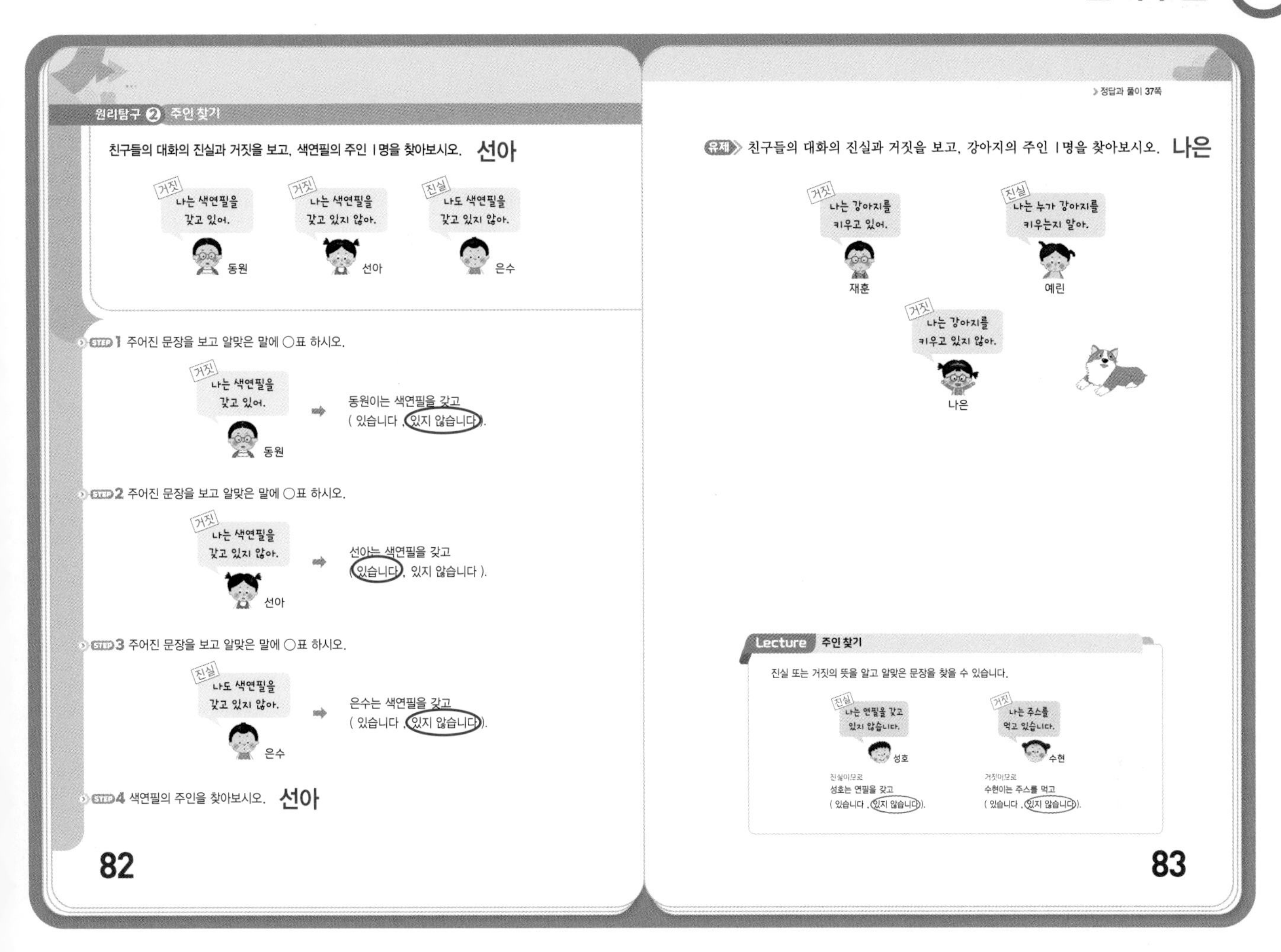

원리탐구 ❷

STEP 1 동원: 나는 색연필을 갖고 있어. 거짓
➡ 동원이는 색연필을 갖고 있지 않습니다.

STEP 2 선아: 나는 색연필을 갖고 있지 않아. 거짓
➡ 선아는 색연필을 갖고 있습니다.

STEP 3 은수: 나도 색연필을 갖고 있지 않아. 진실
➡ 은수는 게임기를 갖고 있지 않습니다.

STEP 4 색연필을 갖고 있는 사람은 선아입니다.

유제
- 재훈: 나는 강아지를 키우고 있어. 거짓
  ➡ 재훈이는 강아지를 키우지 않습니다.
- 예린: 나는 누가 강아지를 키우는지 알아. 진실
  ➡ 예린이는 누가 강아지를 키우는지 알고 있습니다.
- 나은: 나는 강아지를 키우고 있지 않아. 거짓
  ➡ 나은이는 강아지를 키우고 있습니다.

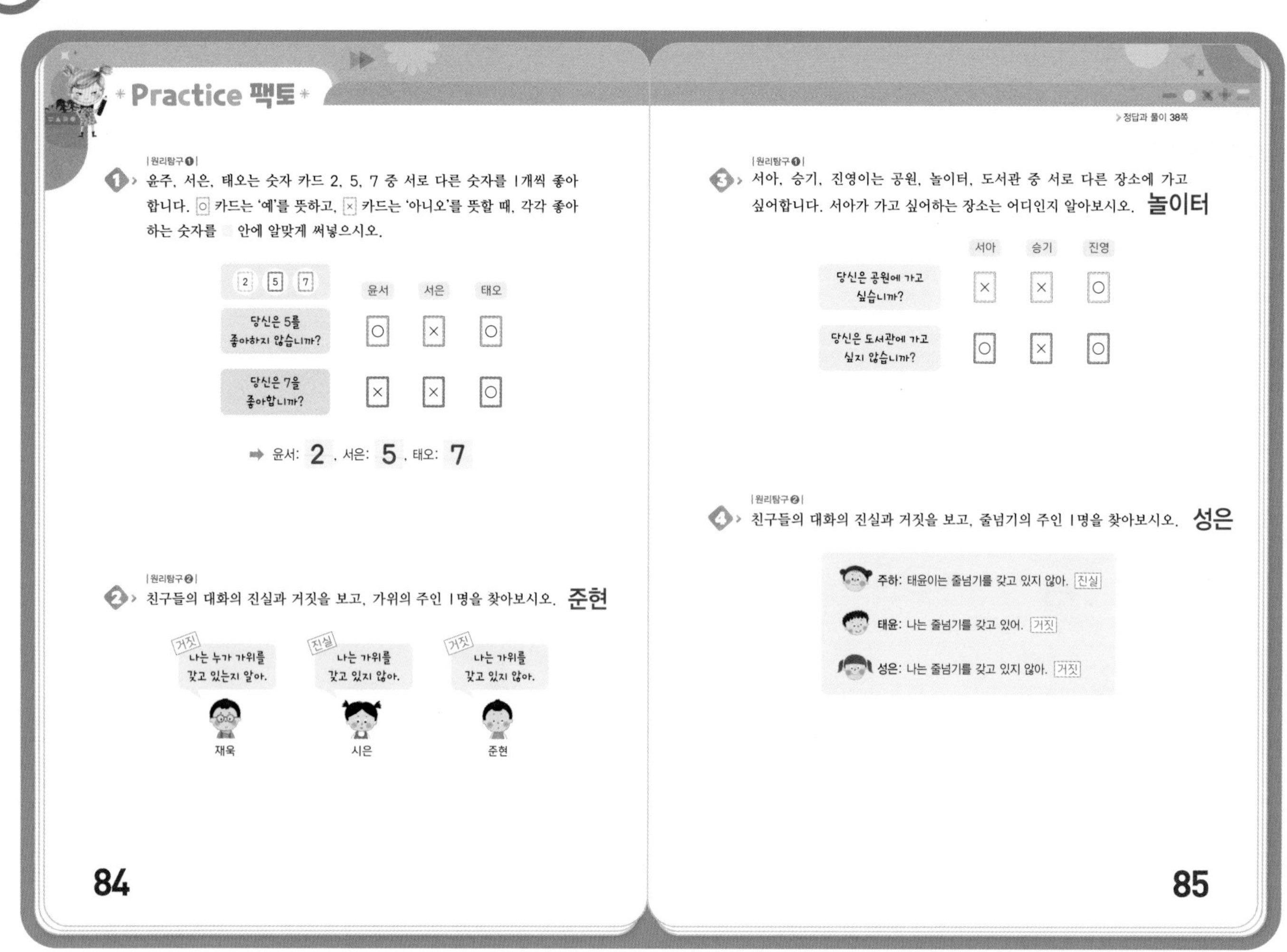

Practice 팩토

정답과 풀이 38쪽

| 원리탐구 ❶ |

1 윤주, 서은, 태오는 숫자 카드 2, 5, 7 중 서로 다른 숫자를 1개씩 좋아합니다. ○ 카드는 '예'를 뜻하고, × 카드는 '아니오'를 뜻할 때, 각각 좋아하는 숫자를 안에 알맞게 써넣으시오.

2 5 7	윤서	서은	태오
당신은 5를 좋아하지 않습니까?	○	×	○
당신은 7을 좋아합니까?	×	×	○

➡ 윤서: 2, 서은: 5, 태오: 7

| 원리탐구 ❷ |

2 친구들의 대화의 진실과 거짓을 보고, 가위의 주인 1명을 찾아보시오. 준현

84

| 원리탐구 ❶ |

3 서아, 승기, 진영이는 공원, 놀이터, 도서관 중 서로 다른 장소에 가고 싶어합니다. 서아가 가고 싶어하는 장소는 어디인지 알아보시오. 놀이터

	서아	승기	진영
당신은 공원에 가고 싶습니까?	×	×	○
당신은 도서관에 가고 싶지 않습니까?	○	×	○

| 원리탐구 ❷ |

4 친구들의 대화의 진실과 거짓을 보고, 줄넘기의 주인 1명을 찾아보시오. 성은

85

- 5를 좋아하지 않습니까?라는 질문에 '아니오'라고 대답한 사람은 서은입니다.
  ➡ 서은이는 5를 좋아합니다.
- 7을 좋아합니까?라는 질문에 '예'라고 대답한 사람은 태오입니다.
  ➡ 태오는 7을 좋아합니다.

서은이는 5를 좋아하고, 태오는 7을 좋아하므로 윤서가 좋아하는 수는 2입니다.

- 재욱: 나는 누가 가위를 갖고 있는지 알아. 거짓
  ➡ 재욱이는 누가 가위를 갖고 있는지 모릅니다.
- 시은: 나는 가위를 갖고 있지 않아. 진실
  ➡ 시은이는 가위를 갖고 있지 않습니다.
- 준현: 나는 가위를 갖고 있지 않아. 거짓
  ➡ 준현이는 가위를 갖고 있습니다.

따라서 가위의 주인은 준현이입니다.

3

- 공원에 가고 싶습니까?라는 질문에 '예'라고 대답한 사람은 진영이입니다.
  ➡ 진영이는 공원에 가고 싶어합니다.
- 도서관에 가고 싶지 않습니까?라는 질문에 '아니오'라고 대답한 사람은 승기입니다.
  ➡ 승기는 도서관에 가고 싶어합니다.

진영이는 공원에 가고 싶어하고, 승기는 도서관에 가고 싶어하므로 서아가 가고 싶어하는 장소는 놀이터입니다.

- 주하: 태윤이는 줄넘기를 갖고 있지 않아. 진실
  ➡ 태윤이는 줄넘기를 갖고 있지 않습니다.
- 태윤: 나는 줄넘기를 갖고 있어. 거짓
  ➡ 태윤이는 줄넘기를 갖고 있지 않습니다.
- 성은: 나는 줄넘기를 갖고 있지 않아. 거짓
  ➡ 성은이는 줄넘기를 갖고 있습니다.

따라서 줄넘기의 주인은 성은이입니다.

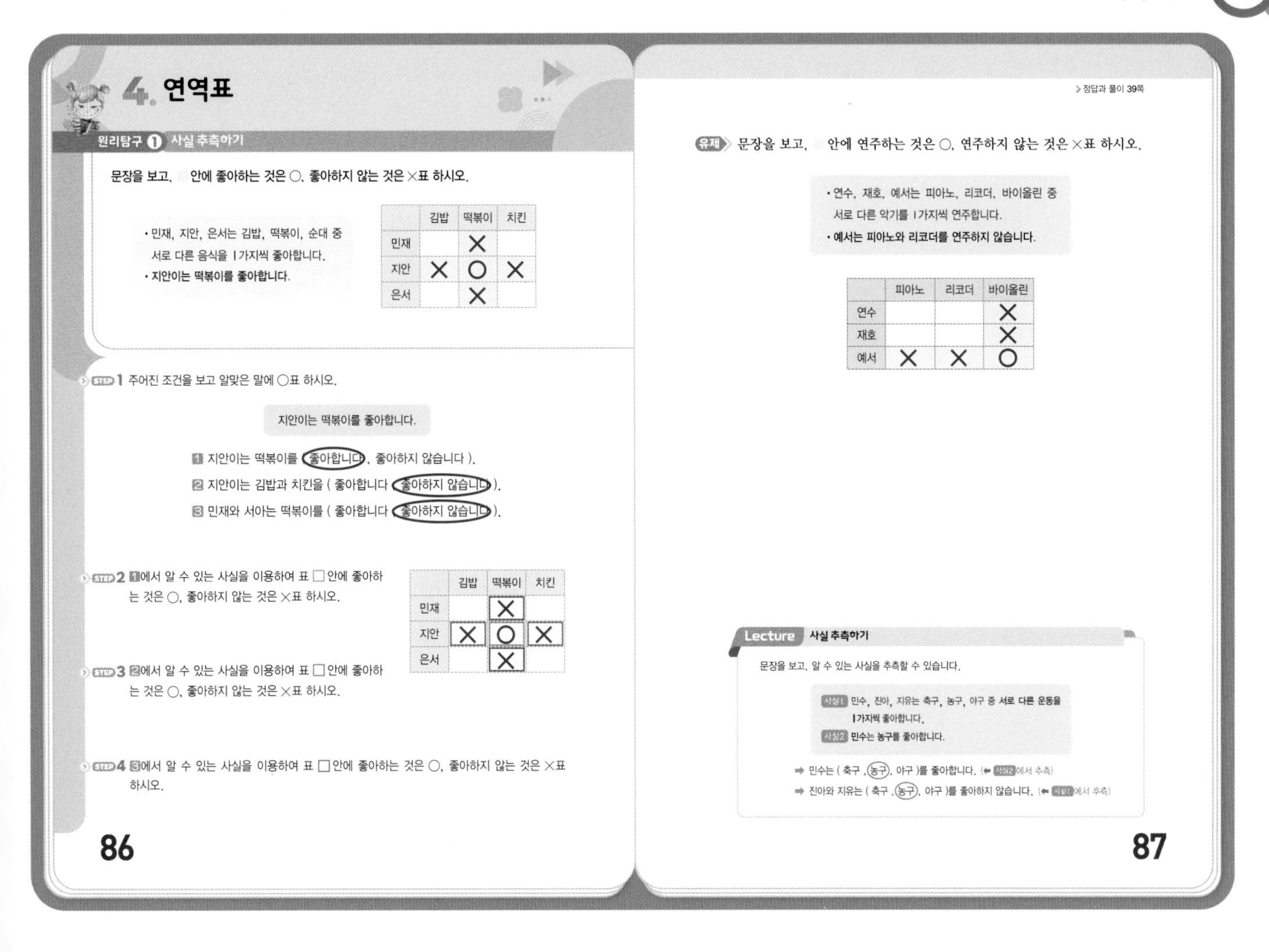

4. 연역표

원리탐구 ① 사실 추측하기

문장을 보고, 안에 좋아하는 것은 ○, 좋아하지 않는 것은 ×표 하시오.

- 민재, 지안, 은서는 김밥, 떡볶이, 순대 중 서로 다른 음식을 1가지씩 좋아합니다.
- **지안이는 떡볶이를 좋아합니다.**

	김밥	떡볶이	치킨
민재		×	
지안	×	○	×
은서		×	

STEP 1 주어진 조건을 보고 알맞은 말에 ○표 하시오.

지안이는 떡볶이를 좋아합니다.

1. 지안이는 떡볶이를 (좋아합니다 , 좋아하지 않습니다).
2. 지안이는 김밥과 치킨을 (좋아합니다 , 좋아하지 않습니다).
3. 민재와 서아는 떡볶이를 (좋아합니다 , 좋아하지 않습니다).

STEP 2 1에서 알 수 있는 사실을 이용하여 표 □ 안에 좋아하는 것은 ○, 좋아하지 않는 것은 ×표 하시오.

	김밥	떡볶이	치킨
민재		×	
지안	×	○	×
은서		×	

STEP 3 2에서 알 수 있는 사실을 이용하여 표 □ 안에 좋아하는 것은 ○, 좋아하지 않는 것은 ×표 하시오.

STEP 4 3에서 알 수 있는 사실을 이용하여 표 □ 안에 좋아하는 것은 ○, 좋아하지 않는 것은 ×표 하시오.

86

> 정답과 풀이 39쪽

유제 문장을 보고, 안에 연주하는 것은 ○, 연주하지 않는 것은 ×표 하시오.

- 연수, 재호, 예서는 피아노, 리코더, 바이올린 중 서로 다른 악기를 1가지씩 연주합니다.
- **예서는 피아노와 리코더를 연주하지 않습니다.**

	피아노	리코더	바이올린
연수			×
재호			×
예서	×	×	○

Lecture 사실 추측하기

문장을 보고, 알 수 있는 사실을 추측할 수 있습니다.

사실1 민수, 진아, 지유는 축구, 농구, 야구 중 서로 다른 운동을 1가지씩 좋아합니다.
사실2 민수는 농구를 좋아합니다.

➡ 민수는 (축구 , 농구 , 야구)를 좋아합니다. (⬅ 사실2에서 추측)
➡ 진아와 지유는 (축구 , 농구 , 야구)를 좋아하지 않습니다. (⬅ 사실1에서 추측)

87

원리탐구 ①

STEP 2 지안이는 떡볶이를 좋아합니다.

	김밥	떡볶이	치킨
민재			
지안		○	
은서			

STEP 3 지안이는 김밥, 치킨을 좋아하지 않습니다.

	김밥	떡볶이	치킨
민재			
지안	×	○	×
은서			

STEP 4 민재와 은서는 떡볶이를 좋아하지 않습니다.

	김밥	떡볶이	치킨
민재		×	
지안	×	○	×
은서		×	

유제 • 예서는 피아노와 리코더를 연주하지 않습니다.
➡ 예서는 바이올린을 연주합니다.
➡ 연수와 재호는 바이올린을 연주하지 않습니다.

	피아노	리코더	바이올린
연수			×
재호			×
예서	×	×	○

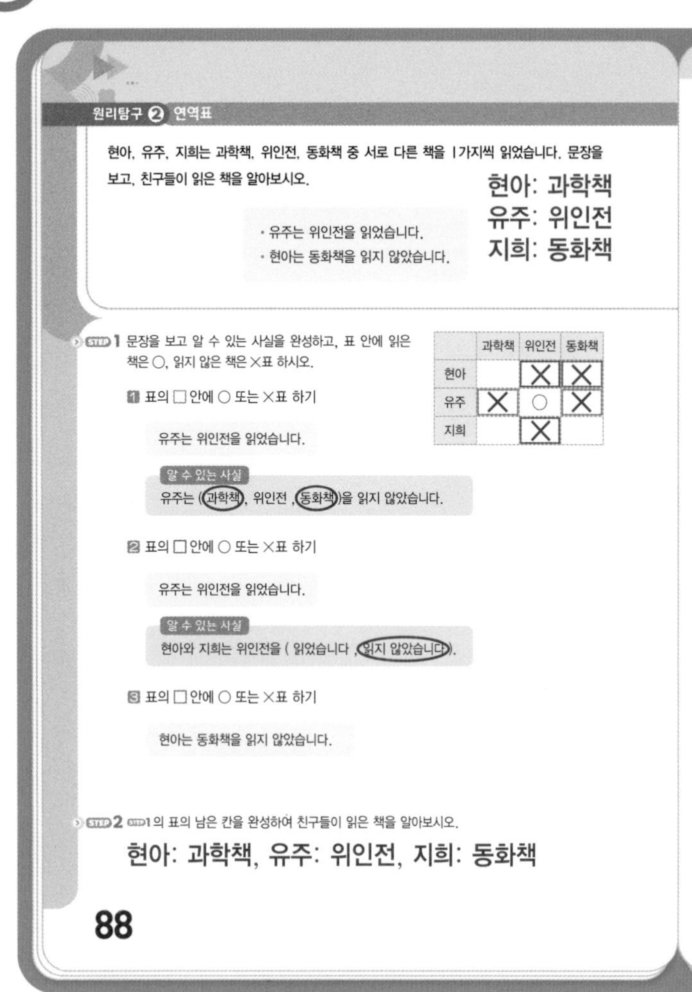

원리탐구 ② 연역표

현아, 유주, 지희는 과학책, 위인전, 동화책 중 서로 다른 책을 1가지씩 읽었습니다. 문장을 보고, 친구들이 읽은 책을 알아보시오.

• 유주는 위인전을 읽었습니다.
• 현아는 동화책을 읽지 않았습니다.

현아: 과학책
유주: 위인전
지희: 동화책

STEP 1 문장을 보고 알 수 있는 사실을 완성하고, 표 안에 읽은 책은 ○, 읽지 않은 책은 ×표 하시오.

	과학책	위인전	동화책
현아		×	×
유주	×	○	×
지희		×	

1 표의 □ 안에 ○ 또는 ×표 하기

유주는 위인전을 읽었습니다.

알 수 있는 사실
유주는 (과학책, 위인전, 동화책)을 읽지 않았습니다.

2 표의 □ 안에 ○ 또는 ×표 하기

유주는 위인전을 읽었습니다.

알 수 있는 사실
현아와 지희는 위인전을 (읽었습니다, 읽지 않았습니다).

3 표의 □ 안에 ○ 또는 ×표 하기

현아는 동화책을 읽지 않았습니다.

STEP 2 STEP 1 의 표의 남은 칸을 완성하여 친구들이 읽은 책을 알아보시오.

현아: 과학책, 유주: 위인전, 지희: 동화책

88

정답과 풀이 40쪽

유제 나영, 하준, 윤서는 노란색, 하늘색, 초록색 중 서로 다른 색깔을 1가지씩 좋아합니다. 문장을 보고, 표를 이용하여 윤서가 좋아하는 색깔을 알아보시오. 하늘색

• 하준이는 하늘색을 좋아하지 않습니다.
• 나영이는 노란색을 좋아합니다.

	노란색	하늘색	초록색
나영	○	×	×
하준	×	×	○
윤서	×	○	×

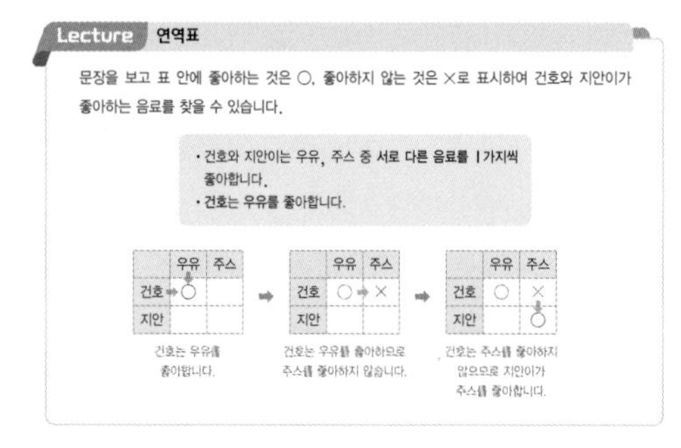

Lecture 연역표

문장을 보고 표 안에 좋아하는 것은 ○, 좋아하지 않는 것은 ×로 표시하여 건호와 지안이가 좋아하는 음료를 찾을 수 있습니다.

• 건호와 지안이는 우유, 주스 중 서로 다른 음료를 1가지씩 좋아합니다.
• 건호는 우유를 좋아합니다.

89

원리탐구 ②

STEP 1 1 유주는 위인전을 읽었습니다.
➡ 유주는 과학책, 동화책을 읽지 않았습니다

	과학책	위인전	동화책
현아			
유주	×	○	×
지희			

2 현아와 지희는 위인전을 읽지 않았습니다.

	과학책	위인전	동화책
현아		×	
유주	×	○	×
지희		×	

3 현아는 동화책을 읽지 않았습니다.

	과학책	위인전	동화책
현아		×	×
유주	×	○	×
지희		×	

STEP 2 • 현아는 위인전도, 동화책도 읽지 않았으므로, 현아가 읽은 책은 과학책입니다.
• 지희는 과학책도, 위인전도 읽지 않았으므로, 지희가 읽은 책은 동화책입니다.

유제 하준이는 하늘색을 좋아하지 않습니다.

	노란색	하늘색	초록색
나영			
하준		×	
윤서			

나영이는 노란색을 좋아합니다.
➡ 나영이는 하늘색, 초록색을 좋아하지 않습니다.
➡ 하준이와 윤서는 노란색을 좋아하지 않습니다.

	노란색	하늘색	초록색
나영	○	×	×
하준	×	×	
윤서	×		

하준이는 노란색과 하늘색을 좋아하지 않으므로 초록색을 좋아합니다.
나영이는 노란색, 하준이는 초록색을 좋아하므로 윤서가 좋아하는 색깔은 하늘색입니다.

Practice 팩토

정답과 풀이 41쪽

|원리탐구❶|

1 다은, 지성, 수아는 장미, 개나리, 해바라기 중 서로 다른 꽃을 1가지씩 좋아합니다. 문장을 보고, 표를 이용하여 친구들이 좋아하는 꽃을 알아보시오.

- 지성이는 개나리를 좋아합니다.
- 수아는 해바라기를 좋아하지 않습니다.

	장미	개나리	해바라기
다은	╳	╳	○
지성	╳	○	╳
수아	○	╳	╳

다은: 해바라기
지성: 개나리
수아: 장미

|원리탐구❷|

2 민준, 현준, 재희는 버스, 기차, 비행기 중 서로 다른 교통 수단 1개를 선택하여 부산에 갔습니다. 문장을 보고, 표를 이용하여 친구들이 이용한 교통 수단을 알아보시오.

- 현준이는 기차를 타지 않았습니다.
- 재희는 비행기를 탔습니다.

	버스	기차	비행기
민준	╳	○	╳
현준	○	╳	╳
재희	╳	╳	○

민준: 기차
현준: 버스
재희: 비행기

90

|원리탐구❶|

3 빨간색, 노란색, 파란색 자물쇠는 각각 ①, ②, ③ 세 개의 열쇠 중 서로 다른 하나로만 열 수 있습니다. 문장을 보고, 표를 이용하여 각각의 자물쇠는 몇 번 열쇠로 열 수 있는지 알아보시오.

- 빨간색 자물쇠는 ①번 열쇠로 열리지 않습니다.
- 노란색 자물쇠는 ②번 열쇠로 열리지 않습니다.
- 파란색 자물쇠는 ①번 열쇠로도, ②번 열쇠로도 열리지 않습니다.

	①	②	③
빨간색	╳	○	╳
노란색	○	╳	╳
파란색	╳	╳	○

빨간색 좌물쇠: ②
노란색 좌물쇠: ①
파란색 좌물쇠: ③

|원리탐구❷|

4 윤민, 선아, 예진이는 4, 7, 9 중 서로 다른 수를 1개씩 좋아합니다. 문장을 보고, 표를 이용하여 친구들이 좋아하는 수를 알아보시오.

- 윤민이는 9를 좋아하지 않습니다.
- 예진이는 4와 9를 좋아하지 않습니다.

	4	7	9
윤민	○	╳	╳
선아	╳	╳	○
예진	╳	○	╳

윤민: 4
선아: 9
예진: 7

91

- 지성이는 개나리를 좋아합니다.
  ➡ 지성이는 장미, 해바라기를 좋아하지 않습니다.
  ➡ 다은, 수아는 개나리를 좋아하지 않습니다.
- 수아는 해바라기를 좋아하지 않습니다.

	장미	개나리	해바라기
다은	×	×	○
지성	×	○	×
수아	○	×	×

따라서 다은이는 해바라기, 지성이는 개나리, 수아는 장미를 좋아합니다.

- 현준이는 기차를 타지 않았습니다.
- 재희는 비행기를 탔습니다.
  ➡ 재희는 버스, 기차를 타지 않았습니다.
  ➡ 민준, 현준이는 비행기를 타지 않았습니다.

	버스	기차	비행기
민준	×	○	×
현준	○	×	×
재희	×	×	○

따라서 민준이는 기차, 현준이는 버스, 재희는 비행기를 탔습니다.

- 빨간색 자물쇠는 ①번 열쇠로 열리지 않습니다.
- 노란색 자물쇠는 ②번 열쇠로 열리지 않습니다.
- 파란색 자물쇠는 ①번 열쇠로도, ②번 열쇠로도 열리지 않습니다.
  ➡ 파란색 자물쇠는 ③번 열쇠로 열립니다.

	①	②	③
빨간색	×	○	×
노란색	○	×	×
파란색	×	×	○

빨간색 자물쇠는 ②번 열쇠로 열리고, 노란색 자물쇠는 ①번 열쇠로 열리고, 파란색 자물쇠는 ③번 열쇠로 열립니다.

- 윤민이는 9를 좋아하지 않습니다.
- 예진이는 4와 9를 좋아하지 않습니다.
  ➡ 예진이는 7을 좋아합니다.

	4	7	9
윤민	○	×	×
선아	×	×	○
예진	×	○	×

윤민이는 4, 선아는 9, 예진이는 7을 좋아합니다.

Creative 팩토

정답과 풀이 42쪽

01 100원짜리 동전 3개와 50원짜리 동전 6개로 400원을 만들 수 있는 방법은 모두 몇 가지입니까? 3가지

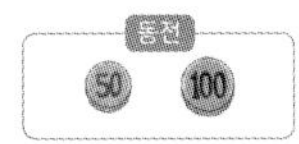

02 운동회 날 1반부터 5반까지 각 반 대표가 1명씩 달리기 시합을 하고 있습니다. 각 반 대표의 등수를 1등부터 순서대로 써 보시오.

- 1반 대표 바로 뒤에는 2반 대표가 달리고 있습니다.
- 3반 대표와 4반 대표 사이에는 5반 대표만 달리고 있습니다.
- 3반 대표는 계속 5등입니다.

1등 1반 — 2등 2반 — 3등 4반 — 4등 5반 — 5등 3반

03 정현, 지민, 채은이는 고래, 문어, 사슴 중에서 서로 다른 동물을 각각 좋아합니다. ○ 카드는 '예'를 뜻하고, × 카드는 '아니오'를 뜻할 때, 친구들이 좋아하는 동물을 안에 알맞게 써넣으시오.

	정현	지민	채은
당신은 다리가 여러 개인 동물을 좋아하지 않습니까?	×	×	○
당신은 물에 사는 동물을 좋아합니까?	×	○	○

➡ 정현: 사슴, 지민: 문어, 채은: 고래

04 하영, 진우, 소은이는 피아노, 첼로, 기타 중 서로 다른 악기를 연주합니다. 문장을 보고, 표를 이용하여 친구들이 연주하는 악기를 알아보시오.

- 진우는 피아노를 배운 적이 없습니다.
- 소은이는 기타를 연주합니다.

하영: 피아노
진우: 첼로
소은: 기타

	피아노	첼로	기타
하영	○	×	×
진우	×	○	×
소은	×	×	○

92 93

01 방법1 100원짜리 동전 3개, 50원짜리 동전 2개
방법2 100원짜리 동전 2개, 50원짜리 동전 4개
방법3 100원짜리 동전 1개, 50원짜리 동전 6개
따라서 방법은 모두 3가지입니다.

02
- 1반 대표 바로 뒤에는 2반 대표가 달리고 있습니다.
  ➡ (앞) (1반) — (2반) (뒤)
- 3반 대표와 4반 대표 사이에는 5반 대표만 달리고 있습니다.
  ➡ (3반) — (4반) — (5반) 또는 (5반) — (4반) — (3반)
- 3반 대표는 계속 5등입니다.

따라서 각 반의 등수를 1등부터 순서대로 쓰면 1반, 2반, 5반, 4반, 3반입니다.

03
- 다리가 여러 개인 동물을 좋아하지 않습니까? 라는 질문에 '예'라고 대답한 사람은 채은입니다.
  ➡ 채은이는 고래를 좋아합니다.
- 물에 사는 동물을 좋아합니까? 라는 질문에 '아니오'라고 대답한 사람은 정현입니다.
  ➡ 정현이는 사슴을 좋아합니다.

따라서 지민이가 좋아하는 동물은 문어입니다.

04
- 진우는 피아노를 배운 적이 없습니다.
  ➡ 진우가 연주하는 악기는 피아노가 아닙니다.
- 소은이는 기타를 연주합니다.
  ➡ 소은이는 피아노, 첼로를 연주하지 않습니다.
  ➡ 하영, 진우는 기타를 연주하지 않습니다.

	피아노	첼로	기타
하영	○	×	×
진우	×	○	×
소은	×	×	○

하영이는 피아노, 진우는 첼로, 소은이는 기타를 연주합니다.

> 정답과 풀이 43쪽

01 민아, 윤우, 성현이는 주원이의 생일 선물로 지갑, 공책, 필통 중에서 서로 다른 물건을 샀습니다. 친구들의 대화의 진실과 거짓을 보고 표를 이용하여 지갑을 산 친구는 누구인지 알아보시오. **윤우**

	지갑	공책	필통
민아	×	○	×
윤우	○	×	×
성현	×	×	○

02 1반, 2반, 3반, 4반 4개의 반이 서로 축구 경기를 하여 다음과 같은 결과가 나왔습니다. 대진표를 완성해 보시오.

보기

- 1반과 2반이 경기하여 2반이 이겼습니다.
- 1반은 첫째 번 경기에서 졌습니다.
- 2반과 3반이 결승전을 하여 3반이 이겼습니다.

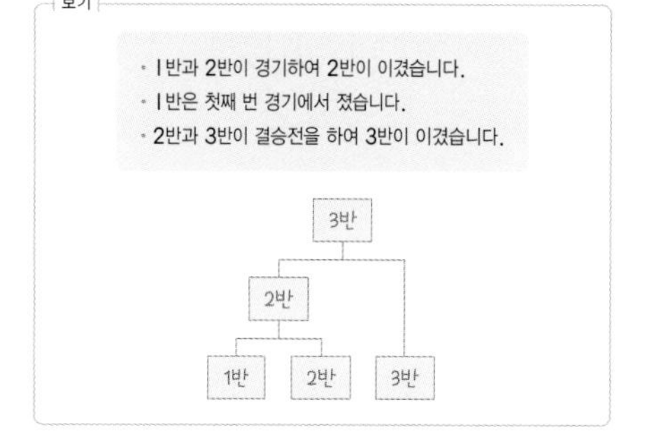

- 2반과 3반은 경기를 1번씩만 하였습니다.
- 3반은 4반에게 1회전 경기에서 졌습니다.
- 1반은 4반을 이겼습니다.

01

- 민아는 지갑을 사지 않았습니다.

	지갑	공책	필통
민아	×		
윤우			
성현			

- 민아는 필통을 사지 않았습니다.

	지갑	공책	필통
민아	×		×
윤우			
성현			

- 성현이는 필통을 샀습니다.

	지갑	공책	필통
민아	×		×
윤우			
성현			○

➡ 민아는 지갑, 필통을 사지 않았으므로 공책을 샀습니다.

	지갑	공책	필통
민아	×	○	×
윤우			
성현			○

➡ 성현이는 필통, 민아는 공책을 샀으므로 윤우는 지갑을 샀습니다.

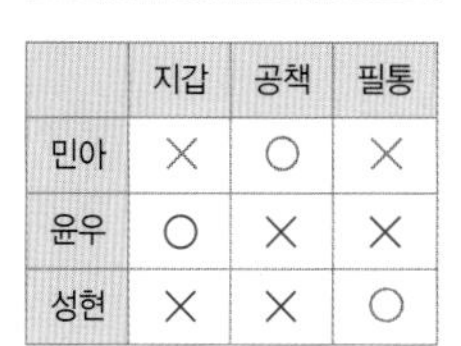

	지갑	공책	필통
민아	×	○	×
윤우	○	×	×
성현	×	×	○

02

- 2반과 3반은 경기를 1번씩만 하였습니다.

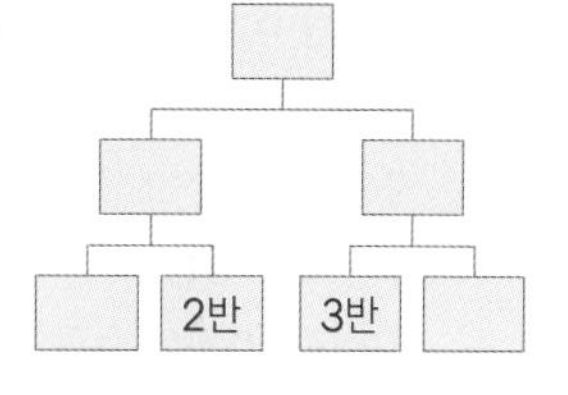

- 3반은 4반에게 1회전 경기에서 졌습니다.
  ➡ 3반과 1회전에서 경기한 반은 4반이므로, 2반과 1회전에서 경기한 반은 1반입니다.

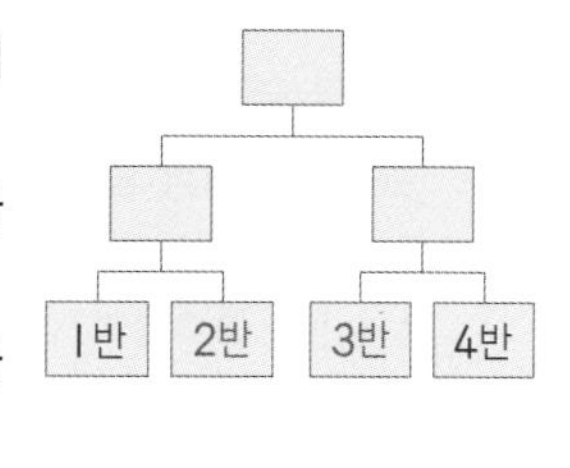

- 1반은 4반을 이겼습니다.
  ➡ 두 반은 결승전에서 대결하므로, 우승한 반은 1반입니다.

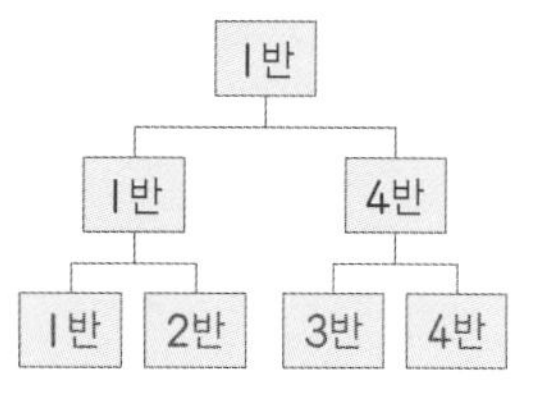

형성평가 연산 영역

01 두 수의 차가 5가 되도록 ⬡ 또는 ⬡ 으로 모두 묶어 보시오.

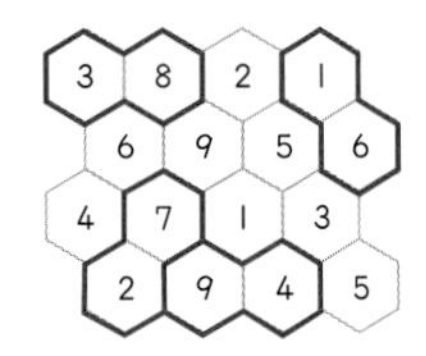

02 다음 조각으로 덮은 세 수의 합이 14가 되도록 ▯ 또는 ▭ 으로 모두 묶어 보시오.

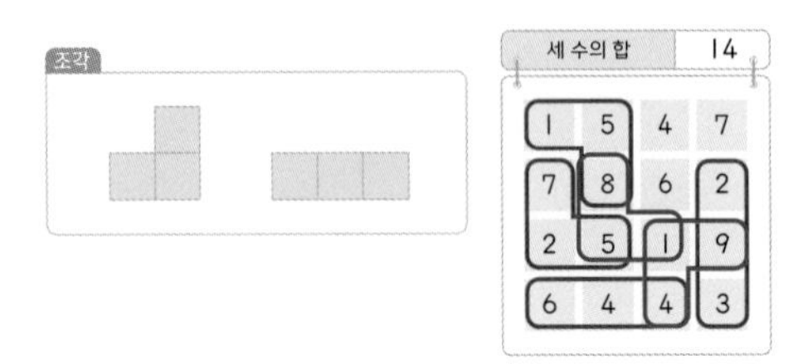

2

03 사다리타기를 하면서 계산하여 빈 곳에 알맞은 수를 써넣으시오.

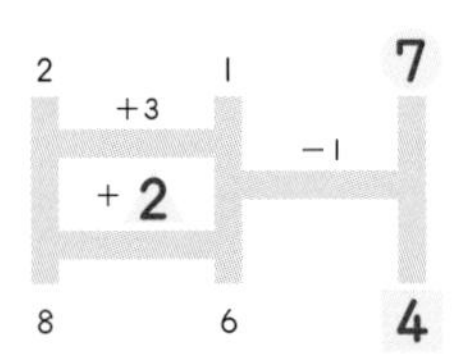

04 수 카드를 한 번씩만 사용하여 퍼즐을 완성해 보시오.

3

01 1부터 9까지의 수 중 두 수의 차가 5가 되는 경우는 다음과 같습니다.

$9-4=5$　　$8-3=5$
$7-2=5$　　$6-1=5$

따라서 9와 4, 8과 3, 7과 2, 6과 1을 찾아 묶습니다.

02 1부터 9까지의 수로 만들 수 있는 세 수의 합이 14가 되는 경우는 다음과 같습니다.

$1+4+9=14$　　$2+6+6=14$
$1+5+8=14$　　$3+3+8=14$
$1+6+7=14$　　$3+4+7=14$
$2+3+9=14$　　$3+5+6=14$
$2+4+8=14$　　$4+4+6=14$
$2+5+7=14$　　$4+5+5=14$

03

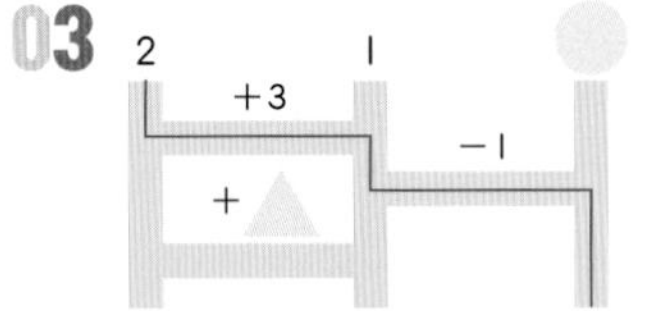

$2+3-1=\square$
➡ $\square=4$

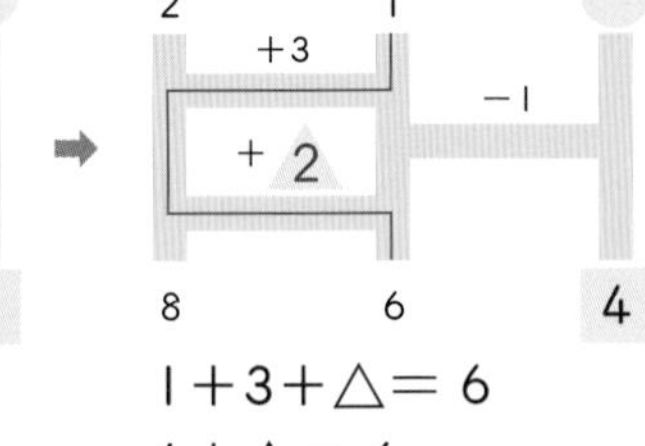

$1+3+\triangle=6$
$4+\triangle=6$
➡ $\triangle=2$

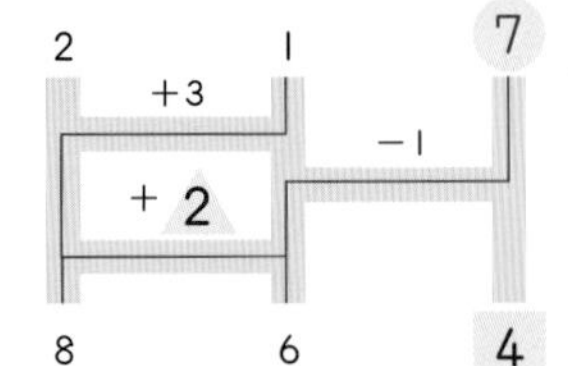

$\bigcirc-1+2=8$
$\bigcirc+1=8$
➡ $\bigcirc=7$

04

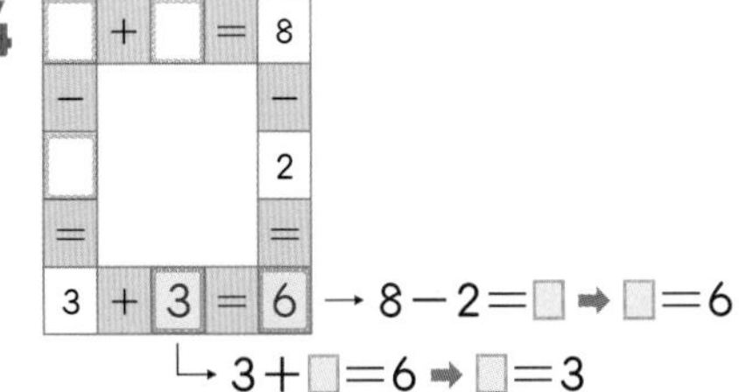

→ $8-2=\square$ ➡ $\square=6$
└→ $3+\square=6$ ➡ $\square=3$

3과 6을 제외한 나머지 숫자 카드는 1, 4, 7입니다.
따라서 $7-4=3$, $7+1=8$이 됩니다.

형성평가 연산 영역

05 가장 짧은 거리로 미로를 통과하면서 계산한 값이 15입니다. □ 안에 알맞은 수를 써넣으시오.

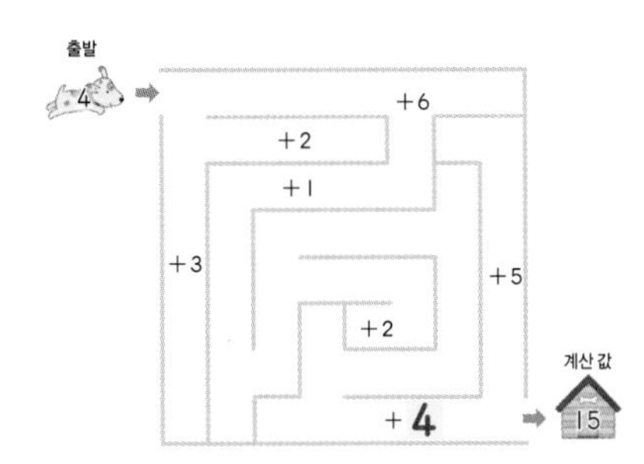

06 1부터 6까지의 수를 한 번씩만 사용하여 색칠한 △ 모양에 있는 세 수의 합이 12가 되도록 만들어 보시오.

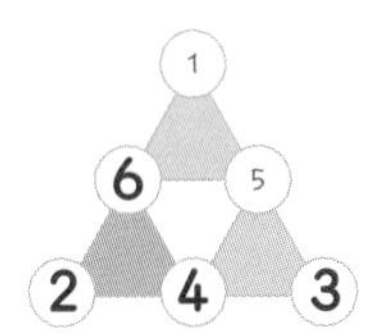

4

07 빈 곳에 알맞은 수를 써넣어 퍼즐을 완성해 보시오.

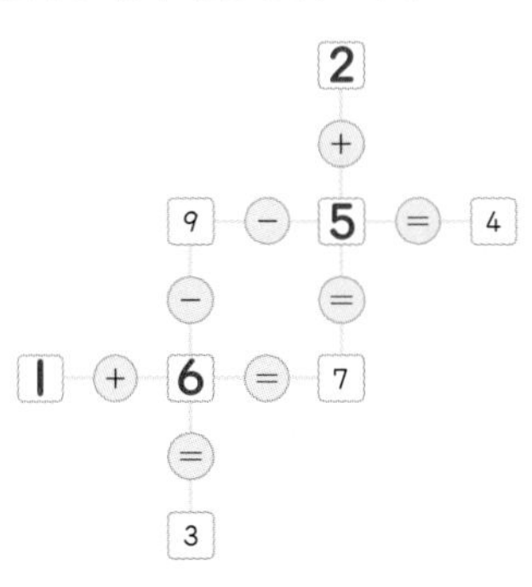

08 주어진 수 카드 6장을 한 번씩만 사용하여 두 식이 모두 올바르게 되도록 만들어 보시오. (단, 1+2=3, 2+1=3과 같이 같은 수로 만든 식은 같은 것으로 봅니다.)

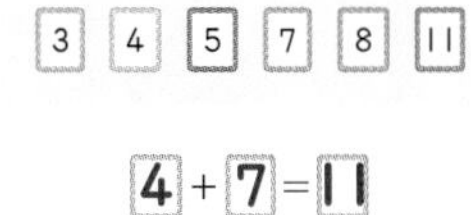

4 + 7 = 11

3 + 5 = 8

5

05

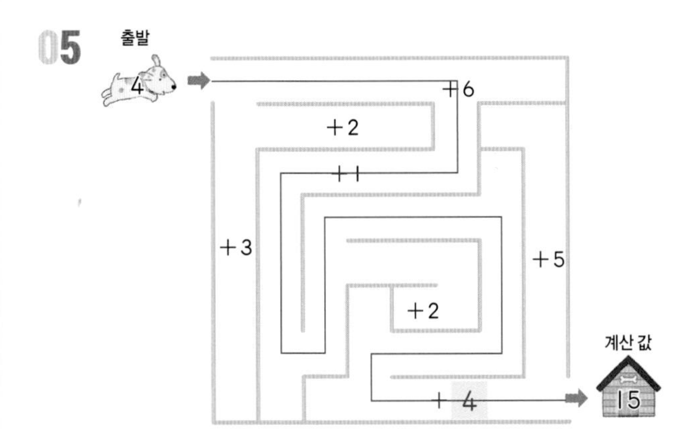

4+6+1+□=15, 11+□=15 ➡ □=4

06

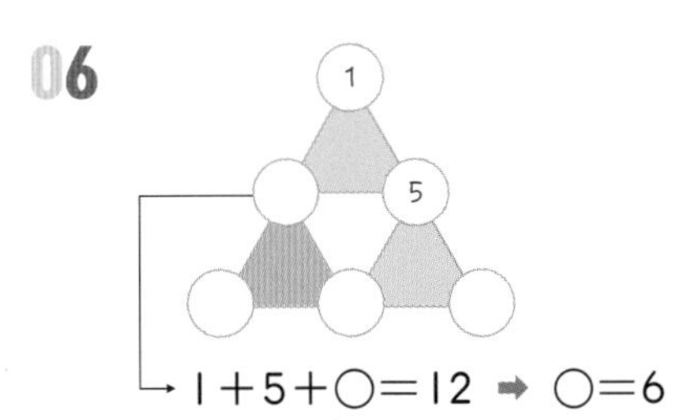

1, 5, 6을 제외한 나머지 숫자는 2, 3, 4입니다.
6과 2, 4를 더하면 12가 되고
5와 4, 3을 더하면 12가 됩니다.

07 먼저 노란색 칸에 들어갈 수를 생각합니다.

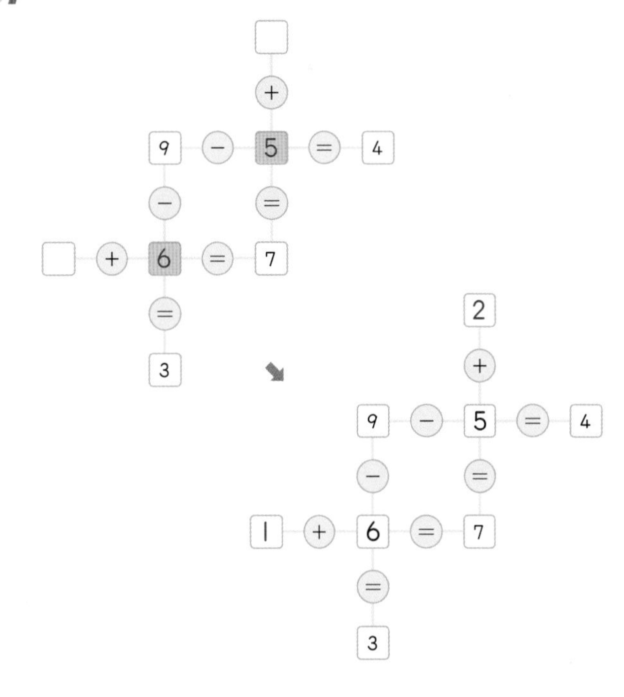

08 큰 수부터 덧셈식의 결과로 놓고 계산해 봅니다.

TIP 각 덧셈식에 쓰인 4와 7, 3과 5의 위치를 바꾸어도 정답입니다.

형성평가 연산 영역

09 구슬에 쓰인 수를 사용하여 가로줄과 세로줄에 놓인 두 수의 합이 □ 안의 수가 되도록 만들어 보시오.

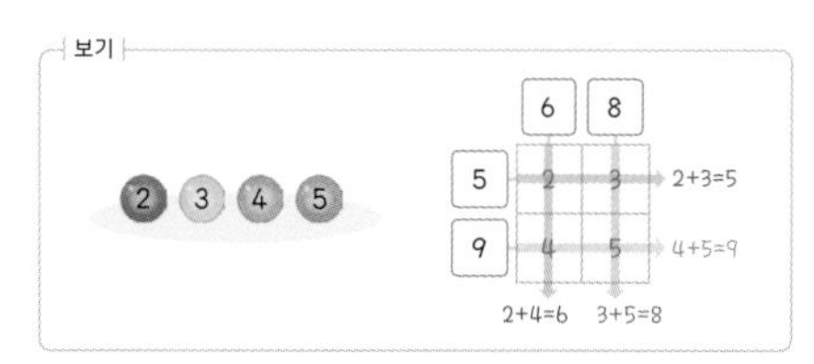

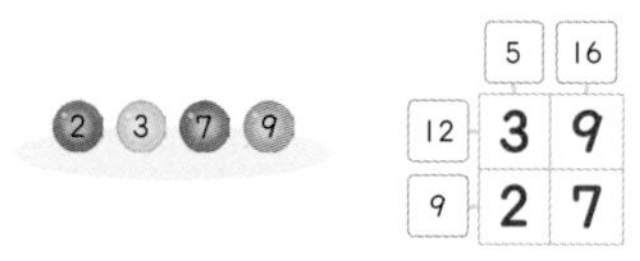

10 주머니 안의 구슬을 사용하여 여러 가지 덧셈식을 만들어 보시오. (단, 1+2=3, 2+1=3과 같이 같은 수로 만든 식은 같은 것으로 봅니다.)

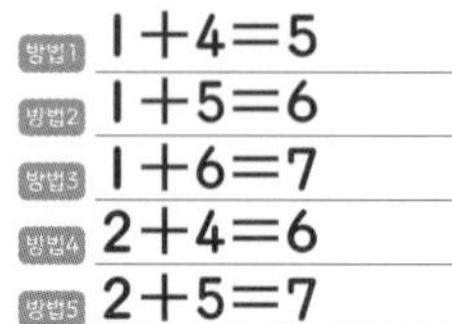

6

정답과 풀이 44쪽

09

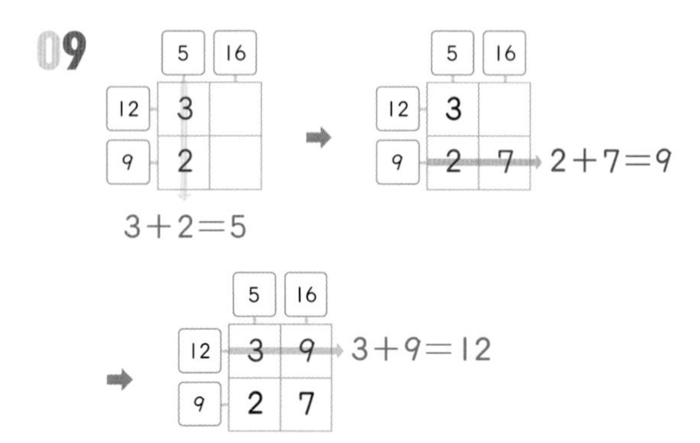

10 작은 수부터 차례로 두 수씩 더해 보면서 덧셈식을 만들어 봅니다.

TIP 각 덧셈식에 쓰인 두 수의 위치를 바꾸어도 정답이 됩니다.

형성평가 공간 영역

01 토끼와 거북이 설명하는 모양을 찾아 기호를 써 보시오. ㉯

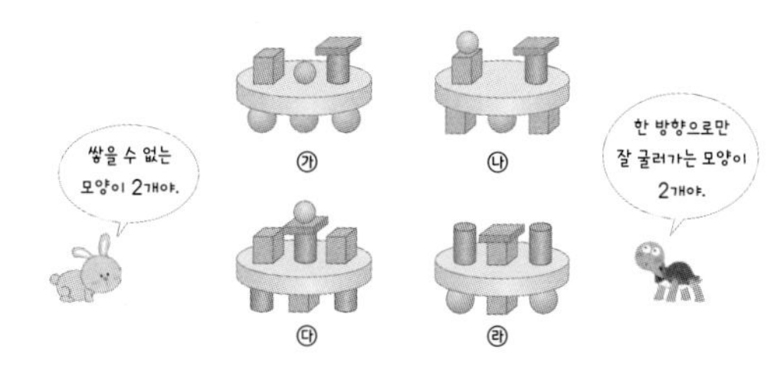

02 다음 조건 을 모두 만족하는 모양을 찾아 기호를 써 보시오. ㉰

조건
- 오른쪽에서 둘째에는 잘 굴러가지 않는 모양이 있습니다.
- 어느 방향으로도 잘 굴러가는 모양은 상자 모양 위에 있습니다.

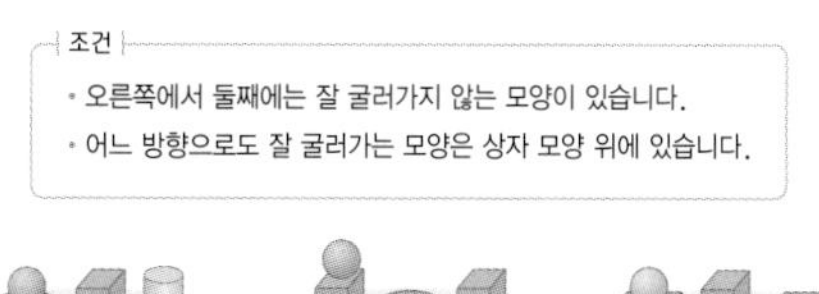

03 다음 모양과 같이 쌓기 위해 필요한 쌓기나무는 몇 개인지 구해 보시오. 17개

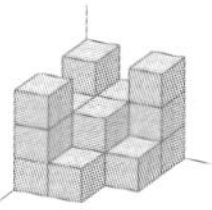

04 다음 모양을 만들기 위해 필요한 블록은 몇 개인지 구해 보시오. 13개

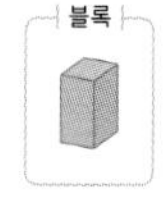

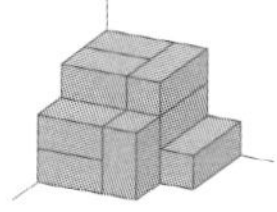

8

9

01 • 쌓을 수 없는 모양 2개 ➡ 모양 2개
• 한 방향으로만 잘 굴러가는 모양 2개 ➡ 모양 2개

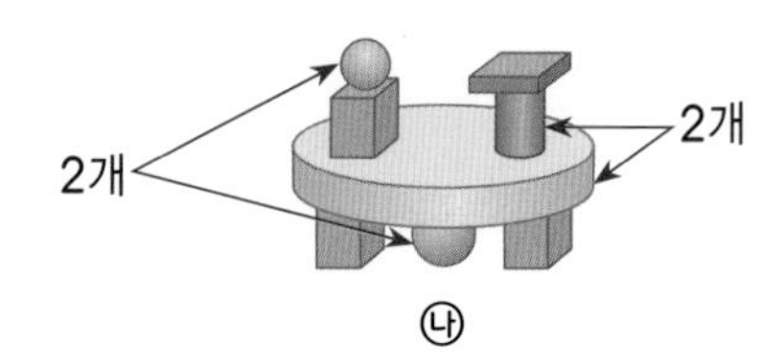

02 • 잘 굴러가지 않는 모양은 모양입니다.
모양이 오른쪽에서 둘째에 있는 것은 ㉮와 ㉰입니다.
• 어느 방향으로도 잘 굴러가는 모양은 모양입니다.
㉮와 ㉰ 중에서 모양이 상자 모양 위에 있는 것은 ㉰입니다.

03 쌓기나무가 각 자리에 몇 층으로 쌓여 있는지 세어 보고 전체 쌓기나무의 개수를 구해 봅니다.

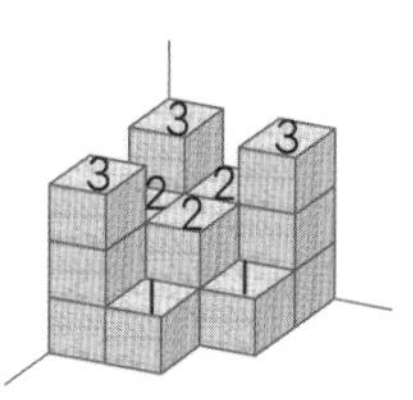

$3+2+3+2+2+1+3+1=17$(개)

04 보이는 블록의 개수와 보이지 않는 블록의 개수를 나누어 셉니다.

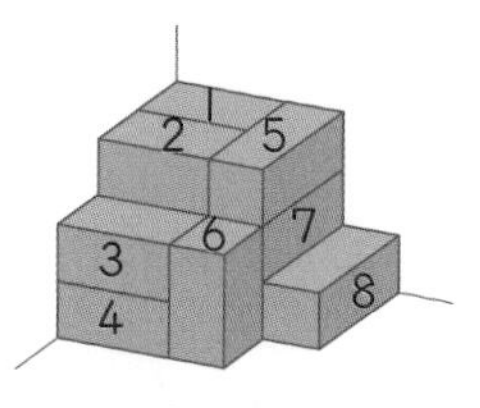

보이는 블록

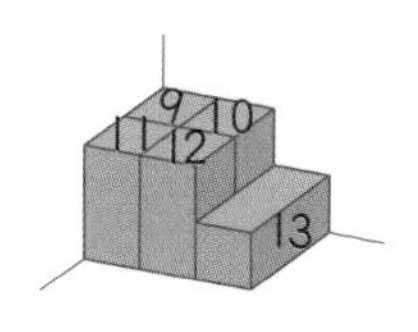

보이지 않는 블록

형성평가 공간 영역

05 쌓기나무 1개를 더해서 모양 1 , 모양 2 를 전부 만들 수 있는 것을 찾아 기호를 써 보시오. (단, 주어진 모양과 만든 모양은 방향도 같아야 합니다.) ㉰

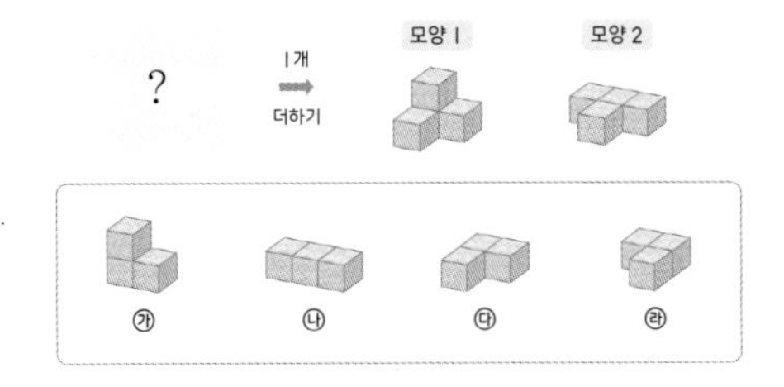

06 2개의 모양 블록을 이용하여 다음과 같은 모양을 만들었습니다. 필요한 나머지 모양을 찾아 기호를 써 보시오. ㉯

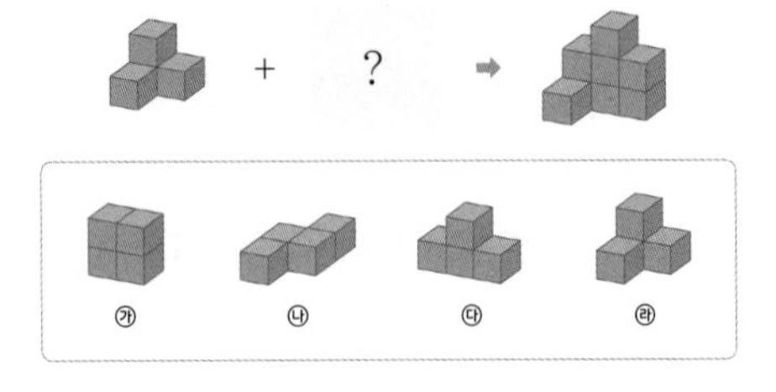

10

07 크기가 같은 색종이를 겹친 모양을 보고 가장 위에 있는 색종이부터 차례로 기호를 써 보시오.

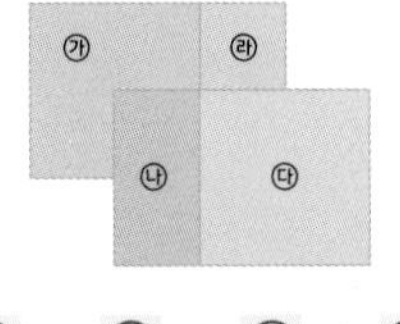

㉰ → ㉯ → ㉮ → ㉱

08 색종이를 반으로 접은 후 검은색으로 칠한 부분을 잘랐습니다. 색종이를 펼쳤을 때, 잘려진 부분에 색칠해 보시오.

11

05 주어진 모양 1 과 모양 2 를 만들기 위해 더 놓은 쌓기나무 1개를 색칠해 보면 다음과 같습니다.

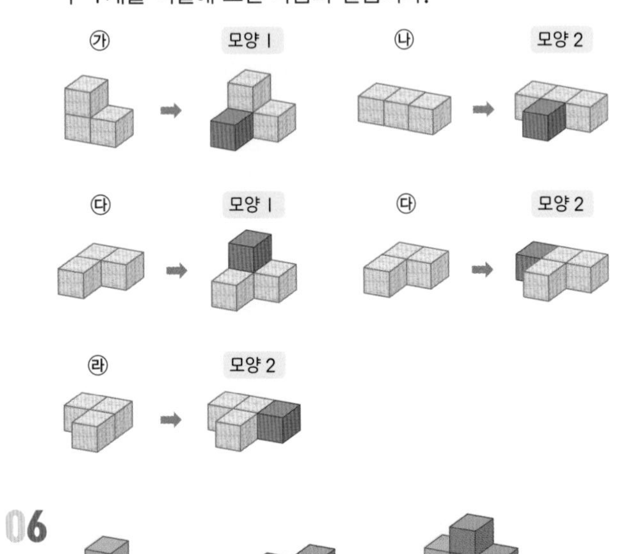

06

07 가려진 곳이 없는 색종이가 가장 위에 있는 색종이입니다. 가장 위에 있는 색종이부터 한 장씩 빼 봅니다.

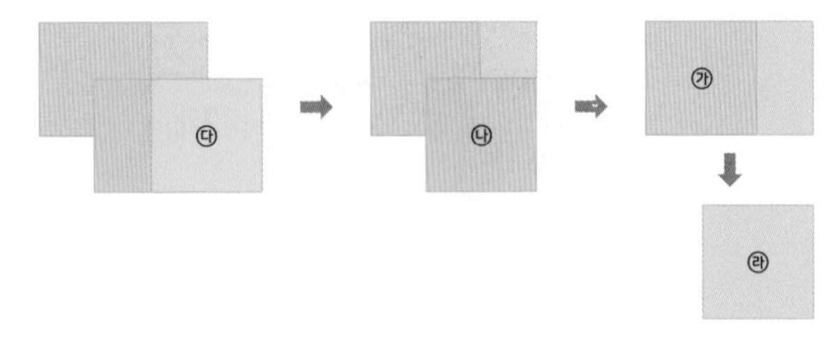

08 접은 선의 오른쪽에 색종이가 잘려진 부분을 찾아 색칠한 후 색칠한 모양을 접은 선 왼쪽으로 뒤집어 색칠해 봅니다.

형성평가 공간 영역

09 다음 모양을 만들기 위해 필요한 블록은 몇 개인지 구해 보시오. **4개**

블록

10 색종이를 반으로 접은 후 잘랐습니다. 펼친 모양이 다음과 같을 때, 접은 모양에 잘려진 부분을 색칠해 보시오.

접기 / 접은 모양 / 펼치기 / 펼친 모양

수고하셨습니다!

12

정답과 풀이 47쪽

09

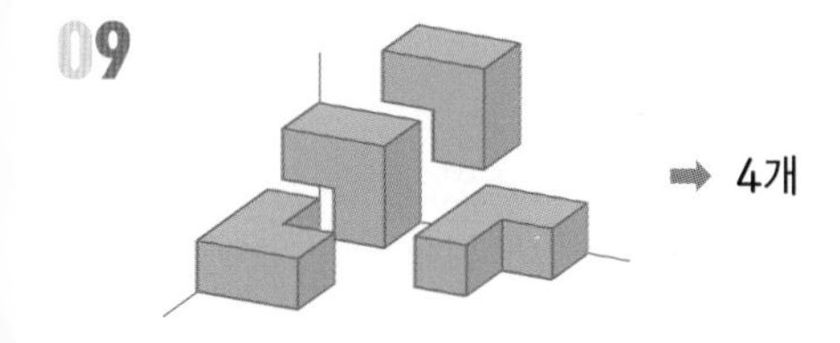

➡ 4개

10 색종이를 펼친 모양에 ⁄ 방향으로 접는 선을 그어, 접는 선의 오른쪽 부분과 접은 모양을 비교하여 잘려진 부분을 찾아 봅니다.

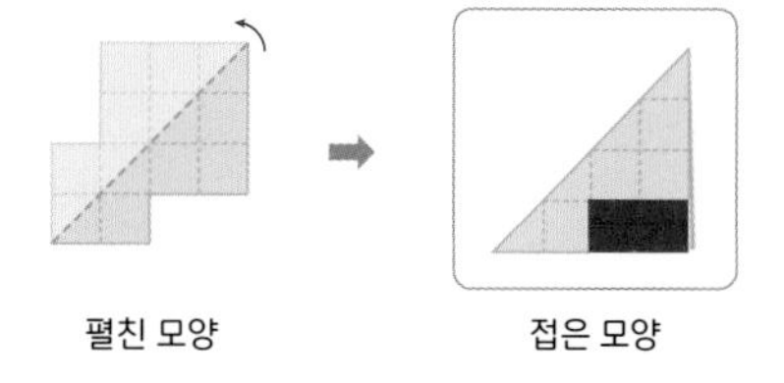

형성평가 논리추론 영역

01 장난감을 사는 데 필요한 360원을 동전 6개로 만들어 보시오.

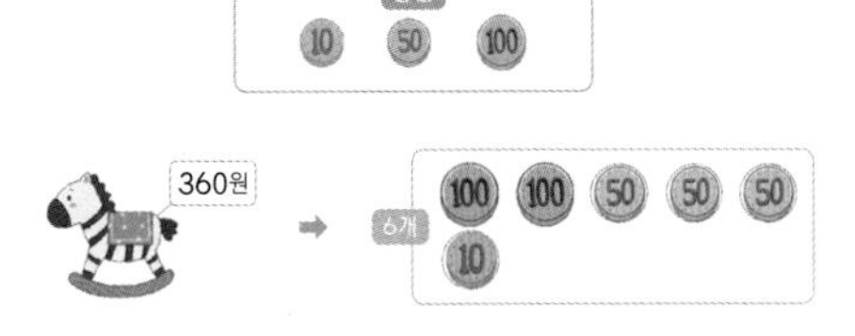

02 윤정, 경수, 민하, 준영이가 달리기를 하고 있습니다. 친구들의 달리는 현재 모습을 순서대로 써넣으시오.

- 경수는 민하 뒤에서 달리고 있습니다.
- 준영이는 가장 앞에서 달리고 있습니다.
- 윤정이는 경수 뒤에서 달리고 있습니다.

(앞) 준영 민하 경수 윤정 (뒤)

03 친구들은 서로 다른 색의 구슬을 1개씩 갖고 있습니다. 친구들이 갖고 있는 구슬 색깔을 안에 알맞게 써넣으시오.

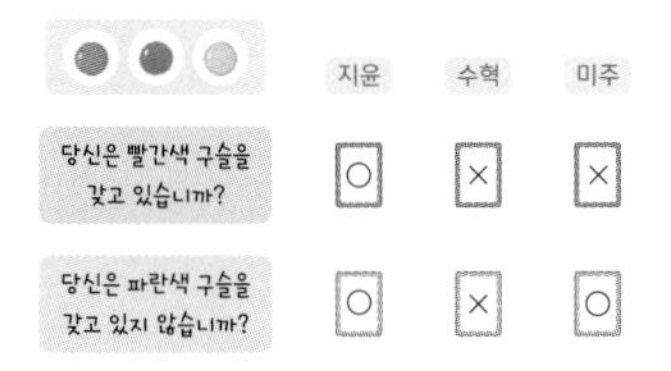

➡ 지윤: 빨간색 수혁: 파란색 미주: 노란색

04 문장을 보고, 안에 좋아하는 것은 ○, 좋아하지 않는 것은 ×표 하시오.

- 정우, 혜선, 규리는 피자, 햄버거, 라면 중 서로 다른 음식을 1가지씩 좋아합니다.
- 정우는 피자와 라면을 좋아하지 않습니다.

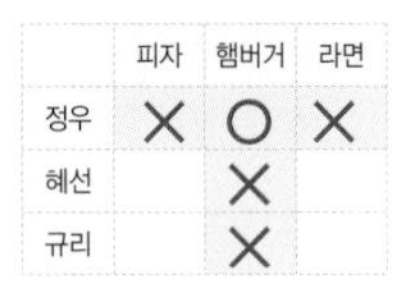

	피자	햄버거	라면
정우	×	○	×
혜선		×	
규리		×	

01 360원을 최소의 동전 개수로 만든 다음 조건에 맞게 동전을 바꿉니다.

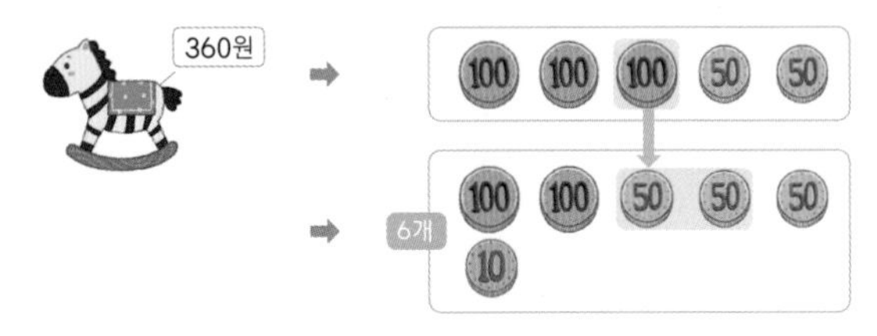

02
- 경수는 민하 뒤에서 달리고 있습니다.
  ➡ 민하 — 경수
- 윤정이는 경수 뒤에서 달리고 있습니다.
  ➡ 경수 — 윤정
- 준영이는 가장 앞에서 달리고 있습니다.
  ➡ 준영이는 1등입니다.
  ➡ 준영, 민하, 경수, 윤정의 순서로 달리고 있습니다.

03
- 당신은 빨간색 구슬을 갖고 있습니까?라는 질문의 답이 '예'인 사람은 지윤입니다.
  ➡ 지윤이는 빨간색 구슬을 갖고 있습니다.
- 당신은 파란색 구슬을 갖고 있지 않습니까?라는 질문의 답이 '아니오'인 사람은 수혁입니다.
  ➡ 수혁이는 파란색 구슬을 갖고 있습니다.

지윤이가 빨간색, 수혁이가 파란색 구슬을 갖고 있으므로 미주는 노란색 구슬을 갖고 있습니다.

04 ① 정우는 피자와 라면을 좋아하지 않습니다.

	피자	햄버거	라면
정우	×		×
혜선			
규리			

② 정우는 햄버거를 좋아합니다.

	피자	햄버거	라면
정우	×	○	×
혜선			
규리			

③ 혜선이와 규리는 햄버거를 좋아하지 않습니다.

	피자	햄버거	라면
정우	×	○	×
혜선		×	
규리		×	

형성평가 논리추론 영역

05 빈 곳에 필요한 동전을 써넣어 지우개를 사는 데 필요한 금액을 여러 가지 방법으로 만들어 보시오.

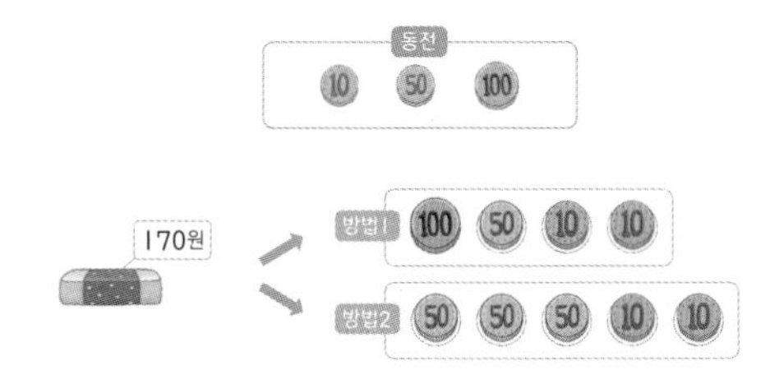

06 슬기는 상자에 들어 있는 구슬을 꺼내 가지고 논 후 다시 구슬을 상자에 넣었습니다. 그림을 보고 알 수 있는 사실을 완성해 보시오.

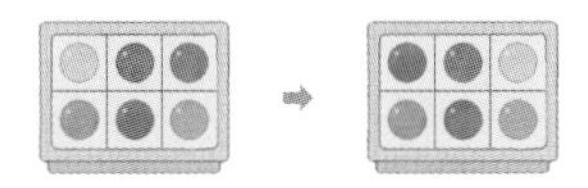

- 아래로 1칸 옮겨진 구슬의 색깔은 보라색입니다.
- 노란색 구슬은 오른쪽으로 2 칸 옮겨졌습니다.
- 처음과 같은 자리에 있는 구슬의 색깔은 분홍색과 연두색입니다.

16

07 친구들의 대화의 진실과 거짓을 보고, 음료수의 주인을 찾아보시오. 연호

08 민경, 진호, 유경이는 강아지, 고양이, 햄스터 중 서로 다른 동물을 1가지씩 좋아합니다. 문장을 보고, 표를 이용하여 친구들이 좋아하는 동물을 알아보시오. 민경: 고양이, 진호: 햄스터, 유경: 강아지

- 진호는 햄스터를 좋아합니다.
- 유경이는 고양이를 좋아하지 않습니다.

	강아지	고양이	햄스터
민경	×	○	×
진호	×	×	○
유경	○	×	×

17

05 주어진 금액을 최소의 동전 개수로 만든 다음 주어진 조건에 맞게 동전을 바꿉니다.

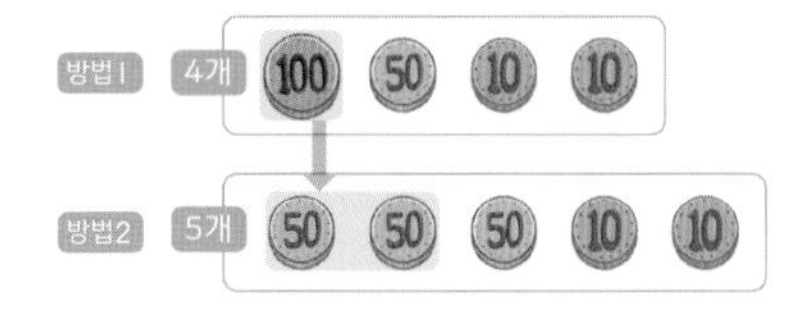

06
- 왼쪽 상자에서 위에 있어야 아래로 1칸 옮길 수 있습니다.
- 노란색 구슬은 오른쪽으로 2칸 옮겨졌습니다.
- 왼쪽과 오른쪽 상자에서 같은 위치에 있는 구슬은 분홍색 구슬과 연두색 구슬입니다.

07
- 승현: 나는 음료수를 갖고 있어. 거짓
  ➡ 승현이는 음료수를 갖고 있지 않습니다.
- 현서: 나는 음료수를 갖고 있지 않아. 진실
  ➡ 현서는 음료수를 갖고 있지 않습니다.
- 연호: 나는 음료수를 갖고 있지 않아. 거짓
  ➡ 연호는 음료수를 갖고 있습니다.

따라서 음료수를 갖고 있는 사람은 연호입니다.

08
- 진호는 햄스터를 좋아하므로 민경이와 유경이는 햄스터를 좋아하지 않습니다.

	강아지	고양이	햄스터
민경			×
진호	×	×	○
유경			×

- 유경이는 고양이를 좋아하지 않으므로 강아지를 좋아합니다.

따라서 민경이는 고양이를 좋아합니다.

	강아지	고양이	햄스터
민경	×	○	×
진호	×	×	○
유경	○	×	×

형성평가 논리추론 영역

09 재민, 연아, 수지, 은석이는 달리기 시합을 했습니다. 친구들의 등수를 1등부터 순서대로 써 보시오. **재민, 수지, 은석, 연아**

- **연아**: 은석이는 나보다 먼저 들어왔어.
- **재민**: 나는 은석이를 이겼어.
- **수지**: 나는 4등으로 달리다가 2명을 앞질러 2등으로 들어왔어.

10 주리, 수민, 한영이는 놀이동산, 수영장, 백화점 중 서로 다른 장소에 가고 싶어합니다. 한영이가 가고 싶어하는 장소는 어디인지 알아보시오. **놀이동산**

	주리	수민	한영
당신은 수영장에 가고 싶습니까?	×	○	×
당신은 백화점에 가고 싶지 않습니까?	×	○	○

수고하셨습니다!

18

정답과 풀이 50쪽

09
- 연아: 은석이는 나보다 먼저 들어왔어.
  ➡ 은석 — 연아
- 재민: 나는 은석이를 이겼어.
  ➡ 재민 — 은석 — 연아
- 수지: 나는 4등으로 달리다가 2명을 앞질러 2등으로 들어왔어.
  ➡ 재민 — 수지 — 은석 — 연아

10
- 수영장에 가고 싶습니까?라는 질문에 '예'라고 대답한 사람은 수민이입니다.
  ➡ 수민이는 수영장에 가고 싶어합니다.
- 당신은 백화점에 가고 싶지 않습니까?라는 질문에 '아니오'라고 대답한 사람은 주리입니다.
  ➡ 주리는 백화점에 가고 싶어합니다.

따라서 한영이가 가고 싶어하는 장소는 놀이동산입니다.

총괄평가 1

Lv.1 응용 C

01 다음 조각으로 덮은 세 수의 합이 13이 되도록 ⌐ 또는 ▭으로 모두 묶어 보시오.

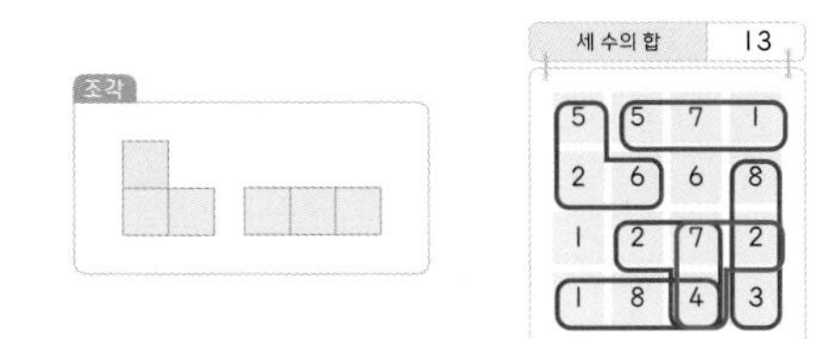

02 주어진 수를 한 번씩만 사용하여 계산한 값이 목표수가 되도록 여러 가지 식을 만들어 보시오. (단, 1+2=3, 2+1=3과 같이 같은 수로 만든 식은 같은 것으로 봅니다.)

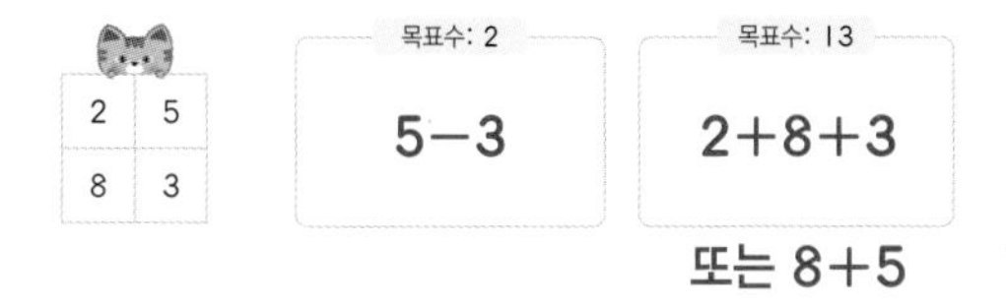

또는 8+5

03 빈 곳에 알맞은 수를 써넣어 퍼즐을 완성해 보시오.

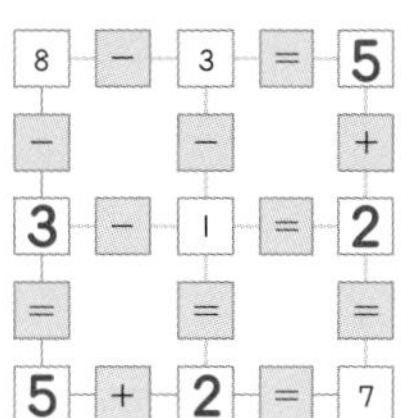

04 2부터 7까지의 수를 한 번씩만 사용하여 각 줄에 있는 세 수의 합이 같도록 만들어 보시오.

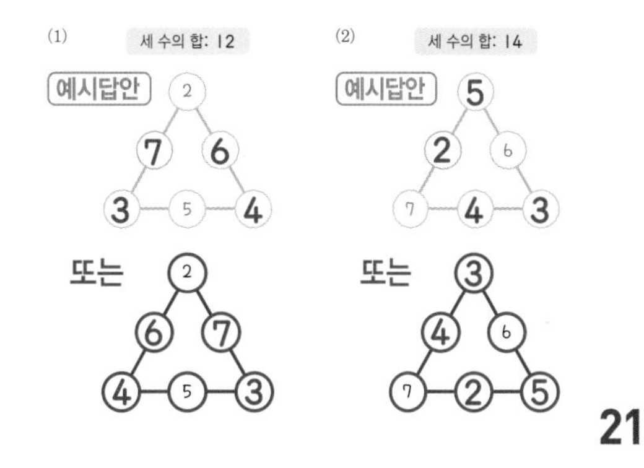

01 ⌐ 조각으로 덮은 세 수의 합이 13이 되는 식은 다음과 같습니다.

5+2+6=13　　2+7+4=13

▭ 조각으로 덮은 세 수의 합이 13이 되는 식은 다음과 같습니다.

5+7+1=13　　1+8+4=13

8+2+3=13

02 목표수 2가 되는 식은 5−3=2입니다.

목표수 13이 되는 식은 8+5=13, 2+8+3=13입니다.

03 먼저 노란색 칸에 들어갈 수를 생각합니다.

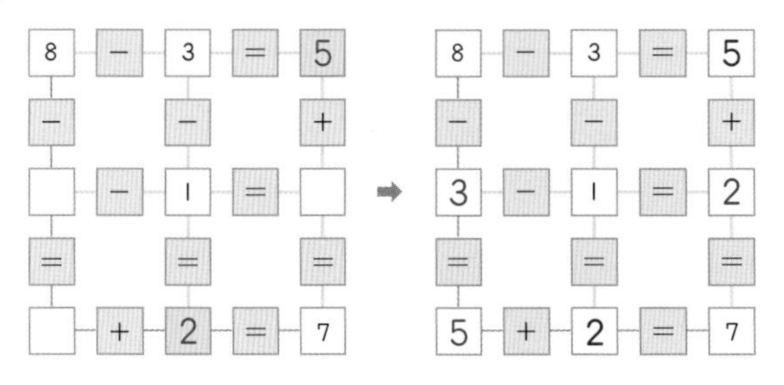

04 (1) 더해서 12가 되는 서로 다른 세 수는 2+3+7, 2+4+6, 3+4+5입니다.

따라서 5가 있는 식인 3+4+5가 가장 아래에 있어야 하므로 5의 양 옆에 3과 4를 씁니다.

그리고 3을 쓴 쪽에는 2+3+7이 되도록, 4를 쓴 쪽에는 2+4+6이 되도록 수를 씁니다.

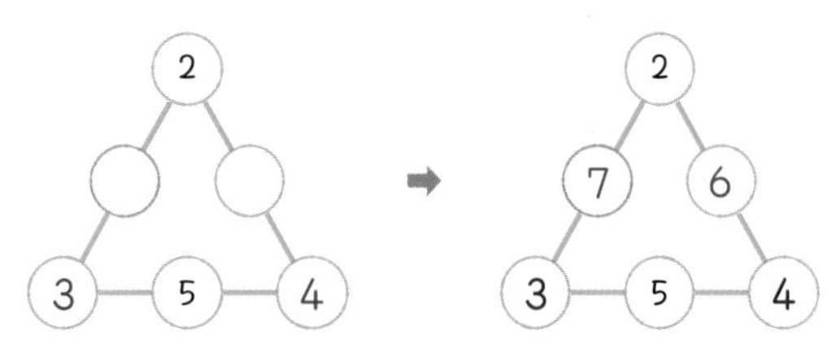

(2) 더해서 14가 되는 서로 다른 세 수는 2+5+7, 3+4+7, 3+5+6입니다.

따라서 7이 있는 식인 3+4+7이 가장 아래에 있어야 하므로 7의 옆에 4와 3을 씁니다.

그리고 2+5+7과 3+5+6의 공통인 수는 5이므로 가장 위에 5를 쓰고, 나머지 수를 알맞게 씁니다.

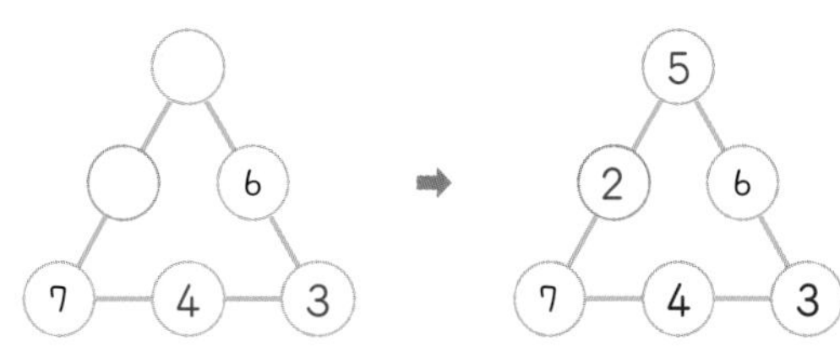

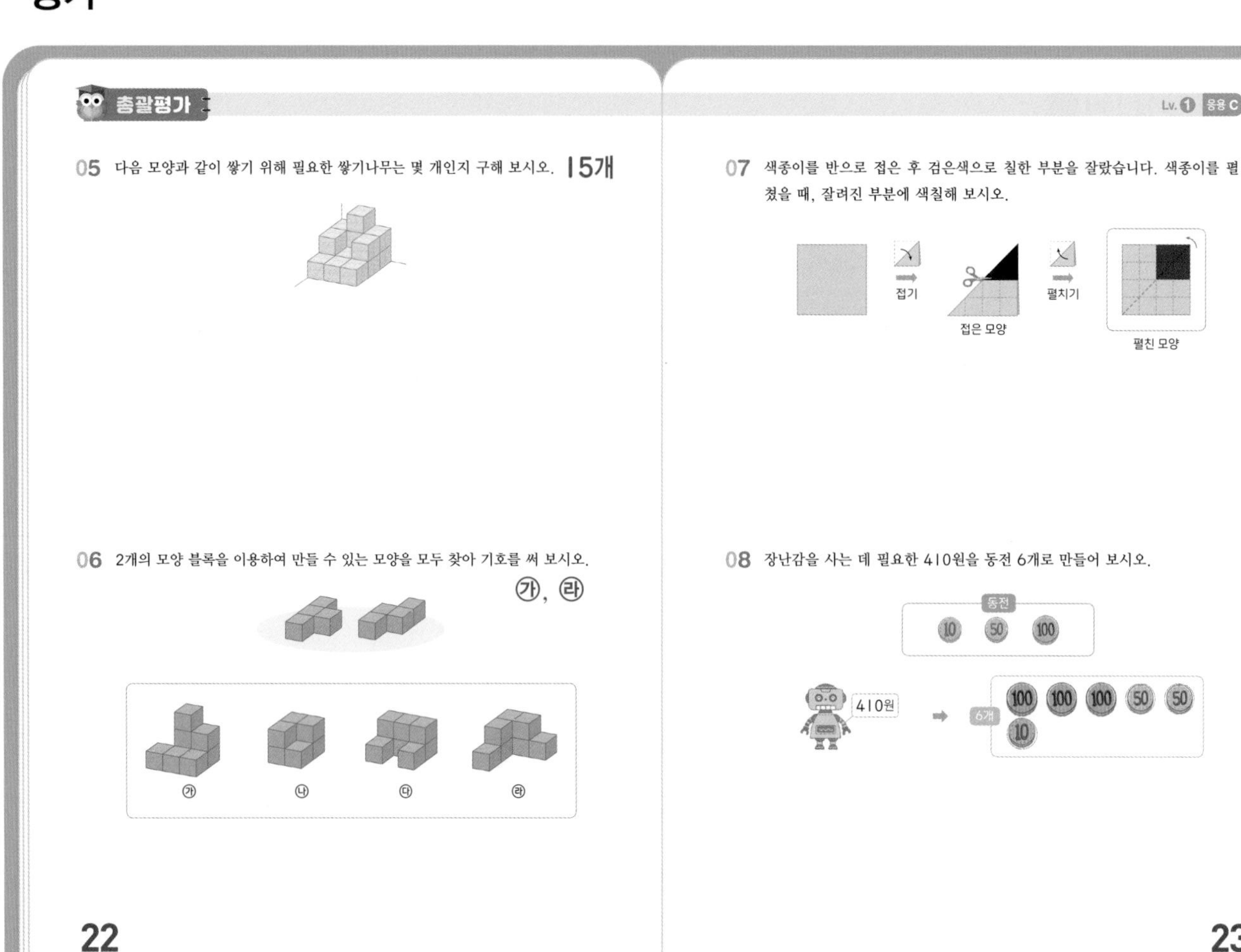

총괄평가
Lv.1 응용 C
05 다음 모양과 같이 쌓기 위해 필요한 쌓기나무는 몇 개인지 구해 보시오. 15개
07 색종이를 반으로 접은 후 검은색으로 칠한 부분을 잘랐습니다. 색종이를 펼쳤을 때, 잘려진 부분에 색칠해 보시오.
접기
접은 모양
펼치기
펼친 모양
06 2개의 모양 블록을 이용하여 만들 수 있는 모양을 모두 찾아 기호를 써 보시오.
㉮, ㉱
㉮
㉯
㉰
㉱
08 장난감을 사는 데 필요한 410원을 동전 6개로 만들어 보시오.
동전
410원
6개
22
23

05 쌓기나무가 각 자리에 몇 층으로 쌓여 있는지 세어 봅니다.

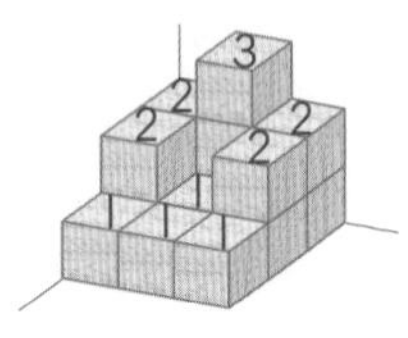

2＋3＋2＋2＋1＋2＋1＋1＋1＝15(개)

06 2개의 블록을 이용하여 주어진 모양을 만들면 다음과 같습니다.

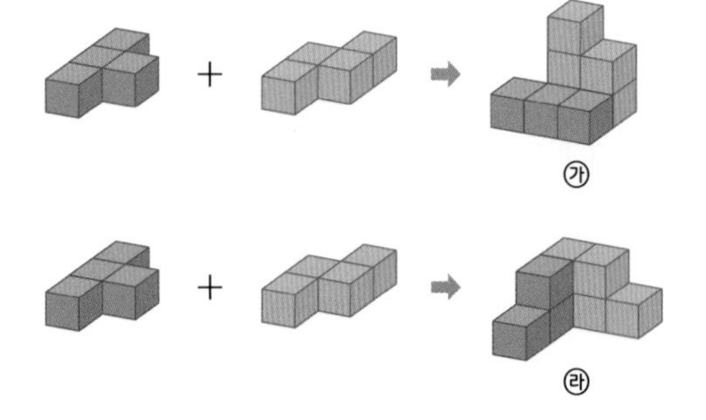

07 접은 선의 오른쪽에 색종이가 잘려진 부분을 찾아 색칠한 후 색칠한 모양을 접은 선 왼쪽으로 뒤집어 색칠해 봅니다.

08 410원을 최소의 동전 개수로 만든 다음 조건에 맞게 동전을 바꿉니다.

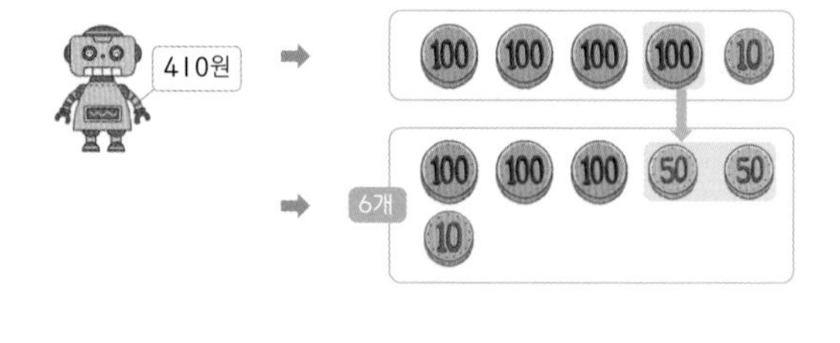

총괄평가 Lv.1 응용 C

09 현서, 수아, 민지는 빨간색, 노란색, 파란색 중 서로 다른 색깔을 1가지씩 좋아합니다. 문장을 보고, 표를 이용하여 친구들이 좋아하는 색깔을 알아보시오. 현서: 파란색, 수아: 빨간색, 민지: 노란색

- 현서는 빨간색을 좋아하지 않습니다.
- 민지는 노란색을 좋아합니다.

	빨간색	노란색	파란색
현서	×	×	○
수아	○	×	×
민지	×	○	×

10 친구들은 서로 다른 색의 구슬을 1개씩 갖고 있습니다. 친구들이 갖고 있는 구슬 색깔을 안에 알맞게 써넣으시오.

	소정	민혁	예지
당신은 노란색 구슬을 갖고 있지 않습니까?	○	○	×
당신은 빨간색 구슬을 갖고 있습니까?	○	×	×

➡ 소정: 빨간색 민혁: 보라색 예지: 노란색

수고하셨습니다!

정답과 풀이 53쪽

09 • 현서는 빨간색을 좋아하지 않고, 민지는 노란색을 좋아합니다.

	빨간색	노란색	파란색
현서	×	×	
수아		×	
민지	×	○	×

따라서 현서가 좋아하는 색깔은 파란색이고, 수아가 좋아하는 색깔은 빨간색입니다.

	빨간색	노란색	파란색
현서	×	×	○
수아	○	×	×
민지	×	○	×

10 • 당신은 노란색 구슬을 갖고 있지 않습니까?라는 질문의 답이 '아니오'인 사람은 예지입니다.
➡ 예지는 노란색 구슬을 갖고 있습니다.
• 당신은 빨간색 구슬을 갖고 있습니까?라는 질문의 답이 '예'인 사람은 소정입니다.
➡ 소정이는 빨간색 구슬을 갖고 있습니다.

예지는 노란색, 소정이는 빨간색 구슬을 갖고 있으므로 민혁이는 보라색 구슬을 갖고 있습니다.

MEMO

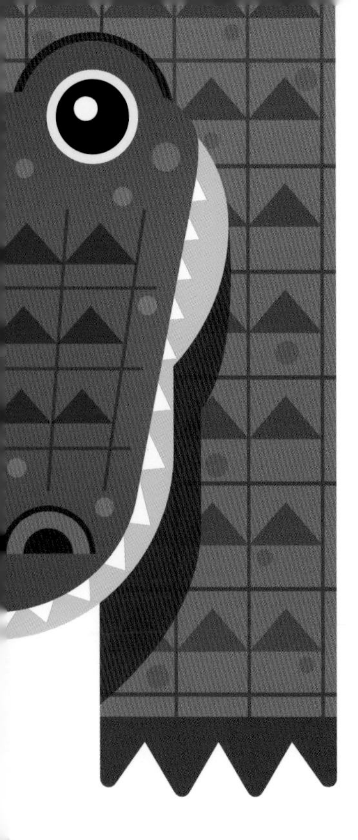

창의사고력
초등수학

팩토

팩토는 자유롭게 자신감있게 창의적으로
생각하는 주·니·어·수·학·자입니다.

Free Active Creative Thinking O. Junior mathtian

논리적 사고력과 창의적 문제해결력을 키워 주는

매스티안 교재 활용법!

대상	창의사고력 교재		연산 교재
	팩토슐레 시리즈	팩토 시리즈	원리 연산 소마셈
4~5세	팩토슐레 Math Lv.1 (6권)		
5~6세	팩토슐레 Math Lv.2 (6권)		
6~7세	팩토슐레 Math Lv.3 (6권)	팩토 킨더 A 팩토 킨더 B 팩토 킨더 C 팩토 킨더 D	소마셈 K시리즈 K1~K8
7세~초1		팩토 키즈 기본 A, B, C 팩토 키즈 응용 A, B, C	소마셈 P시리즈 P1~P8
초1~2		팩토 Lv.1 기본 A, B, C 팩토 Lv.1 응용 A, B, C	소마셈 A시리즈 A1~A8
초2~3		팩토 Lv.2 기본 A, B, C 팩토 Lv.2 응용 A, B, C	소마셈 B시리즈 B1~B8
초3~4		팩토 Lv.3 기본 A, B, C 팩토 Lv.3 응용 A, B, C	소마셈 C시리즈 C1~C8
초4~5		팩토 Lv.4 기본 A, B 팩토 Lv.4 응용 A, B	소마셈 D시리즈 D1~D6
초5~6		팩토 Lv.5 기본 A, B 팩토 Lv.5 응용 A, B	
초6~		팩토 Lv.6 기본 A, B 팩토 Lv.6 응용 A, B	